MikroComputer–Praxis

Herausgegeben von
Dr. L. H. Klingen, Bonn, Prof. Dr. K. Menzel, Schwäbisch Gmünd
und Prof. Dr. W. Stucky, Karlsruhe

Einführung in die Programmierung mit PASCAL

Von Dr. Heinz-Erich Erbs, Konstanz
und Otto Stolz, Konstanz

3., durchgesehene Auflage
Mit zahlreichen Abbildungen, Illustrationen,
Beispielen und Übungen

Springer Fachmedien Wiesbaden GmbH

CIP-Kurztitelaufnahme der Deutschen Bibliothek

Erbs, Heinz-Erich:
Einführung in die Programmierung mit PASCAL
/ von Heinz-Erich Erbs u. Otto Stolz. — 3.,
durchges. Aufl.
   (MikroComputer-Praxis)
   ISBN 978-3-519-22506-5   ISBN 978-3-663-12071-1 (eBook)
   DOI 10.1007/978-3-663-12071-1

NE: Stolz, Otto:

Umschlaggestaltung: W. Koch, Sindelfingen

Vorwort

> Programmierer operieren oft zeitlebens mit jener
> Sprache, die sie als erste erlernt haben. Diese
> Feststellung beruht nicht nur auf der viel
> zitierten menschlichen Bequemlichkeit, sondern
> weit mehr auf dem Umstand, daß die zuerst
> erlernte Sprache das Gerüst darstellt, an dem
> sich Gedanken konkretisieren, an dem sie Form
> annehmen, indem sie formuliert werden. Mit der
> ersten Sprache erlernt man nicht nur ein
> Vokabular und eine Grammatik, sondern man
> erschließt sich eine Gedankenwelt.
>
> Niklaus Wirth (Erfinder der Sprache Pascal) 1975

Es gibt viele Bücher auf dem Buchmarkt, die dem EDV-Interessierten Programmiersprachen vermitteln wollen (darunter findet man auch schon eine Reihe Pascal-Bücher), aber nicht so sehr viele, denen die Programmierung "an sich" wichtig ist und schließlich nur wenige, die beides miteinander verbinden. Das vorliegende Buch ist eines von der verbindenden Art, und mehr noch, seine Leitlinie ist nicht die Systematik einer Programmiersprache ("erst alle Datentypen und dann alle Anweisungen") sondern der Lernweg des Lesers - es werden stets nur die Sprachmittel dargestellt, die auch in den Beispielen benötigt werden. Außerdem: "trockene" Lehrbücher gibt es schon genug; dieses Buch nimmt die Tradition der neueren amerikanische Lehrbücher auf und versucht, auf humorvolle Art die Inhalte zu vermitteln.

Ursprünglich nur zur Unterstützung der Studenten in einer Hochschul-Vorlesung gedacht, wurde es immer mehr erweitert (die Programmiersprache Pascal wird jetzt vollständig und entsprechend dem allgemein anerkannten Standard dargestellt), verallgemeinert (die lokalen Besonderheiten wurden eliminiert) und um ein Kapitel über UCSD-Pascal mit dem Personal-Computer apple II ergänzt. Damit stellt das Buch neben seiner originären Funktion als Begleitlektüre zu einer Lehrveranstaltung auch eine Selbstlern-Unterlage (z.B. für den Hobby-Computeristen) dar.

Die Entstehungsgeschichte des Buches kennt eine Vielzahl von Personen, denen die Verfasser Dank schuldig sind:

- den Teilnehmern der Lehrveranstaltung 'Grundlagen der Programmierung' und den Mitarbeitern des Rechenzentrums der Universität Konstanz für zahlreiche Verbesserungsvorschläge,
- Mary Hanania für das Zeichnen der Syntaxdiagramme,
- Irmtraud Utz für die Texterfassung,
- dem Umbruchprogramm SCRIPTOR für die Reinschrift (es stellte die Anpassungsfähigkeit der Autoren auf eine harte Probe, lockerte aber mit seiner unorthodoxen Silbentrennung die Atmosphäre immer wieder auf) und schließlich
- unseren Familien (besonders Alexandra, Florian und Mark) für die Nachsicht und Geduld gegenüber den gestreßten Autoren.

Konstanz, im April 1982   Heinz-Erich Erbs & Otto Stolz

Vorwort zur dritten Auflage

Seit dem Erscheinen dieser "Einführung in die Programmierung" ist Pascal - schon vorher weit verbreitet - richtiggehend "respektierlich" geworden: die internationale Norm ISO/DIS 7185 und die deutsche DIN 66 256 sagen uns endlich, was "Pascal" wirklich heißt. Wir haben diese Norm für Sie gelesen - wahrlich kein empfehlenswertes Vergnügen - und können Ihnen jetzt mit gutem Gewissen ein "normgerechtes Pascal-Buch" anbieten. Die dazu nötigen Änderungen hielten sich in Grenzen: alle Programmbeispiele wurden mit writeln (statt write) abgeschlossen; Kapitel 13.4 und die Bemerkung auf Seite 103 sind neu.

Allen Lesern, die uns auf Druckfehler und andere Ungeschicklichkeiten der ersten und zweiten Auflage hingewiesen haben, sei hiermit ein herzliches Dankeschön gesagt! Wir haben diese Anregungen, soweit es nötig schien, in der dritten Auflage berücksichtigt.

Daß dieses Buch mehr sein will als ein reines "Sprachbuch", haben wir ja schon im Vorwort zu ersten Auflage betont. Viel Vergnügen beim Lesen!

Konstanz, im Januar 1986   Heinz-Erich Erbs & Otto Stolz

Inhalt

Vor Gebrauch zu lesen

Mit diesem Buch wollen die Autoren Ihnen die grundlegenden Kenntnisse vermitteln, die zum Lösen von Problemen mit einer Rechenanlage (auch Computer genannt) nötig sind.

Nach diesem verwegenen Einleitungssatz müssen wir gleich drei Begriffe klären, nämlich:
- was meinen wir mit "grundlegenden Kenntnissen",
- welche Art von Problemen kann man mit einer Rechenanlage und diesen Kenntnissen lösen, und
- was nennen wir "Rechenanlage".

Fangen wir einmal mit dieser Rechenanlage an: das soll irgend eine Sorte von Universalrechner sein - vom größten "Jumbo", wie er in Versandhäusern, Banken oder Universitäten angetroffen wird, bis hin zu Ihrem Personal Computer oder Heimcomputer, wie er heutzutage schon im Kaufhaus für wenige kDM (lies "kilo-Mark") erhältlich ist. Irgendwo gibt's natürlich eine untere Grenze: für die Benutzer von Taschenrechnern mit den vier Grundrechenarten und Wurzel-Automatik sind dieses Buch und die darin vermittelten Kenntnisse nur von beschränktem Wert. Lesen und Schreiben sollte der verwendete Computer schon können, das heißt, er muß eine Eingabemöglichkeit für Ziffern, Buchstaben und Satzzeichen haben, und er muß von Ihnen programmierbar sein. Damit scheiden also alle "Spezialrechner" wie elektronische Wörterbücher, Telespiele, Bildschirmtext, der Mikroprozessor in Ihrer Waschmaschine und ähnliche Errungenschaften unseres kürzlich angebrochenen Jahrzehnts aus unseren Betrachtungen aus.

Nachdem wir also den Universalrechner als programmierbare Rechenanlage definiert haben, riechen Sie den Braten schon: Sie sollen aus diesem Buch das Programmieren lernen (oder wenigstens die Grundlagen dazu). Nun programmiert man ja Universalrechner schon seit über 30 Jahren, und etliche Leute haben es irgendwie beigebracht bekommen und sogar gelernt. Dabei sind zwei gegensätzliche Arten von Lehrstil angewandt worden, die die Autoren dieses Buches gleichermaßen unsinnig finden:

- Bei der ersten Art (nennen wir sie "syntaktisch-detailorientiert") werden dem Lehrling die Schreibweisen einer Programmiersprache (1) bis aufs letzte i-Tüpfelchen eingetrichtert (wenn er Glück hat, gibt's noch ein paar Beispiele als Dreingabe), ohne daß er je erfährt, wie man von einem Problem zu einem Programm kommt, das dieses Problem lösen soll. Das wäre gerade so, wie wenn Sie Italienisch lernen würden, um Pizza-Rezepte schreiben zu können. Ja, man schreibt Pizza-Rezepte auf Italienisch, aber ohne nähere Kenntnisse über Teig, Öl, Tomaten, Gewürze und Backöfen schreibt niemand ein ordentliches Pizza-Rezept! Und selbst fünfundzwanzig exquisite Pizza-Rezepte als Begleitlektüre zum Italienisch-Kurs befähigen höchstens Naturtalente zum Verfassen des sechsundzwanzigsten. So ist es auch beim Programmieren-Lernen: die Sprache ist nur ein Hilfsmittel zum Aufschreiben der "Rezepte", und nur die "Hintergrund-Information" zählt wirklich.
- Der andere Stil (nennen wir ihn "akademisch-esoterisch") versucht, dem Interessierten die Begriffswelt der Programmierung ohne Bezug auf eine bestimmte Programmiersprache, ja sogar ganz ohne Verwendung eines Computers beizubringen. Bei dieser Methode kann der Student nicht eben mal was ausprobieren, und so schleichen sich natürlich leicht Mißverständnisse ein. Auch kommt dabei die handwerkliche Komponente der Programmiererei zu kurz, und ohne die lernt einfach keiner, sich in der rauhen Wirklichkeit zurechtzufinden.

Die Autoren wollen daher eine Art Mittelweg beschreiten:
- Sie sollen erfahren, wie man von einem Problem zu einem Lösungsverfahren (Algorithmus) gelangt, und den Umgang mit Algorithmen lernen;
- alles, was Sie über Algorithmen erfahren, sollen Sie gleich anhand praktischer Beispiele ausprobieren, dazu lernen Sie auch gleich die (weit verbreitete) Programmiersprache Pascal (2) und erfahren, wie sich die gelernten Algorithmen in Pascal formulieren lassen,
- damit Sie auch fremde Programme lesen und verstehen können, stellen wir in diesem Buch die Sprache Pascal vollständig vor und geben zu allen Ausdrucksweisen dieser Sprache sinnvolle Anwendungsbeispiele,
- fast alle unsere Beispiele sind aus der Welt der "täglichen Problemchen" gegriffen und sollen Ihnen dadurch Anregungen für eigene Anwendungen (gerade auch von Heimcomputern) liefern.

1) Programmier-"Sprachen" werden geschrieben, aber nicht (oder kaum) gesprochen.
2) Zu Ehren von Blaise Pascal (19.6.1623..19.8.1662), einem französischen Mathematiker, der unter anderem eine Rechenmaschine gebaut hat, heißt die Sprache "Pascal". Die Namen anderer Programmier-Sprachen (ALGOL, BASIC, COBOL, FORTRAN) werden groß geschrieben, weil sie Akronyme sind.

Bei alledem wollen wir die Theorie nicht tierisch ernst nehmen, aber doch - soweit erforderlich - zu ihrem Recht kommen lassen. (Keine Angst: Mathematik brauchen Sie nicht extra zu lernen!) Bei den Erklärungen hilft uns der Seegeist; Sie können ihn rechts bewundern. Er ist das Maskottchen des Rechenzentrums der Universität Konstanz und hat den Vorteil, daß er an die zeichnerischen Fähigkeiten der Autoren keine allzu großen Anforderungen stellt.

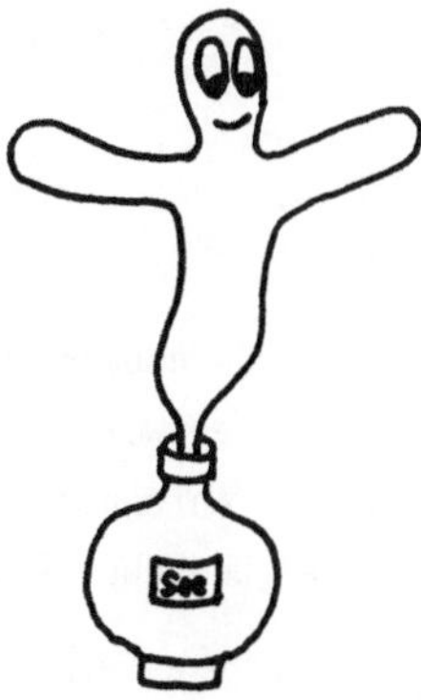

Die Autoren dieses Buchs haben die Erfahrung gemacht, daß das Erfinden von Algorithmen und das Programmieren Tätigkeiten sind, die einen gewissen handwerklichen Einschlag haben und daher nur durch fleißiges Üben gelernt werden können. Wie jedes Handwerk hat das Programmieren auch eine ausgeprägt kreative Seite, daher wird Ihnen das Üben und Entdecken sicher großen Spaß machen!

Nachdem nun schon zum zweitenmal Pascal erwähnt wurde, fragen Sie sich vielleicht, wieso in diesem Buch gerade diese Sprache für die Beispiele verwendet wird. Nun, diese Wahl ist ein Kompromiß. Pascal ist eine Sprache, in der man Vieles, was ein angehender "Programmierer" lernen muß, einfach und übersichtlich darstellen kann, sie ist damit für Ausbildungszwecke sicher wesentlich besser geeignet als ältere und bekanntere Sprachen, wie ALGOL 60, BASIC, COBOL, FORTRAN oder PL/I. Andererseits ist Pascal so einfach aufgebaut, daß es auch auf kleinen Rechnern (Schuhkarton-Größe) ohne unüberwindliche Schwierigkeiten verfügbar gemacht werden kann (ein Beispiel: UCSD-Pascal auf dem Rechner apple II), und daher so weit verbreitet, daß eigentlich für jeden, der Programmieren lernen will, ein Pascal "sprechender" Rechner erreichbar sein sollte. Der einfache Aufbau der Sprache legt allerdings dem Programmierer einige Beschränkungen und Unannehmlichkeiten auf, und wir werden bereits in diesem "Einführungs-Lehrgang" an einige Grenzen von Pascal stoßen.

Von unserem verwegenen Einleitungssatz ist noch eine Frage offen, nämlich welche Art von Problemen man mit einem Computer lösen kann. Ein Computer befolgt präzise Regeln für die Informationsverarbeitung, die Sie ihm als "Programm" vorschreiben. Man kann also alle Probleme damit lösen, für die ein Lösungsweg genügend präzise formuliert werden kann. Das "Rechnen" steht dabei garnicht im Vordergrund, sondern vielmehr das Entscheiden (Beispiel: wer wird deutscher Fußballmeister?) aufgrund vollständig bekannter Sachverhalte (Beispiel: sämtliche Spiel-Ergebnisse einer Saison der ersten deutschen Fußball-Bundesliga). Welche Probleme Sie nun tatsächlich mit dem Computer lösen, hängt also weitgehend von

Ihrer Erfindungsgabe und Ausdauer ab: Sie müssen ein Problem erkennen, einen Lösungsweg entwerfen und die zur Entscheidung nötigen Sachverhalte (die Daten) beschaffen. Anregungen dazu finden Sie genügend in diesem Buch, besonders in den Beispielen und Übungsaufgaben ab Lektion 9.

Damit Sie von diesem Buch den größtmöglichen Nutzen haben, sollten Sie folgendermaßen vorgehen:

Gebrauchsanweisung

- Verschaffen Sie sich Zugang zu und Nutzungsrecht an einem Rechner, der Pascal kann.
- Bearbeiten Sie die Lektionen in der gegebenen Reihenfolge.
- Nehmen Sie sich nicht zuviel vor, auch wenn Sie's noch so sehr in den Fingern juckt! Eine Lektion pro Woche genügt vollauf.
- Lesen Sie auch die Übungsaufgaben, und lösen Sie möglichst alle. Falls Sie ausnahmsweise eine Aufgabe nicht vollständig lösen wollen, denken Sie wenigstens kurz darüber nach. Bearbeiten Sie von den Aufgaben, die Programmbeispiele verlangen, mindestens eine, oder suchen Sie sich selbst ähnliche Aufgaben.

1 Der erste Schritt ist immer der schwerste

1.1 Pascal-Maschine und Programmiersystem

Beobachten wir uns mal selbst beim Lösen eines Problems: da ist ein Problem, wir lösen es und erhalten dadurch eine Lösung. Grafisch kann man das so veranschaulichen:

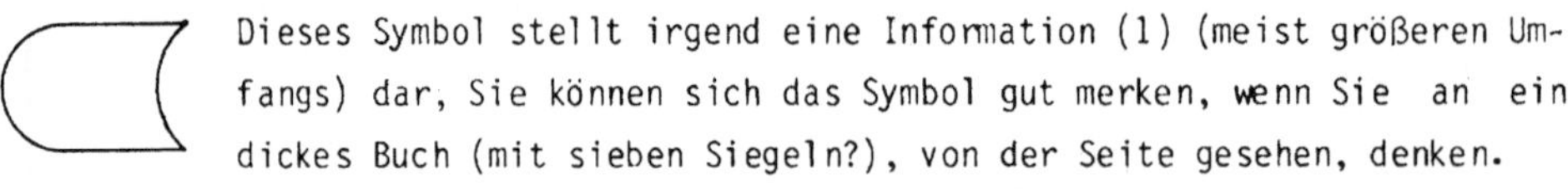

Der Zeichner dieses Bildchens hat eine genormte graphische "Sprache" verwendet ("Datenflußplan" nach DIN 66 001), die Sie kennenlernen sollten, weil sie unter den Leuten, die sich mit Computern befassen, zur Darstellung von Problemlösungen sehr verbreitet ist. Im obigen Bildchen kommen vier verschiedene Symbole dieser Sprache vor:

Dieses Symbol stellt irgend eine Information (1) (meist größeren Umfangs) dar, Sie können sich das Symbol gut merken, wenn Sie an ein dickes Buch (mit sieben Siegeln?), von der Seite gesehen, denken.

Dieses Symbol stellt irgendeine Tätigkeit dar, die von Hand (oder im Kopf) durchgeführt wird.

Dieses Symbol stellt irgendein Schriftstück dar und ist somit ein Sonderfall des ersten Symbols. Die Bildform kommt von einem stilisierten Zettel, der unten schlampig abgerissen ist.

Diese Datenflußlinie ist das wichtigste und gleichzeitig das geheimnisvollste der vier Symbole: sie stellt den Transport von Information dar. In unserem Beispiel muß man das Problem kennen, um die Lösung zu finden, und man schreibt die Lösung auf den Zettel.

Bis jetzt haben wir noch nicht viel über das Lösen von Problemen herausbekommen, schauen wir also genauer hin! Zu den meisten Problemen findet man zuerst einen Lösungsweg, der dann verwendet wird, um die Lösung zu ermitteln:

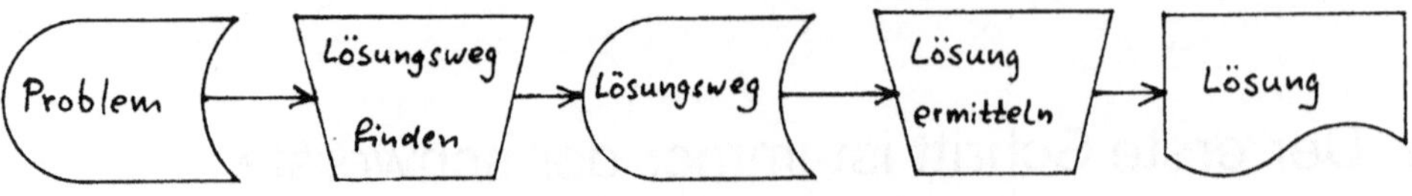

---

1) also etwas, das man sich denkt, sagt oder aufschreibt

Ist so ein Lösungsweg erst einmal gefunden, kann er aber viele ähnlich gelagerte Probleme zu lösen helfen! Haben wir beispielsweise das Problem: "Reicht mein Geld noch, um heute Schnecken zu essen?", so kann man den gefundenen Lösungsweg (Geld zählen, Preis für Schnecken feststellen, vergleichen) viele Jahre lang an jedem Aschermittwoch anwenden. Bei etwas komplizierteren Problemen lohnt es

sich, nur noch den Lösungsweg zu ersinnen und dann die Lösung automatisch ermitteln zu lassen. Wir brauchen dazu eine Maschine, die vorgeschriebene Lösungswege beschreiten kann, um Lösungen zu produzieren. Die Deutsche Bundesbahn schreibt zum Beispiel ihre Fahrkarten (mit allen Schikanen: Reiseweg, Wagenklasse, Entfernung, Preis etc.) mit solchen Maschinen. Weil jeden Tag zigtausend Fahrkarten verkauft werden, hat sich der Aufwand, in jahrelanger Arbeit einen allgemeinen Lösungsweg dafür zu finden, doch gelohnt.

Wenn wir unsere Lösungswege in der Sprache Pascal niederschreiben, so können wir die Maschine, die diese Lösungswege ausführt, als Pascal-Maschine bezeichnen; der Lösungsweg wird dann im allgemeinen Programm genannt. (Das ist griechisch und heißt nichts weiter als "Vorschrift"). Außer dem Pascal-Programm braucht die Pascal-Maschine noch Angaben zum Einzelfall (in unserem obigen Beispiel den Inhalt des Geldbeutels und die Speisekarte mit dem Schnecken-Preis); solche Einzelheiten werden gewöhnlich als Daten bezeichnet. Daten braucht man auch, wenn die Lösung von Hand oder im Kopf ermittelt wird; sie wurden im letzten Bildchen zur Vereinfachung weggelassen. Die Problemlösung sieht jetzt also so aus:

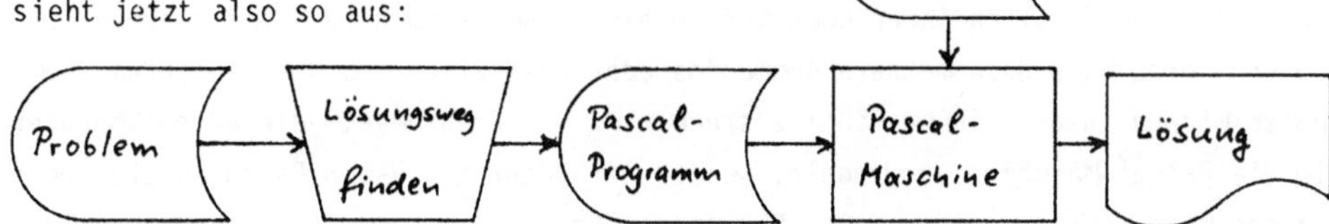

Dabei kam ein neues Symbol ins Spiel:

Ein Rechteck bezeichnet irgendeinen Vorgang, der im Computer ausgeführt wird. Dazu braucht der Computer ein Programm, dessen Name dann üblicherweise ins Rechteck geschrieben wird.

Was die Vorstellung von der Pascal-Maschine angeht, war unser Seegeist also gewaltig auf dem Holzweg! Die Pascal-Maschine besteht nicht aus Zahnrädern und

Kurbeln, sie ist auch nicht Ihr Computer, sondern sie hat sich jetzt als ein Programm entpuppt! Und selbst das ist nicht die ganze Wahrheit: die Pascal-Maschine besteht in Wirklichkeit aus dem Computer und einem oder (meistens!) mehreren Programmen, die zusammen folgendes leisten:

Die Pascal-Maschine liest ein Pascal-Programm und führt es nach den Regeln der Sprache Pascal aus, dadurch erzeugt sie aus den gegebenen Daten die gewünschten Ergebnisse.

Leider ist die Bedienung der diversen Computer und der zugehörigen Pascal-Maschinen so unterschiedlich, daß sich dieses Buch auf ein paar allgemeine Hinweise zur Benutzung beschränken muß; die Einzelheiten über "Ihren" Computer müssen Sie aus der Betriebsanleitung zu diesem guten Stück entnehmen oder sich von Eingeweihten zeigen lassen. Die paar Handgriffe, die man braucht, um einen modernen Computer in unsere Pascal-Maschine zu verwandeln, sind meist gar nicht so schwer zu lernen.

Zuerst müssen Sie mit dem Datenendgerät zurechtkommen. Das ist heutzutage meist ein Sichtgerät, bestehend aus einer Tastatur, ähnlich der einer Schreibmaschine (Vorsicht bei Y und Z!), über die Sie Ihre Wünsche, Daten und Programme eingeben können, und einem Bildschirm, ähnlich einem Fernsehschirm, auf dem die Reaktionen des Rechners erscheinen. Falls noch ein Blattschreiber oder Drucker dabei steht, so daß Ergebnisse auch auf Papier ausgegeben werden können, umso besser!

Seine Wünsche gibt der Benutzer durch sogenannte Kommandos bekannt; eines davon verwandelt hoffentlich Ihren Computer in eine Pascal-Maschine. Bei manchen Computern braucht's dazu mehrere Kommandos oder zusätzliche Handgriffe (etwa "Compiler-Floppy in den linken Schlitz stecken"). Die Programme, die einen Computer in die Pascal-Maschine verwandeln, werden oft unter dem Namen Pascal-System oder Pascal-Prozessor zusammengefaßt. Für diesen Prozessor sind unsere Pascal-Programme die Quelle aller Erkenntnis, sie heißen darum auch Quell-Programme.

Außer der Pascal-Maschine brauchen wir zur Programmentwicklung und zur Benutzung unserer Programme noch weitere Funktionen: wir wollen Pascal-Programme aufschreiben (also dem Rechner eingeben) und korrigieren oder ändern; dazu dient fast immer ein Programm namens Editor. Der Editor kann im allgemeinen kein Pascal, sondern faßt das Quellprogramm als einen wilden Haufen von Buchstaben,

Ziffern und Satzzeichen auf. Diesen "Text" können Sie mit dem Editor
ergänzen und verändern (oder edieren (2)), indem Sie nur Ihre Änderungswünsche
eingeben (und nicht das ganze Opus nochmal neu eintippen). Weil der Editor kein
Pascal versteht, können Sie mit ihm auch andere Texte edieren, etwa einen Brief
an Ihre Großmutter oder die Daten für ein Programm.

Die Quellprogramme (und auch andere Texte) wollen wir bis zum nächsten Gebrauch
im Rechner speichern, damit wir sie nicht jedesmal neu eintippen müssen; das
besorgt das Dateiverwaltungssystem. Andere Hilfsfunktionen dienen zum Ausgeben
von gespeicherten Texten auf Papier, zum Formatieren (oder heißt's "formieren"?)
von Programmen (3) oder sonst zu nützlichen Zwecken.

Alle diese Helferlein (und auch der Kommando-Entschlüßler, der auf unser
Kommando die übrigen in Bewegung setzt) werden unter dem Begriff Programmiersystem (DIN 44 300) zusammengefaßt. Durch die Sümpfe dieses Programmiersystems
müssen Sie hindurch, ehe Sie die lichten Höhen der Pascal-Berge erklimmen können. Dabei hilft Ihnen sicher ein fertiges Programm mit bekanntem Ergebnis; Sie
sehen dann gleich, wo Ihre Pascal-Maschine dieses Ergebnis ausspuckt. Nehmen Sie
dazu "unser erstes Programm"; Sie finden es, wenn Sie umblättern.

Das müssen Sie ohne dieses Buch lernen:
- Handhabung Ihres Daten-Endgeräts (Fernschreiber, Sichtgerät, oder
  Kartenleser, eventuell Floppy Disk, Drucker und Anderes);
- Handhabung Ihres Programmiersystems (Editor, Pascal-Prozessor, Datei-
  verwaltung);
- Meldungen des Programmiersystems zu verstehen und darauf sinnvoll zu
  reagieren,
- falls Sie an einem Rechenzentrum üben: die Gepflogenheiten an diesem
  Rechenzentrum, insbesondere Zugangs- und Abrechnungs-Formalitäten;
- falls Sie einen eigenen (Heim-)Computer benützen: Beschaffung und
  Inbetriebnahme des Programmiersystems einschließlich Pascal-Prozessor.

2) Bitte nicht "editieren"! Oder finden Sie, daß ein Diktator
   "diktatiert" oder ein Restaurator "restauratiert"? Nein,
   sie "diktieren" und "restaurieren", und so edieren wir
   auch mit unserem Editor.
3) siehe Lektion 13.2

1.2 Unser erstes Programm

Zunächst wollen wir uns einfache Aufgaben stellen, um Sie an Pascal und das verwendete Programmiersystem zu gewöhnen. Beschränken wir uns zunächst (bis zur 5. Lektion) auf Programme, die Ergebnisse erzeugen, ohne spezielle Daten zu benötigen. Stellen wir uns beispielsweise die Aufgabe, mit Hilfe der Pascal-Maschine den Namen OTTO fünf Zeilen hoch auf den Drucker oder Bildschirm unseres Computers zu malen, etwa so:

```
*** ***** ***** ***
 *  *   *   *   *   *
 *  *   *   *   *   *
 *  *   *   *   *   *
***  *     *    ***
```

Was ist zu tun?

1. Schritt: Wir können der Pascal-Maschine nicht einfach sagen, was sie tun soll ("den Namen OTTO fünf Zeilen hoch malen"), sondern wir müssen sagen, wie sie das tun soll. Wir zerlegen daher die Aufgabe in mehrere einfachere Teilaufgaben. Drucker und Bildschirm arbeiten zeilenweise von oben nach unten. Die Teilaufgaben müssen also so aussehen:

- zuerst die oberste Zeile drucken (Deckel der O und die Quer-Balken der T);

- dann die zweitoberste Zeile drucken (Stücke der linken und rechten O-Wände und der senkrechten T-Stiele);

- dann die mittlere Zeile drucken (sieht aus wie die vorige);

- dann die zweitunterste Zeile drucken (sieht auch so aus);

- zuletzt die unterste Zeile drucken (Boden der O, Rest der T-Stiele).

2. Schritt: Die Teilaufgaben sind in diesem Beispiel schon so einfach, daß wir jede direkt mit einer Pascal-Anweisung lösen können; diese lauten (4):

- für die erste Teilaufgabe: writeln (' *** ***** ***** ***')

- für die zweite bis vierte Teilaufgabe jeweils:

  writeln ('* *   *   *   *   *')

- für die letzte Teilaufgabe: writeln (' ***   *   *   ***')

3. Schritt: diese fünf Anweisungen bilden leider noch kein Pascal-Programm, da fehlt noch einiges! Wir müssen:

- die Anweisungen durch Strichpunkte voneinander trennen,

- die ganze Anweisungs-Folge zwischen die Wörter BEGIN und END einschließen und so einen Block daraus bilden und

---

4) writeln: gesprochen "rait lain".

- den Block zwischen die Programm-Überschrift und einen abschließenden <u>Punkt</u> (5)
  setzen, damit ein Programm daraus wird.

Unser erstes Programm sieht also so aus:

```
    (Beispiel 1.1)
    PROGRAM tischkarte (output);
        (druckt Ottos Tischkarte für die Einladung am Samstag)

    BEGIN (tischkarte)
    writeln (' ***  ***** ***** ***');
    writeln ('*   *   *   *   *   *   *');
    writeln ('*   *   *   *   *   *   *');
    writeln ('*   *   *   *   *   *   *');
    writeln (' ***     *       *     ***')
    END (tischkarte).
```


Überall, wo wir es für sinnvoll halten (nur nicht innerhalb eines
Wortes), dürfen wir Bemerkungen einfügen. Diese Bemerkungen,
Kommentare genannt, werden in geschweifte Klammern (6) eingeschlossen, die Pascal-Maschine beachtet sie nicht, aber für den
menschlichen Leser können sie sehr aufschlußreich sein.

> Pascal-Programme sind zum Lesen da!
> Kommentare und Einrücken helfen beim Lesen.

Jedes Programm-Beispiel dieses Buchs beginnt mit einem Kommentar, der die Nummer
des Beispiels enthält. Das ist in einem Buch nützlich; Sie brauchen das bei Ihren Programmen natürlich nicht nachzumachen. Die übrigen Kommentare des Beispiels 1.1 sind aber auch für Sie Pflicht! Jedes Programm braucht einen einleitenden Kommentar, in dem erklärt wird, was das Programm tut ("druckt Ottos
Tischkarte"). Außerdem gehört hinter jedes BEGIN oder END ein Kommentar, der
sagt, was dort BEGINnt oder ENDet. Sie werden das vielleicht für unnötig halten,
aber spätestens ab Lektion 4 werden Ihre Programme soviel BEGINs und ENDs (oder
lautet die Mehrzahl "BEGINe" und ENDen"?) enthalten, daß Sie diese Kommentare
dringend brauchen. Weitere Stellen, an denen Kommentare in's Programm gehören,
finden Sie auf folgende Art: lesen Sie Ihr Programm einem guten Freund vor, der
genausoviel Pascal kann wie Sie selbst. Immer wenn Sie dabei Luft holen, um einen Satz zu sagen wie "Dabei mußt Du wissen, daß ...", "weil nämlich,... " oder

---

5) nicht vergessen, auch wenn er noch so klein ist!
6) Falls es auf Ihrem Computer keine geschweiften Klammern gibt, versteht Ihre
   Pascal-Maschine stattdessen die Ersatzdarstellung "(* ... *)".

"beim Ändern des Programms mußt Du hier aufpassen, weil ...", dann haben Sie den richtigen Platz für einen Kommentar gefunden.

In Beispiel 1.1 sind einige Wörter großgeschrieben, das sind die sogenannten Wortsymbole. Sie gliedern den Programmtext genau wie Satzzeichen einen Roman. (Haben Sie die Seelenverwandtschaft bemerkt zwischen dem Symbol-Paar "BEGIN END" und einem Paar gewöhnlicher Klammern "( )"?) Die klein geschriebenen Wörter heißen Bezeichner, wir dürfen sie uns selbst ausdenken. (Für das Beispiel 1.1 haben wir uns "tischkarte" als Programm-Bezeichner ausgedacht.)

Wortsymbole dürfen in Pascal-Programmen nur in ihrer Urbedeutung verwendet werden, oder anders ausgedrückt: alles, was wie ein Wortsymbol aussieht, faßt die Pascal-Maschine auch als Wortsymbol auf. Damit Sie nicht versehentlich ein Wortsymbol erfinden, wenn Sie einen Bezeichner suchen, steht im Anhang ein Verzeichnis aller Wortsymbole. Eingegeben werden Wortsymbole wie "normale" Wörter - groß oder klein, ganz nach Belieben. Die Großschreibung in diesem Buch soll nur uns daran erinnern, daß es sich hier um "Satzzeichen" handelt.

Manche Bezeichner kennt die Pascal-Maschine schon von selber, andere lernt sie erst samt ihrer Bedeutung aus dem Programmtext kennen: daß "tischkarte" die Programm-Bezeichnung (7) ist, sieht die Pascal-Maschine daran, daß dieser Bezeichner hinter dem Wörtchen PROGRAM in der Überschrift steht; "output" und "writeln" sind dagegen Standard-Bezeichner, das heißt von selber bekannt. Die Standardbezeichner sind nicht reserviert wie die Wortsymbole. Wir könnten durchaus selbst einen Bezeichner "writeln" samt Bedeutung erfinden, etwa mit "PROGRAM writeln". Der Haken dabei: der Standard-Bezeichner "writeln" wird durch den selbsterfundenen Bezeichner "writeln" unsichtbar, und wir könnten daher in diesem Programm die writeln-Anweisung nicht verwenden.

Der Rest ist einfach: in der Programmüberschrift steht außer der Programmbezeichnung noch die Parameterliste. In dieser Liste wird vermerkt, welche Verbindungen zur Außenwelt die Pascal-Maschine bei der Bearbeitung unseres Programms hat. Mit unserem ersten Programm als Futter muß die Pascal-Maschine nur etwas ausgeben (nämlich Ottos Tischkarte), daher steht in der Klammer das Wörtchen "output". (Das Quellprogramm selbst geht immer in die Pascal-Maschine hinein und wird daher nicht in der Parameterliste vermerkt.)

---

7) Sie brauchen die wahrscheinlich, um Ihrem Programmier-System zu sagen, daß Sie gerade dieses Programm benützen wollen.

Wer Englisch kann, vermutet sofort, daß "writeln" irgendwas schreibt und zwar das, was in der Klammer steht. Dieses Gebilde mit den Apostrophen links und rechts, heißt String. Die Apostrophe haben dieselbe Funktion wie die Gänsefüßchen im Roman: sie grenzen ein Zitat ein, das im Satz-Zusammenhang als Einheit gesehen wird. Vergleichen Sie die beiden Sätze:
- Singe "Fuchs, du hast die Gans gestohlen"!
- Singe Fuchs, du hast die Gans gestohlen!
Da ist die Betonung schon ganz verschieden. Der erste Satz fordert Sie auf, ein bekanntes Lied zu singen; der zweite Satz fordert den Fuchs auf, irgendwas zu singen (er hat ja allen Grund dazu, wegen seiner fetten Beute).

Jetzt wird es ernst: nachdem Sie nun das Programm verstanden haben, sollten Sie mal versuchen, es an Ihrem Rechner zum Laufen zu bringen! Dabei kann Ihnen Allerhand passieren:
- im Pascal-Programm können Tippfehler sein (Strichpunkt, Klammer oder Apostroph vergessen, "programm" statt "PROGRAM", "ende" statt "END" und dergleichen);
- Ihre Verständigung mit dem Programmiersystem klappt nicht (keine Pascal-Maschine da, Pascal-Maschine findet das Quellprogramm nicht, Sie finden das Ergebnis nicht und so weiter),
- Sie kennen sich mit dem Datenendgerät noch nicht richtig aus (verwechseln Null mit Oh oder Apostroph mit Akzent, müssen erst lernen, wie man eine Zeile oder einen Bildschirm-Inhalt an den Rechner "absendet" und dergleichen).
Hoffen wir, daß Sie an ein "freundliches" Programmiersystem geraten, das Ihnen in verständlichem Deutsch (oder notfalls Englisch) sagt, was es nicht verstanden hat, damit Sie merken, was Sie anders machen müssen.

Haben Sie schließlich alles richtig gemacht, so finden Sie zwischen vielen anderen Meldungen des Programmiersystems irgendwo auch das Ergebnis Ihres ersten Programms, nämlich Ottos Tischkarte! Merken Sie sich diese Stelle gut, damit Sie in Zukunft immer Bescheid wissen, denn das zweite Beispiel folgt sogleich.

1.3 Die Pascal-Maschine als Taschenrechner

Bis jetzt hat uns die Pascal-Maschine nur das ausgedruckt, was wir schon kannten: Ottos Tischkarte konnte man schon im Quellprogramm stehen sehen. Jetzt wollen wir die Maschine einmal rechnen lassen! Wie groß ist beispielsweise die Summe der ersten fünf ungeraden Zahlen, also 1+3+5+7+9? Nichts leichter als das! Die Anweisung "writeln (1+3+5+7+9)" veranlaßt die Pascal-Maschine genau den gewünschten Wert zu berechnen und auszudrucken. Eine Berechnungsvorschrift wie "1+3+5+7+9" nennt man Ausdruck.

Nun ist aber eine einsame Zahl auf dem Papier ohne Erläuterung ziemlich witzlos! Wir werden also von der Pascal-Maschine verlangen müssen, daß sie noch ein klärendes Wort hinzufügt, etwa "1+3+5+7+9=". Wenn wir aber "writeln ('1+3+5+7+9=')" in unser Programm schreiben, dann stehen Erläuterung und Ergebnis in zwei verschiedenen Zeilen - das haben wir bei unseren ersten Programm gesehen. Also muß eine andere Pascal-Anweisung her, die uns gestattet, mehrere Dinge in dieselbe Zeile zu schreiben.

Nach Ausführung einer write-Anweisung schreiben spätere Ausgabe-Anweisungen in der selben Zeile weiter (sofern dort noch Platz ist), nach Ausführung einer writeln-Anweisung immer in der nächsten. Die letzte write-Anweisung eines Programms sollte stets ein writeln sein.

Die drei Schritte der Programm-Entwicklung (Zerlegung in Teilaufgaben, Formulierung der Teillösungen in Pascal, Aufbau eines Programms) machen wir schnell im Kopf und erhalten so:

```
(Beispiel 1.2)
PROGRAM summe5 (output);
    (druckt die Summe der ersten fünf ungeraden Zahlen)

BEGIN (summe5)
    write   ('1+3+5+7+9=');
    writeln (1+3+5+7+9)
END (summe5).
```

Das Ergebnis dieses Programmlaufs ist (sofern Ihr Computer nicht kaputt ist):
```
    1+3+5+7+9=          25
```

Stören Sie die vielen Leerzeichen zwischen der Erläuterung und dem Ergebnis? Dem
kann abgeholfen werden. Writeln und write sind so freundlich, soviele Stellen
des Ergebnisses auszudrucken, wie Sie es wünschen: schreiben Sie nur hinter den
auszugebenden Ausdruck einen Doppelpunkt und die gewünschte Stellenzahl. Bei
Strings geht das übrigens auch.

Vielleicht ist Ihnen aufgefallen, daß die Summe der ersten fünf ungeraden Zahlen
grade gleich 5*5 ist? Lassen wir uns doch mal von der Pascal-Maschine zeigen, ob
das mit mehr oder weniger ungeraden Zahlen ähnlich ist. Wir drucken also eine
schöne Tabelle, ungefähr so:

```
        1= 1     |   1*1= 1
      1+3= 4     |   2*2= 4
    1+3+5= 9     |   3*3= 9
  1+3+5+7=16     |   4*4=16
```

Sie sehen schon, wir müssen den Stern als Malzeichen nehmen, weil es auf kaum
einem Computer einen (hochgesetzten) Malpunkt gibt; auch in Pascal wird daher
die Multiplikation mit dem Stern ausgedrückt.

In dem Programm, das uns jetzt vorschwebt, müßten wir die Stellenzahl für jedes
Ergebnis einmal hinschreiben, und das wäre immer wieder die gleiche Zahl, weil
ja alle Tabellenzeilen schön untereinander stehen sollen. Damit wir nicht jedesmal diese Zahlen hinschreiben müssen, geben wir ihnen Namen, etwa "plusbreite",
"malbreite", und "ergebnisbreite". Dies geschieht mit Hilfe einer Konstanten-Deklaration, die in Pascal zwischen Programm-Überschrift und BEGIN eingefügt wird.

Eine Konstanten-Deklaration ordnet einem Bezeichner einen konstanten Wert zu. Das kann
eine Zahl oder ein String sein (kein Ausdruck).

Das Programm wird durch die Einführung von
Konstanten-Deklarationen nicht unbedingt kürzer, aber
meistens übersichtlicher und änderungsfreundlicher. Es
hat natürlich keinen Sinn, Konstanten wie "eins = 1,
zwei = 2" zu deklarieren. Die Bezeichner der Konstanten
sollten vielmehr etwas über deren Verwendungszweck sagen, und dabei dürfen dann ruhig ein Dutzend verschiedene Konstanten denselben Wert haben!

Auch zu unserem nächsten Beispiel haben Sie sicher die drei Schritte der Programmentwicklung schon im Kopf gemacht. (Wenn nicht, dann schreiben Sie sie

schnell auf einen Zettel.) Ehe wir das Programm niederschreiben, führen wir
rasch noch eine Abkürzung ein: mehrere write-Anweisungen können zu einer zusammengefaßt werden, und mehrere write-Anweisungen können mit einer unmittelbar
folgenden writeln-Anweisung zu einer writeln-Anweisung zusammengefaßt werden.
Das sieht dann so aus:

```
(Beispiel 1.3)
PROGRAM unsummen (output);
   (druckt die Summe der ersten n ungeraden Zahlen   )
   (und die Quadratzahl n*n (für mehrere Werte von n))

CONST plusbreite    = 7;
      malbreite     = 3;
      ergebnisbreite = 2;
      zwischenraum  = '  |  ';

BEGIN (unsummen)
   writeln ('1'      : plusbreite, '=', 1        : ergebnisbreite,
            zwischenraum,
            '1*1'     : malbreite, '=', 1*1      : ergebnisbreite);
   writeln ('1+3'     : plusbreite, '=', 1+3      : ergebnisbreite,
            zwischenraum,
            '2*2'     : malbreite, '=', 2*2      : ergebnisbreite);
   writeln ('1+3+5'  : plusbreite, '=', 1+3+5    : ergebnisbreite,
            zwischenraum,
            '3*3'     : malbreite, '=', 3*3      : ergebnisbreite);
   writeln ('1+3+5+7': plusbreite, '=', 1+3+5+7: ergebnisbreite,
            zwischenraum,
            '4*4'     : malbreite, '=', 4*4      : ergebnisbreite)
END (unsummen).
```

Das Ergebnis dieses Programms haben Sie schon weiter oben gesehen. Beachten Sie,
daß Strings und Zahlenwerte in der angegebenen Stellenzahl soweit rechts wie
möglich untergebracht werden, diese Art der Ausgabe heißt rechtsbündig.

Versuchen wir doch mal, was passiert, wenn ein String oder Zahlenwert mehr Platz
braucht, als im Programm vorgesehen:

```
(Beispiel 1.4)
PROGRAM zubreit (output);
   (druckt die Summe der ersten zwei   )
   (und der ersten vier ungeraden Zahlen)

CONST plusbreite    = 4;
      ergebnisbreite = 1;

BEGIN (zubreit)
   writeln ('1+3'     : plusbreite, '=', 1+3      : ergebnisbreite);
   writeln ('1+3+5+7': plusbreite, '=', 1+3+5+7: ergebnisbreite)
END (zubreit).
```

und das druckt dieses Programm aus:

```
   1+3=4
   1+3+=16
```

O weh! Was ist aus unserer schönen Tabelle geworden?

> Strings und Zahlenwerte werden im vorgesehenen Platz rechtsbündig angeordnet. Reicht der Platz nicht aus, so werden die auszugebende Zahlen mit möglichst wenig Zeichen dargestellt, Strings dagegen rechts abgeschnitten.

In Pascal gibt es natürlich alle vier Grundrechenarten. Wir hatten bereits "+" (plus) und "*" (mal), dazu kommen noch "-" (minus) und "DIV" (geteilt durch). Das DIV tut allerdings was Schreckliches: es dividiert nicht wie Ihr Taschenrechner, sondern es verteilt: sollen etwa 7 echt antike Seegeist-Skulpturen aus Porzellan an 3 Personen verteilt werden, so erhält jeder 7 DIV 3 Skulpturen (das gibt 2 pro Nase, nach Adam Riese). Wieviele Skulpturen dabei übrigbleiben, berechnet uns der Ausdruck 7 MOD 3 (das gibt also 1). Mit MOD können wir ganz leicht feststellen, wie die letzte Ziffer einer Zahl lautet (Zahl MOD 10).

Wie von der Schule gewohnt, gilt auch in Pascal "Punktrechnung vor Strichrechnung", bloß hat hier die "Punktrechnung" keine Punkte: "*", "DIV" und "MOD" binden enger als "+" und "-". Wenn Sie's anders brauchen, setzen Sie einfach Klammern in den Ausdruck (auch wie in der Schule). Auch überflüssige Klammern schaden nicht: "-1+2*3-4" bedeutet das Gleiche wie "(-1+(2*3))-4".

1.4 Syntax-Diagramme

Bisher haben wir schon drei Pascal-Programme erfunden und dabei immer wieder neue Schreibweisen eingeführt. Klar, daß wir dies nicht einfach nach Lust und Laune tun konnten, sondern uns dabei an die Schreibregeln von Pascal halten mußten. Damit Sie in Zukunft Pascal-Programme auch alleine schreiben können, müssen Sie diese Regeln kennen. Vielleicht haben Sie auch schon bei dem Versuch, ein Pascal-Programm zum Laufen zu bringen, unbewußt gegen eine Regel verstoßen und sich damit den Beschimpfungen Ihrer Pascal-Maschine ausgesetzt, von denen "illegal symbol" noch die mildeste ist.

Es gibt verschiedenen Möglichkeiten, solche Schreibregeln darzustellen. Eine recht eingängige (und daher beliebte) sind die Syntax-Diagramme. Nehmen wir als Beispiel mal die Schreibregeln für Bezeichner: sie fangen mit einem Buchstaben an, dann folgen beliebig viele Buchstaben und Ziffern. Ein Syntax-Diagramm drückt das in Form eines Gleisplans für eine Spielzeug-Eisenbahn aus:

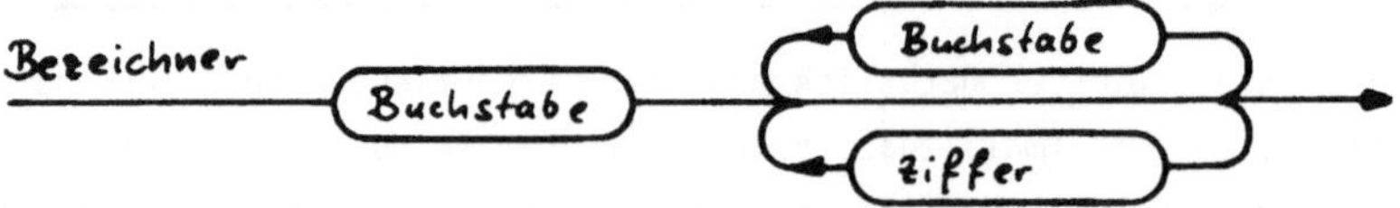

Die Lokomotive fährt links los und auf irgendwelchen verschlungenen Geleisen zum Ziel auf der rechten Seite. In den ovalen Kisten stehen Wagen bereit, auf der Kiste steht jeweils, was für Wagen drin sind. Jedesmal, wenn der Zug durch eine ovale Kiste fährt, hängt er einen Wagen hinten an. Wenn der Zug das Ziel erreicht, bilden die angehängten Wagen in unserem Beispiel einen Bezeichner. Achten Sie darauf, daß alle Geleise Einbahnstraßen sind. Zusätzlich zu den ovalen Kisten gibt es in den Syntax-Diagrammen auch noch runde und eckige. Die runden Kisten haben die gleiche Bedeutung wie die ovalen, sie brauchen nur weniger Platz. Die eckigen Kisten sind dagegen viel komplizierter: sie verweisen auf ein anderes Syntaxdiagramm. Man stellt sich am besten vor, daß der Zug am Eingang der eckigen Kiste vom Gleis genommen und an den Anfang des anderen Syntaxdiagramms gesetzt wird; kommt er dort wieder (am Ziel) heraus, so muß er im ersten Syntaxdiagramm am Ausgang der eckigen Kiste weiterfahren. Schauen wir uns das mal an einigen Beispielen an!

Programm

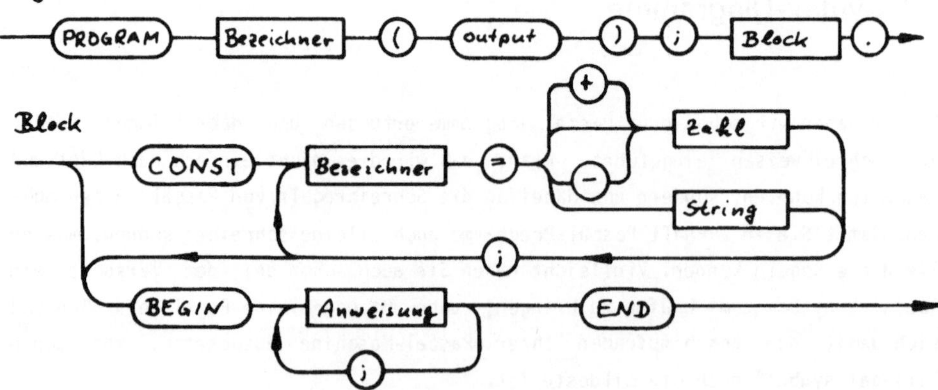

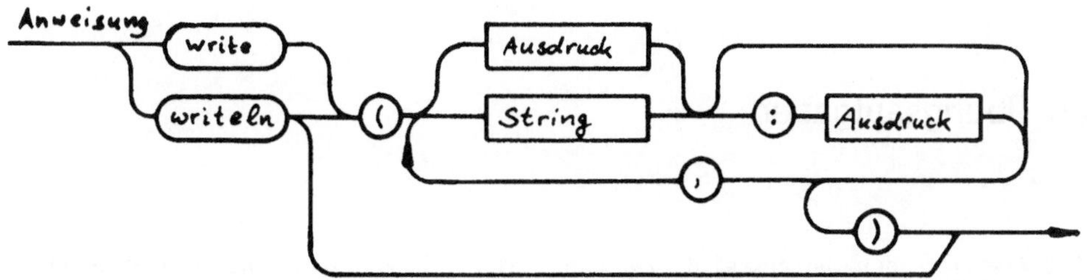

Diese Syntaxdiagramme enthalten fast alle Schreibregeln, die Sie bis jetzt kennengelernt haben. Ausdrücke schreiben Sie sicher auch ohne Diagramme richtig - sonst sehen Sie im Anhang dieses Buches nach. Dort stehen die "offiziellen" Syntax-Diagramme für Pascal. Im Lauf der nächsten paar Lektionen kaufen wir noch ein paar Weichen und Wagen dazu, damit das Eisenbahnspiel mehr Spaß macht.

Mit Syntaxdiagrammen kann man allerdings nicht alle Schreibregeln einer Programmiersprache ausdrücken! Wo die Diagramme die Regeln unvollständig wiedergeben, kann das zwei ganz verschiedene Gründe haben. (Ach ja, es gibt noch einen dritten: schlichte Fehler beim Hinmalen.)

Manche Regeln wären zwar grundsätzlich darstellbar, würden aber die Diagramme unnötig groß und unübersichtlich machen. So müßten wir in allen Syntaxdiagrammen (außer Zahl und Bezeichner) zu jedem Gleis ein Parallelgleis mit der Kiste "Kommentar" zeichnen. Das Diagramm "Bezeichner" würde noch komplizierter, weil es alle Wortsymbole ausschließen müßte.

Der zweite Grund ist dagegen grundsätzlicher Natur. Programmiersprachen haben im allgemeinen eine kontext-abhängige Syntax. Was heißt das? Ob ein Ausdruck wie "a+b" zulässig ist, kann man diesem Ausdruck gar nicht alleine ansehen; wir müssen zusätzlich auf die Konstanten-Deklarationen schauen. Sind dort a und b beide als Zahlenwerte deklariert, so ist der Ausdruck "a+b" in Ordnung. Gibt es dagegen für einen der Bezeichner keine Deklaration oder ist einer als String-Wert deklariert, so ist der Ausdruck "a+b" falsch! Da die Syntax-Diagramme nicht zwischen verschiedenen (oder garnicht) deklarierten Bezeichnern unterscheiden können, sind solche Kontext-Abhängigkeiten eben nicht mit Syntax-Diagrammen darstellbar. Daher müssen Sie beim Lesen dieses Buches besonders auf solche Zusatzregeln achten.

Syntaxdiagramme sind nicht alles:
erst zusammen mit Zusatzregeln werden die Schreibregeln komplett.

1.5 Übungsaufgaben

1.1 Was ist der Unterschied zwischen einer Pascal-Maschine und einem Programmiersystem?

1.2 Wie aktivieren Sie die Pascal-Maschine in Ihrem Programmiersystem? Wo gibt Ihre Pascal-Maschine das Ergebnis des Programmlaufs aus? Wie erreichen Sie, daß auch das Quellprogramm gedruckt wird? Was leistet der Editor in Ihrem Programmiersystem? Welche Hilfen bietet Ihr Programmiersystem sonst noch?

1.3 Bringen Sie Beispiel 1.1 in Ihrem Programmiersystem zum Laufen. Schreiben Sie einen Aufsatz über Ihre Erlebnisse bei der Lösung dieser Aufgabe.

1.4 Schreiben Sie ein Programm, das eine Tischkarte für eine Ihnen nahestehende Person druckt, die nicht "Otto" heißt.

1.5 Welche drei Schritte müssen Sie immer gehen, um von einem Problem zu einem Programm zu kommen?

1.6 Was druckt das Programm rechts aus?

1.7 Welchen Wert haben die Ausdrücke:

```
5 + 5 DIV 5;    5 DIV 5 DIV 5;    123 DIV 10;
123 MOD 10;    123 DIV 10 * 10;    123 * 10 DIV 10?
```

```
(Aufgabe 1.6)
PROGRAM konstante (output);
CONST string = 'Denksportaufgabe';
BEGIN (konstante)
     writeln ('string')
END (konstante).
```

1.8 Wie lautet das kürzeste Pascal-Programm?

1.9 Was ist der Unterschied zwischen diesen Sätzen:
- "Otto" hat vier Buchstaben.
- Otto hat vier Buchstaben.

1.10 Verfolgen Sie den Aufbau des Programms aus Aufgabe 1.6 in den Syntax-Diagrammen.

1.11 Erfinden Sie ein Syntaxdiagramm, das zwar alle Bezeichner liefert, die aus den Buchstaben "d", "e" und "n" gebildet werden können, aber das Wort "end" nicht zuläßt.

1.12 Schreiben Sie ein Programm, das mehrere identische Visitenkarten druckt. Um Papier zu sparen, soll das Programm die Karten "mit dreifachem Nutzen", d.h. zu dritt nebeneinander drucken.

2 Steter Tropfen höhlt den Stein

2.1 Kochrezepte: Algorithmen für die Küche

Bis jetzt haben wir uns durch technische Einzelheiten gekämpft ("Wie bekomme ich ein Programm zum Laufen?"), nun wird es Zeit, sich einige grundsätzliche Gedanken zu machen. Programme sind Handlungs-Vorschriften, sie beschreiben Vorgänge. Ähnliche Vorschriften finden wir auch im Alltag, und einiges Wesentliche läßt sich daran sehen. Ein Beispiel (1):

```
            Kinampanda Style Marzipan-Kartoffeln
            ========================================
    Ungesalzene geröstete Erdnüsse zermahlen und mit Zucker ver-
    mischen (etwa im Verhältnis Erdnüsse : Zucker wie 2 : 1). Am
    besten ist eine Mischung  aus Puderzucker und Traubenzucker,
    aber normaler Rohrzucker tut's auch. Dieses Gemisch wird nun
    mit Eiweiß, dem etwas Mandelöl beigefügt wurde, so lange ge-
    knetet, bis sich alles zu Rohmarzipan verbunden hat. (Etwa
    1..2 Eiweiß  auf eine Schüssel Marzipan;  bei weniger Eiweiß
    wird das Marzipan  etwas härter,  bei mehr Eiweiß etwas wei-
    cher.)  Zum  Herstellen  von Marzipan-Kartoffeln  aus diesem
    Rohmarzipan Kugeln formen und in Kakao-Pulver wälzen.
```

Dieses Rezept beschreibt einen Prozeß, der Zutaten zu einem Endprodukt umformt. Damit die Marzipan-Kartoffeln gelingen, muß man schon etwas vom Kochen verstehen; für einen Anfänger in der Küche müßte das Rezept viel genauer ausgearbeitet sein. (Wieviel ist "etwas" Mandelöl? Wie groß ist die Schüssel?) Wir sehen daraus: wie genau eine Vorschrift abgefaßt werden muß, hängt vom Vorverständnis des Ausführenden ab. Zum Vergleich: die Pascal-Maschine ist ein ziemlich einfältiger Trottel und braucht daher ganz präzise Vorschriften. Außerdem sehen wir: bei Vorschriften kommt es auf die richtige Reihenfolge der Einzelschritte an. Versuchen Sie mal, das Rohmarzipan in Kakao-Pulver zu wälzen und dann erst die Kugeln zu formen!

Ein wichtiges Element aller Rezepte ist das Erreichen eines Teilziels; einige Teilziele bei der Herstellung von Kinampanda-Kartoffeln: Rohmarzipan fertig, Kugeln geformt, Kartoffeln fertig. Man kann so ein Teilziel entweder durch einen Einzelschritt erreichen ("gemahlene Erdnüsse mit Zucker vermischen") oder durch zielgerichtete Wiederholung von Teilhandlungen ("solange kneten, bis sich alles zu Rohmarzipan verbunden hat"). Diese beiden Methoden, ein Teilziel zu erreichen, verwenden wir auch in Programmen. Die erste Methode kennen Sie schon von Ottos Tischkarte (Beispiel 1.1): durch eine writeln-Anweisung erreichten wir das Teilziel, die erste Zeile der Tischkarte ausgegeben zu haben. Wie man durch Wiederholung ein Teilziel erreicht, sehen Sie in dieser Lektion.

---

1) Mit freundlicher Genehmigung von Gerd Holtkamp

Zuvor müssen wir noch eine andere Beobachtung an Handlungsanweisungen (oder "Algorithmen") machen. Damit der Ausführende einer Vorschrift nicht den Überblick in den gleichförmigen Wiederholungen verliert und weiß, wann er aufhören soll, muß sich jeder "Durchlauf" durch die Wiederholung irgendwie von den früheren Durchläufen unterscheiden. Beim Marzipan-Kneten sieht der Koch den Fortschritt direkt am Zustand des Schüssel-Inhalts. Wenn wir statt Erdnüssen Information verarbeiten, besteht der Fortschritt darin, daß bei jedem Durchlauf andere Information verarbeitet wird. Um dennoch die Anweisung zur Wiederholung hinschreiben zu können, geben wir den sich jeweils wandelnden Informationen Namen; so ein Name wird zusammen mit der Information, die er benennt, als Variable bezeichnet. Auch das Erreichen des Teilziels erkennt man an der Information, die jeweils in den Variablen steckt.

Ein Beispiel: nehmen Sie an, Sie wollen mit der Eisenbahn von Konstanz nach Buxtehude fahren und haben bereits festgestellt, daß Sie in Offenburg, Mannheim, Hamburg Hbf und in Hamburg-Harburg umsteigen, jetzt wollen Sie aus dem Kursbuch die Züge heraussuchen. Wie gehen Sie dabei vor? Wir wollen diesen Algorithmus so allgemein hinschreiben, daß er auch für andere Zugverbindengen (etwa von Krähwinkel nach Paris) brauchbar ist. Als Variablen benötigen wir Abfahrts- und Ankunftsbahnhof des gerade betrachteten Zuges und seine Abfahrts- und Ankunftszeit in diesen beiden Bahnhöfen. Konstant (d.h. "unveränderlich") bei der ganzen Sucherei sind der Inhalt des Kursbuchs und die Liste der besuchten Bahnhöfe (Start-, Umsteigebahnhöfe, Reiseziel), die Sie schon in der richtigen Reihenfolge auf einen Zettel geschrieben haben. Also versuchen wirs:
[Beispiel 2.1]
1. Als ersten Abfahrtsbahnhof nehmen Sie den Startbahnhof, als ersten Ankunftsbahnhof den nächsten auf dem Zettel. Wählen Sie einen passenden Zug; sein fahrplanmäßiger Start vom Abfahrtsbahnhof wird (erste) Abfahrtszeit, sein fahrplanmäßiges Eintreffen im Ankunftsbahnhof (erste) Ankunftszeit.

2. Solange der Ankunftsbahnhof noch nicht das Reiseziel ist, wiederholen Sie folgende Schritte:
   2.1 Schreiben Sie Abfahrts- und Ankunftszeit neben Abfahrts- und Ankunftsbahnhof auf den Zettel.
   2.2 Der (bisherige) Ankunftsbahnhof wird (neuer) Abfahrtsbahnhof; der nächste Bahnhof auf dem Zettel wird (neuer) Ankunftsbahnhof.
   2.3 Wählen Sie den nächsten Zug, der nach der (bisherigen) Ankunftszeit vom Abfahrtsbahnhof zum Zielbahnhof fahren soll; sein fahrplanmäßiger Start vom Abfahrtsbahnhof wird (neue) Abfahrtszeit, sein fahrplanmäßiges Eintreffen im Ankunftsbahnhof (neue) Ankunftszeit.

3. (Jetzt ist der Ankunftsbahnhof das Reiseziel.)
   Schreiben Sie die Abfahrts- und Ankunftszeit neben die beiden letzten Bahnhöfe auf den Zettel.
   (Alle benötigten Zeiten stehen jetzt auf dem Zettel.)

Weil wir den Variablen Namen gegeben haben, war es möglich, die Wiederholung (Schritte 2.1 bis 2.3) nur einmal hinzuschreiben: hätten wir statt "Abfahrtsbahnhof" und "Ankunftsbahnhof" etwa "Mannheim" und "Hamburg" geschrieben, so hätte das nur für den zweiten Durchlauf durch die Wiederholung gepaßt und nicht

für die übrigen Durchläufe. Der Algorithmus von Beispiel 2.1 ist noch allgemeiner, als Sie wahrscheinlich bemerkt haben: er funktioniert auch ohne Umsteigen! Wenn der Seegeist beispielsweise von Konstanz nach Markelfingen fährt, enthält der Zettel nur zwei Bahnhöfe; Konstanz wird (erster und einziger) Abfahrtsbahnhof, Markelfingen (erster und einziger) Ankunftsbahnhof. Von Anfang an gilt Ankunftsbahnhof = Reiseziel; die Wiederholung wird also überhaupt nicht durchlaufen! Nach Schritt 1 und der Prüfung in Schritt 2 folgt sofort Schritt 3, und der Seegeist kann ablesen, wann er in Konstanz losfährt, und wann er in Markelfingen ankommt.

Wenn man einen Algorithmus aufschreibt, muß man darauf achten, daß die darin stehenden Wiederholungen auch ihr Ziel erreichen können, sonst wird eine Wiederholung wieder und wieder durchlaufen, ohne jemals beendet zu werden. Die Ulmer haben den Balken deshalb nicht in ihre Stadt gebracht, weil sie sich an folgenden "Algorithmus" hielten:

1. Solange der Balken nicht durchs Tor paßt, wiederholen wir:

   1.1 Wenn der Balken links übersteht, versuchen wir's weiter rechts, steht er aber rechts über, so versuchen wir's weiter links.

> Ein Algorithmus ist eine allgemeine, klare Handlungsvorschrift, deren Befolgung garantiert, daß ein vorgegebenes Ziel erreicht wird. Er besteht aus genau beschriebenen Einzelschritten, die in vorgeschriebener Reihenfolge auszuführen sind. Trotz Wiederholungen muß ein Algorithmus garantieren, daß seine Ausführung zu einem Ende kommt.

2.2 Variablen im Programm

Wie Konstanten werden auch Variablen mit einem Bezeichner deklariert, aber statt
eines Wertes muß die Pascal-Maschine alle möglichen Werte wissen, die die Variable in unserem Programm annehmen kann. Dazu muß man natürlich nicht alle
Zwischenwerte angeben; der größte und der kleinste Wert genügen. Das sieht dann
so aus: VAR   tag: 1..31;
                        stunde: 0..23;
                        minute: 0..59;
                        sekunde: 0..59;

Die Variablen-Deklarationen kommen im Pascal-Programm zwischen den Konstanten-
Deklarationen und dem Block-BEGIN (2). Das Wörtchen VAR darf (wie CONST) nur
einmal geschrieben werden. Mehrere Variablen mit gleichem Wertebereich können
gemeinsam deklariert werden: "minute, sekunde: 0..59". Als Unter- oder Obergrenze kann statt einer Zahl auch der Name einer passenden Konstanten stehen
(aber kein Ausdruck und kein Variablen-Name).

Durch die Deklaration weiß die Pascal-Maschine zwar, welche Werte die Variable
überhaupt annehmen kann; damit ist aber noch kein tatsächlicher Wert festgelegt.
Aus Beispiel 2.1 haben Sie gesehen, daß der Wert einer Variablen während der
Abarbeitung eines Algorithmus geändert wird, das kann also in Pascal nur durch
eine Anweisung, nicht etwa durch eine Deklaration geschehen. (Anweisungen stehen
übrigens zwischen BEGIN und END.) Diese Anweisung heißt Wertzuweisung (3):

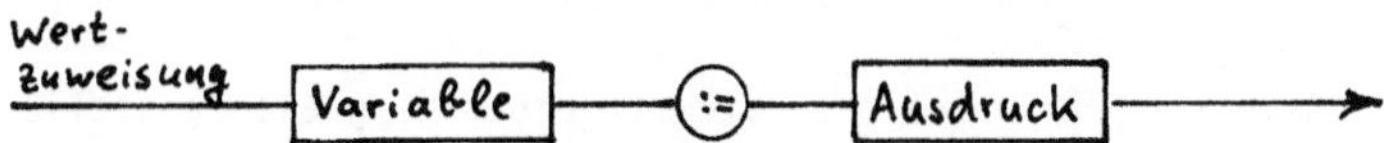

Die Wertzuweisung bewirkt zweierlei:
- der Wert des Ausdrucks wird berechnet und
- die Variable nimmt diesen Wert an (er muß zu ihrem zulässigen Wertevorrat
  passen).
Anschließend kann die Variable in einem Ausdruck verwendet werden und bedeutet
dort den zuletzt zugewiesenen Wert. Das Wertzuweisungs-Zeichen ":=" wird
gesprochen "ergibt sich zu".

---

2) Werfen Sie mal einen Blick auf das Syntaxdiagramm "Block" im Anhang!
3) Stehen zwei (oder mehr) Schriftzeichen im Kreis (oder Oval) beisammen, so
   bilden sie eine Einheit und dürfen nicht durch Leerzeichen oder Zeilenwechsel auseinandergerissen werden.

Zwischen dem Zeichen "=" (gesprochen: "gleich") und dem Wertzuweisungszeichen besteht ein Riesen-Unterschied! In dem Ausdruck (rechts vom Zuweisungs-Zeichen) wird der momentane Wert aller dort vorkommenden Variablen verwendet; daraus ergibt sich dann der neue Wert derjenigen Variablen, die links steht. Ein Beispiel anhand eines Programm-Ausschnitts:

```
VAR i: 0..9;
BEGIN  (i hat hier noch keinen definierten Wert)
       (darf also in keinem Ausdruck vorkommen )
   i := 5   (i hat hier den Wert 5);
   i := i+1 (i hat hier den Wert 6)
```

Die Anweisung "i:=i+1" bewirkt, daß der Wert von i um eins erhöht wird, von Gleichheit war nie die Rede, lieber Seegeist.

2.3 Vergleichs-Operationen und Schleifen

Um in einer Programmiersprache eine Wiederholung zu formulieren, müssen wir unter anderem ihr Ziel angeben können. Sie erinnern sich sicher noch an das Kursbuch-Beispiel 2.1: dort erkannten wir durch einen Vergleich von Ankunftsbahnhof und Reiseziel, ob das Ziel der Wiederholung erreicht war. Ein Vergleich von zwei Ausdrücken ist auch in Pascal eine wichtige Möglichkeit, eine Wiederholung zu beenden.

In Pascal gibt es sechs verschiedene Fragen, die mit einem Vergleich gestellt werden können; die Schreibregel sieht so aus:

Die sechs Vergleichsoperatoren haben folgende Bedeutung und Aussprache:

```
<   kleiner als       >=  mindestens ("größer oder gleich")
>   größer als        <=  höchstens ("kleiner oder gleich")
=   gleich            <>  ungleich
```

Zwei oder mehr Vergleiche können, wenn nötig, durch die Wörtchen AND ("und") oder OR ("oder") zu einer komplizierteren Bedingung zusammengefaßt werden; dazu müssen aber die einzelnen Vergleiche jeweils in Klammern eingeschlossen werden (wer's nicht glaubt, schaue in der Syntax unter "Ausdruck" nach).

Eine Wiederholungsanweisung heißt unter uns Programmierern üblicherweise Schleife. Das kommt daher, daß bei den frühen Rechenmaschinen (z.B. der Z4 von Konrad Zuse, die bis 1955 noch an der ETH Zürich Dienst tat) das Programm Schritt für Schritt von Lochstreifen eingelesen wurde. Wollte man eine Wiederholung programmieren, so wurde der Lochstreifen einfach zu einer Schleife zusammengeklebt, damit die Maschine immer wieder dieselben Anweisungen zu sehen bekam.

Jetzt müssen wir nur noch wissen, wie man eine Schleife in Pascal hinschreibt, und das "richtige" Programmieren kann beginnen. Schließlich lohnt sich der Aufwand einer Programmentwicklung nur dann, wenn die Pascal-Maschine einige Stücke unseres Programms recht oft ausführt, sonst hätten wir's nämlich schneller selbst gerechnet! Wie wir an Beispiel 2.1 ablesen können, gehören zu einer Schleife in einem Algorithmus immer drei Teile,

- die Initialisierung (oder Vorbereitung), in der sozusagen die Wege geebnet werden, die die einzelnen Durchläufe der Schleife gehen sollen (im Beispiel das Heraussuchen des ersten Zugs im Schritt 1),
- die Prüfung, ob das Schleifen-Ziel schon erreicht ist (im Beispiel die Frage "Ankunftsbahnhof = Reiseziel?" im Schritt 2), und
- der Rumpf der Schleife mit den Tätigkeiten, die die Schleife ihrem Ziel einen Schritt näher bringen (im Beispiel das Notieren der Zeiten und Heraussuchen des nächsten Zugs in den Schritten 2.1 bis 2.3).

Manchmal, aber nicht immer, braucht man noch ein Nachspiel zur Schleife wie den Schritt 3 unseres Beispiels 2.1.

In Pascal ist die Schleife genau der Formulierung dieses Beispiels nachgebildet. (Oder war's vielleicht umgekehrt?) Vorbereitung und Nachspiel einer Schleife können mit beliebigen Pascal-Anweisungen (meist Wertzuweisungen) erledigt werden. Die Syntax für Prüfung und Rumpf sieht so aus:

Auch wenn es in der Syntax von Pascal nicht ausdrücklich erwähnt wird, dürfen wir eines nie vergessen:

> Zu jeder Schleife gehört eine Initialisierung!

Jetzt ist's aber höchste Zeit für ein Beispiel! Dazu nehmen wir die berühmte Geschichte vom legendären Erfinder des Schachspiels. Sein Chef, ein indischer Fürst, wollte ihn für seine Erfindung belohnen und gestattete ihm, sich die Belohnung selbst auszusuchen. "Gib mir", so sprach der weise Mann, "nur einige Weizenkörner und zwar so viele, wie auf dem Schachbrett liegen, wenn du auf das erste Feld 1 Korn, auf das zweite Feld 2 Körner und so weiter auf jedes Feld doppelt so viele Körner wie auf das jeweils vorige legst." Der Fürst war verärgert über die allzu bescheidene Bitte des Weisen, doch wie erstaunte er, als alle Weizenvorräte Indiens nicht ausreichten, um diese Bitte zu erfüllen. Unser Programm soll dieser Geschichte auf den Grund gehen und nachrechnen, wieviele Felder der Fürst mit seinem Weizen füllen konnte. Also los! Programm-Überschrift, Deklarationen, Initialisierung, Schleifenziel und -rumpf hingeschrieben, und schon haben wir's? Nein, denn genau so entstehen die Programme, an denen immer weitergebastelt wird und die trotzdem nie richtig laufen!

Viel sicherer kommen wir zu einem richtigen Programm, wenn wir die Methode aus Lektion 1 anwenden und dabei etwas ausbauen. Zuerst zerlegen wir also unsere Aufgabe in geeignete Teilaufgaben:
- Ursprünglichen Weizenvorrat feststellen und verkünden;
- Schachbrett feldweise füllen, solange Vorrat reicht;
- Ergebnis verkünden.

Jetzt wollen wir die Lösung unserer Teilaufgaben in Pascal-Anweisungen übersetzen. Das geht jetzt nicht mehr so geschwind wie in Lektion 1, denn die mittlere unserer drei Teilaufgaben wird in Pascal offensichtlich eine Schleife. Wir müssen also überlegen, welche Variablen sich in dieser Schleife ändern. Da ist beispielsweise der Weizenvorrat des Fürsten, der mit jedem Feld, das gefüllt wird, abnimmt. Wir brauchen diese Variable, um die Schleife zu beenden, denn ihr Ziel besteht ja darin, den Vorrat aufzubrauchen. Auch die Menge des Weizens, der auf dem Schachbrett liegt, ändert sich mit jedem Durchlauf. Für unser Programm ist diese Variable jedoch entbehrlich, denn wir wollen sie weder ausdrucken noch brauchen wir sie für unsere Berechnungen. Wir brauchen aber noch zwei Variablen, die vielleicht weniger offensichtlich sind. Ehe Sie weiterlesen, versuchen Sie mal, diese beiden selbst zu entdecken.

Also, die beiden anderen Variablen sind d[...] [...]es Schachbretts,
das gerade gefüllt wird, [...] die [...], die darauf
sollen. Das[...] [...] in [...] [...]chleife
zu beenden, [...] [...]llt sin[...]
Schluß der G[...] [...]nnte ja falsch sein, [...] Vorr[...] könnt[...]

Also, die beiden anderen Variablen sind das Feld des Schachbretts,
das gerade gefüllt wird, und die Zahl der Weizenkörner, die darauf
sollen. Das Feld brauchen wir in unserem Programm, um die Schleife
zu beenden, wenn alle Felder des Schachbretts gefüllt sind (der
Schluß der Geschichte könnte ja falsch sein, der Vorrat könnte
reichen.) Für unsere Geschichte ist nur die Anzahl der Felder wichtig und nicht
ihre sonstigen Eigenschaften (etwa, daß das Feld E4 weiß oder B4 einen Springer-
zug von D5 entfernt ist); wir machen's uns also einfach und numerieren die Felder von 1 bis 64. Die Variable, die die "aktuelle Position" auf dem Brett
festhält, durchläuft alle möglichen Positionen (=Feldnummern) der Reihe nach.
Eine Variable, die in einer Schleife so verwendet wird, heißt allgemein Laufvariable. In unseren Programmbeispielen kennzeichnen wir Laufvariablen durch die
Silbe akt (wie "aktuell") im Bezeichner. Die Anzahl der Weizenkörner, die auf
das Feld sollen, dient dazu festzustellen, um wieviel sich der Weizenvorrat ver-
ringert. Wir müssen also folgende Variablen-Deklarationen in unser Programm
schreiben:

```
VAR vorrat      : ?..? {Körner};
    feldinhalt: ?..? {Körner};
    aktpos     : ?..?;
```

Die Grenzen müssen noch etwas warten, bis die Schleife aufgeschrieben ist.

Wenn wir jetzt versuchen, die Lösung der Teilaufgaben für unser Körner-Beispiel
in Pascal-Anweisungen umzusetzen, sehen wir, daß wir für jede Teillösung mehrere
Pascal-Anweisungen brauchen. Im allgemeinen braucht man für jede Variable der
Schleife zwei Wertzuweisungen, nämlich eine in der Initialisierung und eine im
Schleifen-Rumpf. Lange Erfahrung hat gezeigt, daß man am besten zuerst den Rumpf
einer Schleife aufschreibt und erst danach Prüfung und Initialisierung samt den
passenden Bereichsgrenzen der Variablen.

> Programme werden nicht in der Reihenfolge aufgeschrieben, wie sie nach-
> her dastehen. Sie sollen dann aber so dastehen, daß sie möglichst leicht
> zu lesen sind.

Um den Schleifenrumpf hinzuschreiben, stellen wir uns vor, daß wir vom Schachbrett schon ein Stück gefüllt haben und jetzt das nächste Feld füllen wollen.

Was passiert dabei? Dreierlei:
- die aktuelle Position wird weitergeschaltet: aktpos := aktpos+1;
- der Vorrat nimmt um den Feldinhalt ab: vorrat := vorrat-feldinhalt;
- der Feldinhalt verdoppelt sich: feldinhalt := 2*feldinhalt
Jetzt kommt's noch auf die richtige Reihenfolge der drei Anweisungen an.

feldinhalt müssen wir am Schluß des Schleifenrumpfs für den nächsten Durchlauf berechnen, damit wir die Initialisierung hinkriegen. Wollten wir feldinhalt am Anfang des Rumpfs berechnen, so bräuchten wir für den ersten Durchlauf eine Spezial-Regel; "feldinhalt:=2*feldinhalt" kann nämlich nie "1" ausrechnen!

Bei der Laufvariablen aktpos müssen wir besonders aufpassen, denn sie tritt nicht nur im Schleifenrumpf, sondern auch in der Bedingung auf. WHILE will am Ende einen Wert sehen, an dem es erkennt, daß das Ziel der Schleife erreicht ist; mit diesem Wert wird der Schleifenrumpf nicht mehr durchlaufen. In Beispiel 2.1 war's übrigens genauso: mit "Ankunftsbahnhof=Reiseziel" wurden die Schritte 2.1 bis 2.3 nicht mehr ausgeführt. Den zusätzlichen Wert muß man natürlich auch in den Bereichsgrenzen für aktpos angeben. Man kann ihn vor die "interessanten" Werte packen (0..letztepos) oder dahinter (1..letztepos+1); wir ziehen die erste Möglichkeit vor (4). Dann muß man aktpos:=0 initialisieren und im Schleifenrumpf als erstes das neue aktpos berechnen:

```
aktpos        := 0;
WHILE aktpos < letztepos
DO BEGIN
   aktpos        := aktpos + 1;
   (Rest des Schleifenrumpfs)
END (aktpos < letztepos)
```

Das hat für die Schachlegende zusätzlich den Vorteil, daß aktpos nach Verlassen der Schleife den letzten im Schleifenrumpf behandelten Wert behält (also angibt, wieviele Felder gefüllt wurden).

> Die Prüfung einer WHILE-Schleife wird einmal öfter ausgeführt als ihr Rumpf. Das ist bei den Bereichsgrenzen der Laufvariablen zu beachten.

Damit ist die Schleife erfunden, den Rest des Programms bewältigen wir mit den Methoden aus Lektion 1. Den Weizenvorrat geben wir in der Konstanten-Deklaration lieber in Tonnen an, zum Rechnen brauchen wir aber den Vorrat in Körnern - kein Problem, wenn man weiß, daß eine Tonne Weizen aus genau 4000000 Körnern besteht.

---

4) vgl. Übungsaufgabe 2.8

Die Teilziele des Programms sind den Zwischen-Überschriften des Programms (in Kommentar-Form) zu entnehmen. Hier ist es:

```
{Beispiel 2.2}
PROGRAM koerner (output);
    {Reichen die Weizen-Vorräte des Fürsten, um ein Schachbrett }
    {gemäß Schach-Legende mit Weizen zu belegen?               }

CONST letztepos =                64; {Felder hat ein Schachbrett }
      tonne     =           4000000; {Körner gehen auf eine Tonne}
      weizen    =             10000; {Tonnen besitzt der Fürst   }
      viele     =       99999999999; { > tonne*weizen }

VAR   vorrat     : 0..viele;     {Rest-Vorrat an Weizen-Körnern}
      feldinhalt: 1..viele;      {Inhalt des nächsten Feldes   }
      aktpos     : 0..letztepos; {Position des aktuellen Feldes}

BEGIN   {PROGRAM koerner}
    {Anfangs-Zustand herstellen und verkünden:}
        writeln ('Wir haben     ', weizen:12, ' Tonnen Weizen.');
        vorrat := weizen*tonne {Umrechnung in Anzahl der Körner};
        writeln ('Das sind etwa', vorrat:12, ' Körner.'     );

    {Brett feldweise aus dem Vorrat füllen:}
        aktpos      := 0;      {"vor" dem Schachbrett}
        feldinhalt := 1;
        WHILE   (vorrat >= feldinhalt)
           AND (aktpos <  letztepos )
        DO BEGIN
            aktpos      := aktpos + 1;
            vorrat      := vorrat - feldinhalt;
            feldinhalt :=      2 * feldinhalt
        END {(vorrat>=feldinhalt) & (aktpos<letztepos)};

    {Ergebnis verkünden:}
        writeln ('Damit kann man ein Schachbrett bis zum',
                 aktpos:3, 'ten Feld füllen.'            );
        writeln ('Das ganze Schachbrett hat',
                 letztepos:3, ' Felder.'                 )
END {PROGRAM koerner}.
```

Und das macht die Pascal-Maschine (5) daraus:

```
Wir haben           10000 Tonnen Weizen.
Das sind etwa 40000000000 Körner.
Damit kann man ein Schachbrett bis zum 35ten Feld füllen
Das ganze Schachbrett hat 64 Felder.
```

5) Falls Ihre Pascal-Maschine stattdessen "Zahl zu groß", "integer constant exceeds range" oder dergleichen behauptet, dann machen Sie "viele" kleiner; nehmen Sie dazu notfalls etwas weniger Weizen.

Bereichsgrenzen müssen mit Sorgfalt gewählt werden! Gibt man einen Bereich zu weit an, so leidet darunter im allgemeinen nur die Übersichtlichkeit des Programms: der Leser weiß mit der Variablen nichts Rechtes anzufangen, er erkennt ihren Zweck nicht auf Anhieb. Damit ist natürlich das Programm viel schwieriger zu verstehen. In solche Verständnisschwierigkeiten kann übrigens auch der Programm-Autor selbst geraten - nur wenige Tage oder Wochen nach Erfindung des Programms. Sie glauben gar nicht, wie schnell man Einzelheiten eines Programms vergißt! Besonders großzügige Wahl eines Wertebereichs kann die Bearbeitung eines Programms auf einer bestimmten Rechenanlage ganz unmöglich machen, denn jede Pascal-Maschine hat eine Grenze für die Größe der Wertebereiche. Wählt man dagegen den Wertebereich einer Variablen zu klein, dann ist das noch viel schlimmer! Die Initialisierung aktpos:=0 wäre nach des Seegeists Vorschlag bereits ein Verstoß gegen die Pascal-Sprachregeln, denn der zugewiesene Wert muß immer zu der Deklaration der Variablen passen. Wenn Ihre Pascal-Maschine ordentlich funktioniert, reagiert sie auf das Ansinnen, einen unpassenden Wert zuzuweisen, mit einer klar verständlichen Fehlermeldung und Abbruch der Programmbearbeitung. (Manche Pascal-Maschinen muß man allerdings ausdrücklich um diese Selbstverständlichkeit bitten; schauen Sie mal deswegen in die Beschreibung Ihres Programmiersystems! Das Stichwort heißt Bereichs-Überwachung oder "Range-Check"). Die Pascal-Maschine im Rechenzentrum der Uni Konstanz liefert mit der falschen Deklaration im Programm folgendes Ergebnis:

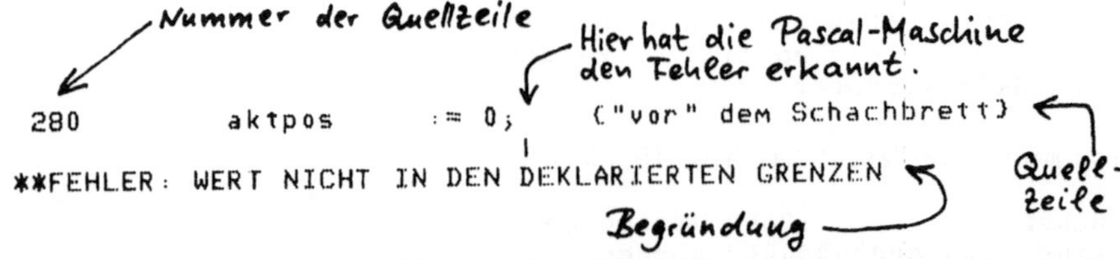

> Bereichsgrenzen für Variable wählt man so eng wie möglich und so weit wie nötig.

2.4 Was tut mein Programm eigentlich?

Wenn Sie nun ein Programm nach dem anderen produzieren, werden Sie gelegentlich
unerwartete Ergebnisse erhalten. Die anfangs furchterregenden Fehlermeldungen
der Pascal-Maschine sind dabei gar nicht das Schlimmste: man sieht ja gleich,
daß etwas nicht stimmt, und bekommt auch gesagt, wo und warum. Viel schlimmer
sind dagegen die Programme, an denen die Pascal-Maschine nichts Böses findet,
die aber einfach falsche Ergebnisse liefern. Das ist schon vielen Programmierern
passiert, und daher gibt es Methoden, solche Fehler zu finden. Gegen falsch
geschriebene Konstanten hilft schon genaues Durchlesen des Programms - zusammen
mit klug gewählten Bezeichnern und Kommentaren bei den Deklarationen. Die
wirklich fiesen Fehler kommen meistens von den Variablen und Schleifen. Da kann
man Initialisierungen vergessen, den Rumpf so verkehrt schreiben, daß er nur für
den ersten oder letzten Schleifendurchlauf funktioniert (aber nicht für alle),
oder die Bedingung so falsch hinschreiben, daß die Schleife einmal zu oft oder
einmal zu wenig durchlaufen wird. Was beim Abarbeiten wirklich vor sich geht,
erfährt man durch einen Trace (6) (auch "Ablauf-Protokollierung" genannt). Vergleicht man den Trace mit dem geplanten Programm-Ablauf, so sieht man gleich,
wo's hakt. Zwei Arten, zu einem Trace zu kommen, lernen Sie in dieser Lektion
kennen, den Schreibtisch-Trace und die Instrumentierung.

Vorher brauchen wir aber ein Programm, um an diesem
Beispiel den Trace zu erleben. Dazu nehmen wir die Aufgabe, den Betrag (vielleicht DM 19.90) in Ziffern auf
einen Scheck zu schreiben. Schecks werden möglichst
fälschungssicher ausgefüllt, und dazu gehört, daß man
die Schreibstellen links vom Betrag nicht frei läßt
sondern mit "Scheckschutzzeichen" (meist Sternchen)
füllt. Unser Beispielprogramm soll das natürlich nicht
nur für 19.90 DM, sondern für jeden Betrag richtig
machen. Die Autoren dieses Buchs ekeln sich übrigens
entsetzlich davor, Programm-Beispiele mit offensicht-
lichen Fehlern in die Welt zu setzen; darum werden wir
auch mit dem Trace in diesem Beispiel nichts Aufregendes

---

6) englisch "trace" (gesprochen "treeß") bedeutet sonst "Spur"

finden. Beispiel 2.3 besteht aus zwei Teilen: zuerst wird in einer Schleife festgestellt, wie viele Stellen der Druck des Betrags erfordert (dabei werden nebenher die Sternchen gedruckt); dann druckt ein writeln mit Format-Angabe den Betrag lückenlos neben die Sternchen. Die einzelnen Schritte zur Entwicklung des Programms wollen wir uns nicht genauer ansehen. Daß der Betrag ohne nähere Erläuterung gedruckt wird, ist nur dadurch zu entschuldigen, daß wir dieses Programm später als Teil eines größeren Programms verwenden wollen, das den ganzen Scheck ausfüllt.

```
{Beispiel 2.3}
PROGRAM scheckbetrag {gegen Scheckbetrug} (output);
    {schreibt den Betrag in Ziffern auf einen Scheck         }
    {selbstverständlich mit den nötigen Scheckschutz-Zeichen}

CONST betrag        =    1990;  {mindestens 100 Pfennige        }
      schutzzeichen=    '*';  {kommt links vor den Betrag     }
      trennzeichen =    ' ';  {kommt zwischen DM und Pfennige}
      gesamtbreite =      7;  {mindestens 2 mehr als die      }
                             {Anzahl der Ziffern in betrag   }
      maxvergleich =100000;  {zwei Nullen weniger als        }
                             {Gesamtbreite angibt            }

VAR   vergleichsbetrag: 100..maxvergleich;
      betragsbreite    :   3..gesamtbreite;

BEGIN {scheckbetrag}
    {Betragsbreite feststellen und Schutzzeichen drucken:}
        betragsbreite      := gesamtbreite - 1;
                            {Platz für's Trennzeichen lassen!}
        vergleichsbetrag := maxvergleich;
        WHILE vergleichsbetrag > betrag
        DO BEGIN {vergleichsbetrag>betrag}
           betragsbreite     := betragsbreite - 1;
           vergleichsbetrag := vergleichsbetrag DIV 10;
           write (schutzzeichen:1)
        END {vergleichsbetrag>betrag};

    {Ziffern und Trennzeichen drucken:}
        writeln (betrag DIV 100 {DM} : betragsbreite-2,
                 trennzeichen          :          1,
                 betrag MOD 100 {Pfg}:          2)
END {scheckbetrag}.
```

Was tut dieses Programm? Das wissen wir, sobald wir herausbekommen haben,

- in welcher Reihenfolge die Anweisungen durchlaufen werden,

- welche Werte die Variablen dabei annehmen und

- wie und warum das WHILE seine Entscheidungen trifft.

Dazu könnten wir beispielsweise selber Pascal-Maschine spielen, indem wir den Wert jeder Variablen auf eine Schiefertafel schreiben; bei einer Wertzuweisung könnten wir dann den alten Wert abwischen und stattdessen den neuen Wert hinschreiben. Falls wir stattdessen die Werte auf Zettel schreiben, könnten wir

für jede Wertzuweisung den alten Wert durchstreichen und den neuen Wert daneben
schreiben. Wesentlich ordentlicher und übersichtlicher ist aber die Trace-
Tabelle. Darin legen wir für jede Variable des Programms eine Spalte an; auch
für Zeilennummer, WHILE-Bedingungen und Programm-Ergebnisse (output) sind eigene
Spalten praktisch. Wir verabreden zusätzlich, die von der Pascal-Maschine in-
zwischen vergessenen Variablen-Werte nicht durchzustreichen, sondern bei Wertzuweisungen den neuen Wert einfach drunterzuschreiben.

> Also gilt in der Trace-Tabelle in jeder Spalte nur der unterste Eintrag;
> alles, was darüber steht, ist historisch.

Die Trace-Tabelle für Beispiel 2.3 sieht also so aus:

Zeile	vergleichsbetrag	betragsbreite	WHILE	output
14	—	—		
16		6		
18	100000			
19			weiter	
21		5		
22	10000			
23				*
19			weiter	
21		4		
22	1000			
23				*
19			fertig	
26..28				19.90

Man sieht in der Trace-Tabelle deutlich, wie die Variable betragsbreite bei jedem Schleifendurchlauf die zum Druck von vergleichsbetrag nötige Stellenzahl an-
zeigt; man sieht auch, daß die Schleife abgebrochen wird, sobald vergleichsbetrag und betrag die gleiche Breite (diesmal 4 Druckstellen) haben.

Macht man, wie wir eben, die Trace-Tabelle ohne Hilfe eines Rechners am Schreib-
tisch, so hat man einen Schreibtisch-Trace. Dazu muß man aber ordentlich Pascal
können und alles, was im Programm steht, wörtlich ausführen. Abgesehen davon,
daß das ein mühsames Geschäft ist, macht man dabei leicht Fehler. Oft liest man,
was man schreiben wollte ("WHILE vergleichsbetrag > betrag"), und hat in Wirklichkeit was ganz anderes geschrieben ("WHILE vergleichsbetrag < betrag").
Besser geht's mit Hilfe einer Pascal-Maschine, in der ein phantasieloser Computer steckt! Dazu instrumentieren wir das Programm mit zusätzlichen write-Anweisungen und lassen es nochmals laufen. Um die Schleife aus Beispiel 2.3 zu

instrumentieren, brauchen wir mindestens eine write-Anweisung vor dem WHILE (Initialisierung prüfen) und eine hinter der letzten Wertzuweisung im Schleifenrumpf (Fortgang der Schleife verfolgen). Diese write-Anweisungen schreiben wir jede für sich auf eine Zeile und kennzeichnen sie mit fünf Kreuzchen, um sie später mit dem Editor wieder leicht entfernen zu können. Manchmal ist es sinnvoll, auch nach der Schleife zu instrumentieren, um den Abbruch der Schleife beobachten zu können; das brauchen wir in unserem Beispiel nicht, weil sowieso ein write folgt. Alle Instrumente sollen ein einheitliches Druckbild liefern, damit man es leicht von den eigentlichen Programm-Ausgaben unterscheiden kann. Aus den Trace-Ausgaben muß außer dem zugewiesenen Wert auch der Variablenname und der Ort im Programm hervorgehen; da in unserem Beispiel pro Variable höchstens zwei Wertzuweisungen vorkommen, reicht zur Unterscheidung der Text "vor" oder "in" (bezogen auf den Schleifenrumpf). Wir können sogar mit unsren Instrumenten eine richtige (7) Trace-Tabelle erzeugen, dazu brauchts nur drei zusätzliche writeln-Anweisungen:

```
{Beispiel 2.4}
PROGRAM scheckbetrag (output);

CONST betrag        =   1990;
      schutzzeichen=   '*';
      trennzeichen =   '.';
      gesamtbreite =      7;
      maxvergleich =100000;

VAR   vergleichsbetrag: 100..maxvergleich;
      betragsbreite   :   3..gesamtbreite;

BEGIN {scheckbetrag}
   writeln ('+++++TRACE betragsbreite | vergleichsbetrag');
   writeln ('+++++TRACE ------------------+------------------');
   betragsbreite     := gesamtbreite - 1;
   vergleichsbetrag := maxvergleich;
   writeln ('+++++vor: ', betragsbreite    : 14,
   {+++++}  ' |',            vergleichsbetrag: 17);
   WHILE vergleichsbetrag > betrag
   DO BEGIN
      betragsbreite     := betragsbreite - 1;
      vergleichsbetrag := vergleichsbetrag DIV 10;
      {+++++} writeln;
      writeln ('+++++in:  ', betragsbreite   : 14,
      {+++++}  ' |',            vergleichsbetrag: 17);
      write (schutzzeichen:1)
   END {vergleichsbetrag>betrag};

   writeln (betrag DIV 100: betragsbreite-2,
            trennzeichen   :                1,
            betrag MOD 100:                 2)
END {scheckbetrag}.
```

---

7) bis auf die eigene output-Spalte

Und hier sieht man unser Programm in voller Aktion (alle Instrumente drucken fünf Kreuzchen am Zeilenanfang):

```
+++++TRACE betragsbreite I vergleichsbetrag
+++++TRACE ------------------+------------------
+++++vor:            6 I           100000

+++++in:             5 I            10000
*
+++++in:             4 I             1000
*19.90
```

Das instrumentierte Programm taugt natürlich nur zur Fehlersuche, für den Alltagsbetrieb müssen die Trace-Instrumente wieder entfernt werden. Dazu sucht man mit dem Editor alle Zeilen, die fünf Kreuzchen enthalten, und löscht sie. Durch diese Behandlung wird Beispiel 2.4 wieder zum Beispiel 2.3 und druckt ganz brav:

```
**19.90
```

2.5 Übungsaufgaben

2.1 Wieso muß man zum Nachkochen der Kinampanda Style Marzipan-Kartoffeln wissen, wie groß Herrn Holtkamps Schüssel ist? Was ist sonst noch ungenau an diesem Rezept?

2.2 Geben Sie "Alltags-Algorithmen" für die folgenden Handlungen an:
- Überqueren einer Straße (ohne in Lebensgefahr zu geraten),
- Heraussuchen einer Nummer aus dem Telefonbuch,
- eine Gewinn-Strategie für Halma oder ein anderes Spiel,
- ein Kochrezept, ein Strickmuster.

Kommen Sie mit den bisher betrachteten Sprachmitteln immer aus? Begründen Sie für Ihre Handlungsanweisungen, daß sie zu einem Ende kommen, und zwar zum gewünschten.

2.3 Was ist faul an folgenden Algorithmus?
1. Solange der Stuhl wackelt, wiederhole folgende Schritte:
   1.1 Säge ein Stück vom längsten Stuhlbein ab.

2.4 Was ist an dem Programm rechts falsch?

2.5 Schreiben Sie in Pascal:

  "solange n zwischen 0 und 9 liegt, ...",

  "solange a kleiner als b und c ist, ...",

  "solange x mindestens so groß wie y
   und kleiner als z ist, ..."

2.6 Was ist der Unterschied zwischen "a<b" und "a<=b"?

2.7 Was ist hier falsch?

2.8 In den Vorüberlegungen zu Beispiel 2.2
    haben wir den zusätzlichen Wert vor die
    "interessanten" Werte gelegt. Was würde
    sich ändern, wenn wir ihn dahinter legen
    würden?

```
{Aufgabe 2.4}
PROGRAM alleneune (output);
VAR    k: 1..9;
BEGIN k := 1;
    WHILE k <= 9
    DO BEGIN
       writeln ('Auch Kegel',
              k:2, ' ist ',
              'gefallen!');
       k := k+1
    END {k <= 9}
END {alleneune}.
```

```
{Aufgabe 2.7}
PROGRAM doppelt (output);
VAR    n: 0..10;
BEGIN {doppelt}
    writeln ('einf dopp');
    WHILE n < 10
    DO BEGIN
       n := n+1;
       writeln (n:4, n+n:5)
    END {n < 10}
END {doppelt}.
```

2.9 Was muß an Beispiel 2.2 geändert werden, wenn Herr Lasker für die Erfindung
    von Laska belohnt werden soll? Das Laska-Brett hat 25 Felder. Was wird das
    geänderte Programm ausdrucken?

2.10 Schreiben Sie ein Programm, das die Quersumme einer Zahl ausdruckt.
     "Quersumme" heißt die Summe aller Ziffern der Zahl, beispielsweise hat 4711
     die Quersumme 4+7+1+1=13. Hinweise: 4711 DIV 10 = 471 (also die Zahl ohne
     die letzte Ziffer); 4711 MOD 10 = 1 (also die letzte Ziffer). Übrigens: was
     ist die Quersumme von 0?

2.11 Eine Aufgabe, bei deren Lösung sich Gleichartiges wiederholt, wird am bes-
     ten mit einer Schleife gelöst. Schreiben Sie daher Beispiel 1.3 mit einer
     WHILE-Anweisung. Als Erklärung geben Sie zu jeder Summe den Text '1+3+...+'
     und den letzten Summanden aus; so können alle diese Texte mit derselben An-
     weisung ausgegeben werden.

2.12 Welcher Fehler steckt noch im Programm Scheckbetrag und wie korrigieren Sie
     ihn? Hinweis: versuchen Sie mal "CONST betrag = 1909".

3 Entscheidungen – auch wenn sie schwerfallen

3.1 Noch mehr Vorschriften

In den Beispielen für Alltagsalgorithmen in Lektion 2 (Zugverbindung, Kochrezept) haben wir ein wichtiges Element solcher Algorithmen noch nicht beobachten können: in einer Handlungs-Vorschrift (gleichgültig, ob für Menschen oder die Pascal-Maschine) muß man gelegentlich vorschreiben, wie unter gewissen Bedingungen Entscheidungen getroffen werden sollen. Ein einfaches Beispiel ist eine Kombi-Packung mit Abfahrts-Skiwachs: der Hersteller Tick-Tack (1) schreibt in der Gebrauchsanweisung:
- bei Pulverschnee blau wachsen
- bei Pappschnee rot wachsen und
- bei Sulz oder Frühjahrschnee silber wachsen.

Als besonders eifrige Erzeuger von Vorschriften betätigen sich die Behörden. So finden wir beispielsweise in §37(2)1 der StVO ein schönes Beispiel, wie dem Verkehrsteilnehmer seine Entscheidung vorgeschrieben wird:
"An Kreuzungen bedeuten:
- Grün: 'Der Verkehr ist freigegeben. Er kann nach den Regeln des §9 abbiegen, nach links jedoch nur, wenn er Schienenfahrzeuge dadurch nicht behindert'.
- Gelb ordnet an: 'Vor der Kreuzung auf das nächste Zeichen warten', für Verkehrsteilnehmer in der Kreuzung: 'Kreuzung räumen'.
- Rot ordnet an: 'Halt vor der Kreuzung'."

Allen diesen Entscheidungs-Vorschriften sind folgende Elemente (mehr oder weniger versteckt) gemeinsam:
- Abfrage eines Zustands (Schnee-Art, Ampel an der Kreuzung), der die Entscheidung steuern soll;
- Aufzählung der verschiedenen Ausprägungen, die der Zustand annehmen kann (Papp-, Pulverschnee, Sulz; rot, gelb, grün), mit der jeweils dazu gehörenden Handlung.

Die gleichen Elemente werden wir in Pascal wiederfinden, um damit Entscheidungen zu programmieren. Zuvor müssen wir uns aber mit einer anderen Frage auseinandersetzen, nämlich wie man die oben erwähnten Ausprägungen der Schneeart und ähnliche Werte in Pascal darstellt.

---

1) Ähnlichkeiten mit existierenden Marken sind rein zufällig.

3.2 Aufzählungen im Programm

Wir könnten natürlich die Schneesorten oder die Licht-Erscheinungen der Verkehrsampel numerieren (Papp-schnee=1, Pulverschnee=2, Sulz=3, oder so). Das wäre ganz im Stil der altertümlichen Programmiersprachen aus der Dampfrechner-Zeit. Damit könnte man dann solch einen Unsinn hinschreiben wie "Pappschnee + Pulverschnee", und da würde dann die Pascal-Maschine ausrechnen, daß das dasselbe ist wie "Sulz". Fröstelt es Sie auch bei diesem Gedanken? Glücklicherweise gestattet Pascal für solche Fälle eine ganz natürliche Ausdrucksweise. Wir dürfen beispielsweise eine Variable so deklarieren:

```
VAR schneevomkilimandscharo : (pulverschnee, pappschnee,
                               sulz, harsch, firn, aper);
```

Die zulässigen Werte des "schneevomkilimandscharo" können wir nicht wie beim vorrat im Beispiel 2.2 durch eine Bereichsangabe festlegen (weil die Pascal-Maschine zwar viel über Zahlen, aber nichts über Schneesorten weiß), sondern wir müssen alle Werte, die diese Variable annehmen soll, einzeln aufzählen. Die Bezeichner "pulverschnee", "pappschnee" usw. sind durch die Variablendeklaration implizit mit deklariert worden; für solche Konstanten gibt's darum auch keine Konstanten-Deklaration. Jede dieser Konstanten kann man der Variablen zuweisen (sobald man den Wetterbericht abgehört hat), etwa so:

```
schneevomkilimandscharo := firn;
```

Einige Kleinigkeiten muß man bei solchen Aufzählungen allerdings beachten. So kann man sie beispielsweise nicht einfach mit write oder writeln ausgeben; aber keine Angst, dieses Problem werden wir bald gelöst haben. Außerdem darf derselbe Bezeichner nicht in zwei verschiedenen Aufzählungen stehen. Brauchen wir beispielsweise noch die Variable "schneevomfeldberg", so müssen wir daher die beiden Variablen nach dem Muster der Lektion 2.2 in einer gemeinsamen Deklaration erklären, etwa so:

```
VAR schneevomkilimandscharo,
    schneevomfeldberg       : (pulverschnee, pappschnee,
                               sulz, harsch, firn, aper);
```

Natürlich ist es sinnlos, die vier Grundrechenarten (oder waren's gar fünf?) auf die aufgezählten Werte anwenden zu wollen - gerade das sollten sie ja ver-

hindern! Aber immerhin will man sie vielleicht mal in einer Schleife verwenden
(wir haben damit ja Variable deklariert). Bitte schön, das geht:

```
WHILE ampel <> gruen
DO BEGIN
    writeln ('Bitte warten, ',
             'es kann nimmer lang dauern')
END (ampel <> gruen)
```


Richtig, man muß der Laufvariablen andere Werte zuweisen.
Weil natürlich "gruen+2" und allsowas nicht geht, gibt's
dafür succ und pred, und die werden beispielsweise so
hingeschrieben:

```
succ (harsch)
succ (succ (harsch))
succ (pred (succ(schneevomkilimandscharo)))
```

Diese Ausdrücke kann man nun passenden Variablen zuweisen. succ und pred sind
die Abkürzungen der englischen Wörter successor (=Nachfolger) und predecessor
(=Vorgänger). succ und pred liefern jeweils die beiden Nachbarn aus der Aufzählung in der Deklaration. Also ist "succ(harsch)" dasselbe wie "firn"; "succ
(succ(harsch))" ist "succ(firn)", also "aper"; "succ(aper)" aber ist verboten!
Sinnvoll wird die Sache erst mit einer Variablen in der Klammer: "succ (schneevomfeldberg)". Dann schaut die Pascal-Maschine nach, was der Variablen "schneevomfeldberg" zuletzt zugewiesen wurde und bildet dazu den Nachfolger. (Das ist
alles "Schnee von gestern": dasselbe geschieht der Variablen "feldinhalt" bei
"2*feldinhalt".) Mit "schneevomfeldberg := succ(schneevomfeldberg)" kann man
sich also in einer Schleife durch alle Schneesorten durcharbeiten.

Wer unbedingt mit Zahlen hantieren will, kann mit ord (wie "Ordnungszahl") auch
fragen, welchen Platz in der Aufzählung ein Wert hat. Dabei sind die Konstanten
der Reihe nach (ab 0) numeriert. "ord(sulz)" ist also 2, "ord(aper)" 5. Aber
ehrlich: das braucht man fast nie. Diese Ordnung vererbt sich auch auf die Vergleiche: was weiter hinten in der Liste steht, gilt als größer: "sulz<firn".
Merke: "=" und "<>" tun immer das, was man sich vorstellt, die übrigen Vergleiche sind bei Aufzählungswerten meist sinnlos (aber erlaubt)!

Auf Werte aus Aufzählungen und die passenden Variablen kann man folgende
Operationen anwenden:
- die sechs Vergleiche "<", "<=", "=", ">=", ">", "<>",
- die Vorgänger- und Nachfolgerfunktion "pred(...)" und "succ (...)" und
- die Ordnungsfunktion ord(...).

3.3 Entscheidungen im Programm

Die Verfasser der StVO haben in §37(2)1 fast genau die Syntax von Pascal für die
"Auswahl" getroffen, da fehlen nur noch ein paar Satzzeichen. Statt eines
Syntaxdiagramms (das Sie ja im Anhang nachlesen können) gleich ein Beispiel; wir
wollen die Gebrauchsanweisung für Tick-Tack-Abfahrts-Skiwachs "pascalieren".

```
(Beispiel 3.1)
PROGRAM waxberatung (output);
   (schlägt das richtige Skiwachs        )
   (für den Urlaub am Kilimandscharo vor)

VAR schneevomkilimandscharo: ( pulver, pappschnee,
                               sulz, harsch, firn, aper );

BEGIN (waxberatung)
   schneevomkilimandscharo := firn;
   CASE schneevomkilimandscharo
   OF pulver, firn:        writeln ('Blau wachsen');
      pappschnee, harsch:  writeln ('Rot wachsen');
      sulz:                writeln ('Silber wachsen');
      aper:                writeln ('Ski zu Hause lassen, ',
                                    'lieber auf Foto-Safari gehen')
   END (schneevomkilimandscharo)
END (waxberatung).
```


Nun haben wir also zum ersten Mal ein END, das nicht zu einen BEGIN gehört. Es
schließt die Mehrseitige Auswahl ab, die mit dem CASE beginnt. Der Auswahlausdruck (2) legt fest, auf welche Tatsachen sich die Entscheidung gründet; er wird
bei der Ausführung der Auswahl-Anweisung als erstes berechnet. Dann sucht die
Pascal-Maschine von den Fallmarken diejenige heraus, die gleich dem Ergebnis des
Auswahlausdrucks ist, und führt die zugehörige Aktion aus; gibt's keine passende
Fallmarke, so ist das Programm verkehrt. Zu jeder Fallmarke (oder Gruppe von
Fallmarken) gehört genau eine Anweisung (z.B. write oder Wertzuweisung). Schreiben Sie da nicht mehrere Anweisungen hin, das wird bestimmt falsch! Wie man das
richtig macht, werden wir erst in Lektion 4 behandeln.

Mit der Mehrseitigen Auswahl haben wir auch die Möglichkeit, Aufzählungswerte
auszugeben, im Beispiel 3.1 steht's schon fast da. Wir brauchen nur statt der
Skiwachs-Ratschläge ("Blau wachsen") andere Strings mit den Bezeichnern der Auf-
zählungskonstanten ("Pulverschnee") auszugeben.

---

2) Eine Variable (wie hier) ist auch ein Ausdruck.

Statt eines Aufzählungswerts können wir als Auswahlausdruck auch einen Zahlenwert verwenden. Die Fallmarken sind dann natürlich Zahlen.

Die Mehrseitige Auswahl wird mit CASE, OF, END und Fallmarken gebildet. Als Auswahlausdruck können alle bisher behandelten Arten von Ausdrücken (Zahlen, Aufzählungswerte, Bedingungen) verwendet werden; die Fallmarken müssen zum Auswahlausdruck passen. Alle Fallmarken müssen verschieden sein. Mehrere Fallmarken bei einer Aktion werden durch Komma getrennt.

Wer in den Syntaxdiagrammen nachgeschaut hat, weiß, daß Bedingungen, wie wir sie in Lektion 2 zwischen WHILE und DO geschrieben haben, ebenfalls Ausdrücke sind. Die müßten wir doch auch zwischen CASE und OF unterbringen können! Die Fallmarken müssen natürlich auch hier zum Ausdruck passen. So eine Bedingung, beispielsweise der Vergleich "X=U", kann nur zwei Werte annehmen: entweder stimmt das, was hier behauptet (oder besser: gefragt) wird, oder nicht. Die möglichen Werte dieses Ausdrucks heißen also "zutreffend" oder "unzutreffend"; auf Englisch (und Pascal) sagt man dazu true (=zutreffend) und false (=unzutreffend). So heißen also auch die Fallmarken. Damit kann man sich unter Umständen Schreibarbeit sparen, weil die Bedingung viele Fälle zusammenfaßt. Mit AND und OR (Sie erinnern sich) können wir jetzt schon recht komplizierte Entscheidungen programmieren.

```
(Beispiel 3.2)
PROGRAM reisebureau (output);
   ( zu einer Safari habe ich keine Lust. )
   ( Kann ich Skifahren, ja oder nein?    )

VAR schneevomkilimandscharo: ( pulver, pappschnee,
                               sulz, harsch, firn, aper );
BEGIN (reisebureau)
  schneevomkilimandscharo := firn;
  CASE schneevomkilimandscharo = aper
  OF true:  writeln ('Lieber zuhause bleiben');
     false: writeln ('Sie können fahren, mein Lieber.',
                     ' Weitere Ratschläge',
                     ' gibt Programm "waxberatung".')
  END ( schneevomkilimandscharo = aper )
END (reisebureau).
```

Im täglichen Leben pflegen wir uns in diesem speziellen Fall anders auszudrücken, etwa so:

"Wenn es am Sonntag regnet, dann findet die Wanderung im Saale statt, andernfalls treffen wir uns am Parkhaus Süd."

Wer weiß, was "wenn", "dann" und "andernfalls" auf Englisch heißt, rät sofort,
wie die Zweiseitige Auswahl in Pascal geht. Beispielsweise die Fallunterschei-
dung aus Beispiel **3.2** würde als Zweiseitige Auswahl so aussehen:

```
IF    schneevomkilimandscharo = aper
THEN write ('Lieber zu Hause bleiben!')
ELSE write ('Sie können fahren.')
```

Diese Anweisung, auch "IF-Anweisung" genannt, ist eigentlich unnötig; man kann
sie (nach der Art von Beispiel 3.2) leicht durch eine gleichbedeutende CASE-An-
weisung ersetzen. Die IF-Anweisung ist nur aus alter Gewohnheit in Pascal
enthalten; sie war nämlich in älteren Programmiersprachen die einzige Auswahl-
Möglichkeit, lang ene das CASE erfunden war.

In der Tat findet man in behördlichen und anderen Vorschriften öfter eine Einseitige Auswahl, zum Beispiel
in Artikel 3.08 der BodenseeSchO (3): "Wenn Fahrzeuge
bei Nacht stilliegen, müssen sie ein von allen Seiten
sichtbares weißes gewöhnliches Licht führen." Das
"dann" hören wir in diesem Satz, auch wenn's nicht aus-
gesprochen wird. Der andere Fall (bei Tag oder in Bewegung) darf hier fehlen, weil er durch andere Vorschriften abgedeckt ist.

<u>Obacht</u>: bei der Einseitigen Auswahl kann man Wesentliches verges-
sen! Beispiel: Initialisierung einer Variablen (vor einer Schleife
oder so) durch die Anweisung

```
IF    monat = februar
THEN monatslaenge := 28 {Tage};
```

Für die übrigen Monate, die es im Lauf eines Jahres gibt, weist
diese Auswahl der Variablen monatslaenge keinen Wert zu! Wehe, wenn
das Programm sie später verwenden will! Die gleiche Gefahr gibt's
bei der Mehrseitigen Auswahl: man darf keine Fallmarke vergessen.

Die Zweiseitige Auswahl wird mit IF..THEN..ELSE (ohne ausdrückliches
Abschluß-Symbol) gebildet; der Auswahlausdruck muß eine Bedingung sein.
Die Einseitige Auswahl (ohne ELSE) ist fast immer falsch. Auch die
Mehrseitige Auswahl ist nur richtig, wenn ganz sicher keine Fallmarke
vergessen wurde. Dreimal nachprüfen! Leider kennt Pascal zum CASE kein
ELSE; ach wär das schön...

---

3) diese Abkürzung bedeutet "Bodensee-Schiffahrts-Ordnung", wenn sie auch von
Leuten, die für die Prüfung zum Schifferpatent lernen, gelegentlich anders
gedeutet wird.

3.4 Typen gibt's!

Stellen Sie sich vor, in einem Programm sollen mehrere Verkehrsampeln vorkommen:
die Straßen-Ampel vor dem Fußgänger-Überweg zeigt Rot, Gelb oder Grün; die Fuß-
gängerampel am selben Pfosten zeigt Rot oder Grün; und die Straßenampel vor der
Feuerwehrausfahrt zeigt Rot oder Gelb. Sicher
haben Sie noch - wie unser Seegeist - die guten Ermahnungen vom Ende der Lektion 2.3 im
Ohr. Für jede der drei Ampeln eine eigene
Aufzählung können wir nicht hinschreiben,
weil dann dieselbe Konstante (z.B. rot) in
mehreren Aufzählungen stehen müßte, was be-
kanntlich verboten ist. Also müssen Bereichsgrenzen her! Ehe wir die aber in einer Dekla-

ration angeben können, müssen wir der Pascal-Maschine erstmal klar machen, daß
wir die Konstanten (gruen, rot, gelb) als Wertebereich brauchen. Dazu dient eine
neue Art von Deklaration: die Typ-Vereinbarung. Was wir bisher auf der rechten
Seite von Variablen-Deklarationen gesehen haben, nennen wir ab jetzt <u>Typ</u>. "Der
Typ einer Variablen" ist also eine kürzere Ausdrucksweise für "alle möglichen
Werte, die die Variable annehmen kann". In den bisherigen Beispielen haben wir
also unter anderem schon folgende Typen gesehen:

```
    1..viele          (eine natürliche Zahl, nicht zu groß)
    0..letztepos      (ein Feld auf dem Schachbrett oder davor)
    3..gesamtbreite   (Stellenzahl für einen Geldbetrag ab 1 DM)
    (pulverschnee, pappschnee,
     sulz, harsch, firn, aper)               (eine Schnee-Sorte)
    (false, true)     (das Ergebnis einer Bedingung)
```

Neu bei der Typ-Vereinbarung ist, daß man damit den (bisher anonymen) Typen
Namen (4) geben kann:

```
    TYPE koernerzahl = 1..viele;
         feldpos      = 0..letztepos;
         breite       = 3..gesamtbreite;
         schneesorte  = (pulverschnee, pappschnee,
                         sulz, harsch, firn, aper);
         spielart     = (kreuz, pik, herz, karo, grand, null);
```

Die Typenvereinbarungen kommen übrigens alle zusammen zwischen die Konstanten-
Vereinbarungen und die Variablen-Vereinbarungen ins Pascal-Programm. Und wie ge-

---

4) für Puristen: "Bezeichner"

wohnt, darf man das Wörtchen TYPE nur einmal hinschreiben. Mit so einer Typ-Vereinbarung ist noch keine Variable deklariert! Wir können aber jetzt, da das Kind einen Namen hat, diesen Namen in anderen Deklarationen verwenden, wo wir einen Typ brauchen, zum Beispiel:

```
        VAR schneevomkilimandscharo : schneesorte;
```

Das hat noch keine grundsätzliche Verbesserung gebracht; aber durch so eine Typ-Vereinbarung lernt die Pascal-Maschine den neu erfundenen Typ so gut kennen, wie sie beispielsweise die ganzen Zahlen kennt. Man kann daher jetzt Unterbereichs-Typen aus dem Typ herausschneiden, wenn man die braucht:

```
        TYPE farbe      = (gruen, rot, gelb);
        VAR  ampelanausfahrt  : rot  ..gelb;
             fussgaengerampel : gruen.. rot;
```

Obacht! Wie bei den Zahlen kann man als Unterbereichs-Typen nur zusammenhängende Bereiche (mit allen Zwischenwerten) deklarieren. Die linke ("untere") Bereichsgrenze muß in der zugehörigen Aufzählung (in der Typ-Vereinbarung) auch weiter links stehen als die rechte ("obere") Bereichsgrenze. Im Klartext: "gelb..rot" wäre im obigen Mini-Beispiel verboten.

3.5 Ein Daten-Typ für den Lotto-Tip

Sie kennen doch einen Lotto-Tippzettel? Rechts ist ein Ausschnitt daraus zu sehen, der gerade für einen Tip vorgesehen ist. Ehe wir irgend etwas mit Lotto-Tips programmieren, oder auch nur einen Datentyp für sie festlegen, sollten wir uns ihre "typischen" Merkmale ansehen. Ein Lotto-Tip besteht aus 6 Zahlen im Bereich 1..49; also könnten wir uns einfach 6 Variable des Typs 1..49 deklarieren. Dies wäre ziemlich ungeschickt und viel zu teuer: damit hätten wir uns nämlich auch die Möglichkeit geschaffen, so unmögliche Tips wie "6,6,6,6,6,6" zu speichern. Andererseits wäre das wieder viel zu wenig, denn falsche Tips mit sieben Kreuzchen könnten wir in den sechs Variablen gar nicht unterbringen. Und dann ist da noch ein Problem: die Tips "1,2,3,4,5,6" und "6,5,4,3,2,1" sehen verschieden aus, sind aber identisch!

Eine Reihe von Variablen des Typs "(frei, Kreuzchen)" würde wesentlich besser zum Lotto-Tip passen, wäre aber programm-technisch recht unhandlich. Kleiner und einfacher geht's mit dem Typ

```
TYPE lottotip  = SET OF 1..49;
```

Eine einzige Variable dieses Typs kann sich von allen 49 Feldern des Lottotips merken, welche angekreuzt sind und welche nicht. SET heißt übrigens auf Deutsch "Menge"; Cantor (5) läßt grüßen.

Ein Datentyp ist nur dann nützlich, wenn es auch die passenden Operationen dazu gibt. Zuerst deklarieren wir mal Variablen dafür:

```
        VAR  meinspiel, auslosung: lottotip;
```

Das war nix Neues; wir hätten übrigens auch die Variablen deklarieren können, ohne dem Typ einen Namen zu geben. Jetzt wollen wir den Variablen Werte (6) zuweisen:

```
        meinspiel := [23, 29, 31, 37, 43, 47];
        auslosung := [39, 21, 30, 28,  4, 36];
```

Natürlich können wir jetzt leicht schauen, ob der Seegeist einen Sechser hat:

```
        IF  meinspiel = auslosung
        THEN write ('Hurrraaaa!!')
```

Gleich sind Mengen immer dann, wenn sie genau die gleichen Elemente enthalten - ohne Rücksicht auf die Reihenfolge, in der wir sie vorher (in der eckigen Klammer) angegeben haben. Dann kann man noch ganz einfach fragen, ob ein bestimmtes Kästchen angekreuzt ist - in der Mengen-Sprache heißt das: ob eine bestimmte Zahl Element der Menge ist. Dazu dient eine neue Form der Bedingung:

```
        19 IN meinspiel
```

(Diese Bedingung liefert als Ergebnis "false", wie ein Blick auf die Zuweisung oben zeigt.) Damit können wir schon ganz leicht die Frage nach dem kleinsten Element in der Auslosung vom 13.2.82 beantworten.

```
(Beispiel 3.3)
PROGRAM lottokugel (output);
  ( sucht die niedrigste Zahl aus der Auslosung vom 13.2.1982 )

VAR auslosung: SET OF 1..49;
    kandidat:        0..49;
```

5) Georg Ferdinand Ludwig Philipp Cantor (3.3.1845 .. 6.1.1918), Mathematiker, gilt als der Schöpfer der Mengenlehre.
6) Falls Ihr Rechner keine eckigen Klammern kennt, nehmen Sie stattdessen die Ersatzdarstellung "(. .)".

```
BEGIN (lottokugel)
   auslosung := [39, 21, 30, 28, 4, 36];
   kandidat := 0;
   WHILE NOT (kandidat IN auslosung)
   DO BEGIN
      kandidat := succ (kandidat)
   END ( NOT (kandidat IN auslosung) );
   writeln ('Am 13.2.1982 wurde als niedrigste Zahl ',
            kandidat: 1, ' gezogen.'                  )
END (lottokugel).
```

write tut uns nicht den Gefallen, einen Mengen-Wert auszudrucken (genau so wenig
wie einen Aufzählungswert). Wenn wir einen Lottotip ausdrucken wollen, müssen
wir darum etwas ganz Neues wagen: eine Auswahl (mitten zwischen anderen Anweisungen) im Rumpf einer Schleife! Die Schleife dient dazu, nach bewährtem
Muster alle möglichen Lottozahlen der Reihe nach auszuwählen; die Auswahl druckt
dann die Zahl, falls sie im Lottotip enthalten ist, andernfalls läßt sie das
bleiben (eine der wenigen Gelegenheiten, eine Einseitige Auswahl anzubringen):

```
(Beispiel 3.4)
PROGRAM lottotip (output);
   ( druckt einen Lotto-Tip aus )

CONST maximum = 49;

VAR auslosung: SET OF 1..maximum;
    kandidat :       0..maximum;

BEGIN (lottotip)
   auslosung := [39, 21, 30, 28, 4, 36];
   write ('Die Lottozahlen vom 13.2.1982: ');
   kandidat := 0;
   WHILE kandidat ( maximum
   DO BEGIN
      kandidat := succ (kandidat);
      IF   kandidat IN auslosung
      THEN write (kandidat: 3)
   END ( NOT (kandidat IN auslosung) );
   writeln
END (lottotip).
```

Ergebnis:

Die Lottozahlen vom 13.2.1982:   4 21 28 30 36 39

Was man sonst noch Feines mit Mengen-Typen tun kann, werden wir in Lektion 5
sehen. Wenn man sich erst mal an diese Typen gewöhnt hat, merkt man, daß sie bei
vielen Programmieraufgaben nützliche Helfer sind.

3.6 Übungsaufgaben

3.1 Was ist faul an den Deklarationen rechts?

```
{ Aufgabe 3.1 }
VAR farbe:  (rot, gruen, blau, gelb);
    ladung: (nuechtern, angeheitert,
             blau, volltrunken     );
    heute:  (mo, di, mi, do, fr, sa, so)
```

3.2 Was ist "succ(pred(lila))"?

3.3 Was ist wohl succ(17)? Oder pred(0)?

3.4 Probieren Sie aus, ob Ihre Pascal-Maschine eine unzulässige Anwendung von succ oder pred bemerkt.

3.5 Sie haben deklariert:

```
    VAR heute: (mon, diens, mitt, donn, frei, sams, sonn)
```

Der Variablen "heute" wurde irgend ein Wochentag zugewiesen. Welche Anweisung weist der Variablen "morgen" richtig den folgenden Wochentag zu?

3.6 Wie setzen Sie das Programm rechts fort, um das zugewiesene Datum auszugeben?

```
VAR tag   : 1..31;
    monat : (jan, feb, mrz, apr,
             mai, jun, jul, aug,
             sep, okt, nov, dez);
    jahr  : 1563..9999;
BEGIN tag   := 28;
      monat := feb;
      jahr  := 1982;
```

3.7 Das Konzil von Nizäa (325) beschloß, Ostern auf den Sonntag nach dem ersten Frühlings-Vollmond zu legen. Nach Gauß (7) kann man diesen Tag in unserem heutigen Kalender so bestimmen:

Man berechne: a := aktjahr MOD 19; b := Aktjahr MOD 4; c := aktjahr MOD 7;
d := (19*a + M) MOD 30;   e := (2*b + 4*c + 6*d + N) MOD 7;

dabei ist: M=23 und N=3   für aktjahr DIV 100 = 17

              M=23 und N=4   für aktjahr DIV 100 = 18

              M=24 und N=5   für aktjahr DIV 100 = 19

              M=24 und N=5   für aktjahr DIV 100 = 20

              M=24 und N=6   für aktjahr DIV 100 = 21

Ostern fällt auf den (22+d+e)ten März oder den (d+e-9)ten April. Falls die Formel den 26. April liefert, ist Ostern am 19. April; falls die Formel den 25. April liefert und a mindestens 11 ist, ist Ostern am 19. April.

---

7) Carl Friedrich Gauß (30.4.1777..23.2.1855), Mathematiker und Astronom, verbessserte 1800 die Regel von C.Clavius und L.Lilio aus dem 16. Jahrhundert.

4 Konstruieren geht über Probieren

4.1 Ein unzuverlässiges Programm ist schlimmer als gar keines

Wer Computer herstellt und verkaufen möchte, schreibt natürlich in seinem
Prospekt, wie einfach das Programmieren sei ("schon nach wenigen Minuten ...",
"einfach an das Gerät setzen, und los geht's"). Aber genau so entstehen die Programme, von denen man nie weiß, ob sie jemals fehlerfrei laufen werden! Und dann
passiert es eben: das Stundenplan-Programm schickt zwei Klassen gleichzeitig in
dasselbe Zimmer; das Programm des Finanzamts will KFZ-Steuer für 75 Jahre auf
einmal; und das Terminüberwachungs-Programm des Heimcomputer-Fans vergißt den
Geburtstag der Schwiegermutter. Der erschreckte Programmierer beseitigt nach einer solchen Katastrophe den "letzten Fehler" in seinem Werk, und daraufhin
bestellt das Stundenplan-Programm endlich keine Schüler mehr in das fragliche
Klassenzimmer (dafür aber zwei Lehrer), das Programm des Finanzamts zieht gar
keine Steuern mehr ein, und das Terminüberwachungsprogramm feiert den Geburtstag
der Schwiegermutter monatlich.

> Programme zu testen kann ein sehr wirksamer Weg sein, um Fehler nachzu-
> weisen, aber diese Methode ist hoffnungslos unzureichend, um zu zeigen,
> daß ein Programm keinen Fehler enthält.   E.W. Dijkstra (1972)

Wir müssen vielmehr beweisen können, daß unser Programm seine Aufgaben zu-
verlässig erfüllt. Wie man dahin kommt, wollen wir uns in dieser Lektion etwas
genauer anschauen. Dabei gilt der Grundsatz: Mach's richtig - von Anfang an!

Statt "frisch drauflos" zu programmieren, werden wir unsere Programme sorgsam
entwerfen und erst danach codieren, d.h. in Pascal niederschreiben. Beim Entwurf
machen wir zuerst einen relativ groben Ansatz, der ganz offensichtlich korrekt
ist; dann fügen wir schrittweise Einzelheiten hinzu und achten stets darauf, dabei unseren schönen Entwurf nicht zu verderben. So schreibt man auch gute Krimi-
nalromane; diese Methode heißt top down design oder schrittweise Verfeinerung.
Zweierlei Einzelheiten müssen wir dabei festlegen:
- den Algorithmus (in Pascal durch Anweisungen realisiert) und
- die Darstellung der Daten (in Pascal durch Deklarationen realisiert).

Um die Darstellung der Daten zu notieren, genügen die Pascal-Deklarationen, aber
zum Entwurf des Algorithmus wollen wir ein Hilfsmittel verwenden: die Struktogramme nach Nassi und Shneiderman.

4.2 Das Struktogramm: Algorithmen aus dem Baukasten

Ein Beispiel soll die Verwendung der Struktogramme beleuchten: am 9.9.81 bemerkte ich, daß die Jahreszahl das Produkt der beiden anderen Zahlen war; in welchem Jahr eines Jahrhunderts passiert das wohl am häufigsten?

Ein Struktogramm stellt einen Algorithmus grafisch dar. Ein Rechteck - hoch oder breit, ganz nach Belieben - steht für eine Anweisung oder Anweisungsfolge; darin vermerken wir, welche Handlung vorgenommen werden soll, etwa so:

> Löse das
> Datums-Puzzle

Wie die Handlung beschrieben wird, entscheiden wir als Programm-Erfinder. Wir können Prosa nehmen (wie oben) oder bereits ein Stück Programm-Code. Solange man noch nicht jedes Rechteck direkt codieren kann, müssen wir unseren Entwurf weiter verfeinern. Dazu nehmen wir irgendein Rechteck (im Moment also das einzige) und ersetzen es durch etwas Genaueres.

Wir können zum Beispiel eine Folge von Handlungen vorsehen. Das Symbol dafür sind mehrere Rechtecke, die - Boden an Deckel - zusammengeklebt sind. Das Ganze wird von oben nach unten gelesen, heißt Sequenz und sieht so aus:

> suche das Jahr "rekordjahr", in dem am häufigsten
>
> tag * monatsnummer = jahreszahl
>
> vorkommt. Die Anzahl, wie oft das in diesem Jahr vorkommt,
> nenne "rekord".
>
> Drucke rekordjahr und rekord (mit Erläuterung).

Um das Ergebnis der ersten Kiste der anderen mitzuteilen, brauchen wir:

```
VAR rekord    : 0..12;        ←——— höchstens ein Treffer
    rekordjahr: 0..99;                       pro Monat!
```

Jetzt verwandeln wir die obere Kiste in eine Schleife. Die Initialisierung hat im Struktogramm (wie in Pascal) keine besondere Form, wir nehmen dafür also ein Rechteck. Die Kiste für die Schleife selbst besteht aus einem Haken mit der Prüfung, der den Schleifenrumpf umschließt; man sieht also genau, welche Strukturblöcke zum Rumpf gehören und welche nicht. Und so sieht die verfeinerte Such-Schleife aus:

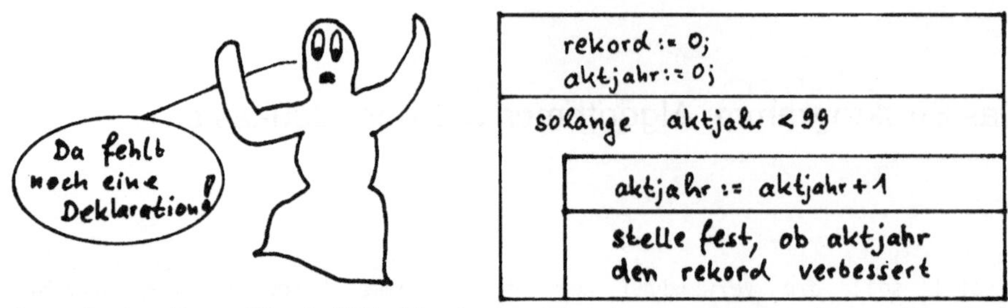

Der einzige Prosa-Block ("Stelle fest...") ist als nächster dran. Dazu brauchen wir eine Auswahl, und zwar ausnahmsweise die Einseitige. Weil die so selten und so gefährlich ist, gibt's im Struktogramm nur Zwei- und Mehrseitige Auswahlen; wir malen also die Zweiseitige hin und lassen eine Seite frei. In unserem Beispiel brauchen wir noch eine kleine Vorbereitung, also Sequenz + Auswahl:

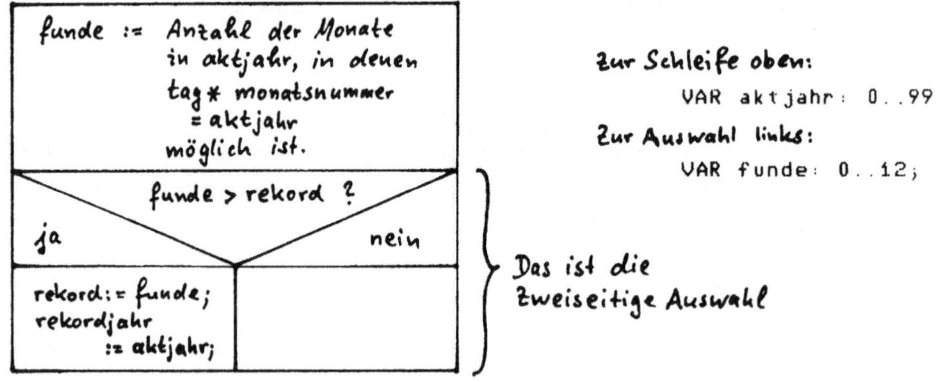

Ehe wir weiter verfeinern, schauen wir mal, was wir bis jetzt haben. Solange jeder Strukturblock für sich steht, haben wir nur ein großes Durcheinander. Deshalb machen wir jetzt aus den Strukturblöcken ein Struktogramm: wo bisher Prosa stand, malen wir stattdessen direkt den daraus entwickelten Strukturblock hin. So haben unsere Strukturblöcke ausgesehen:

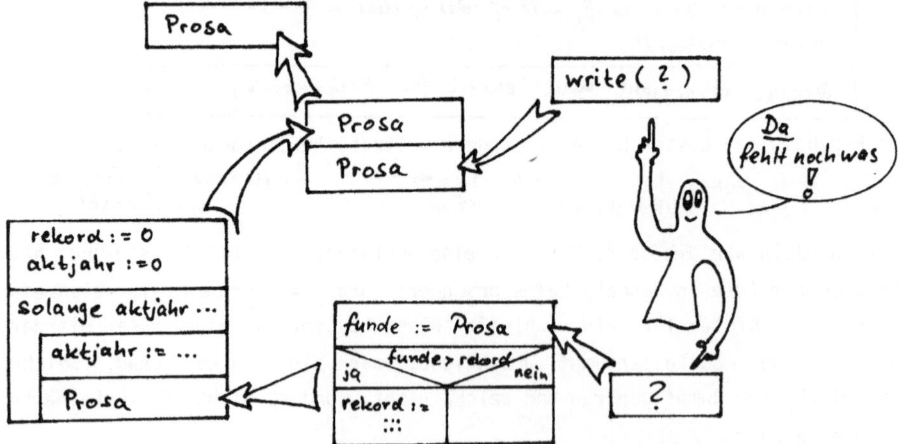

Daraus wird nun dieses Struktogramm:

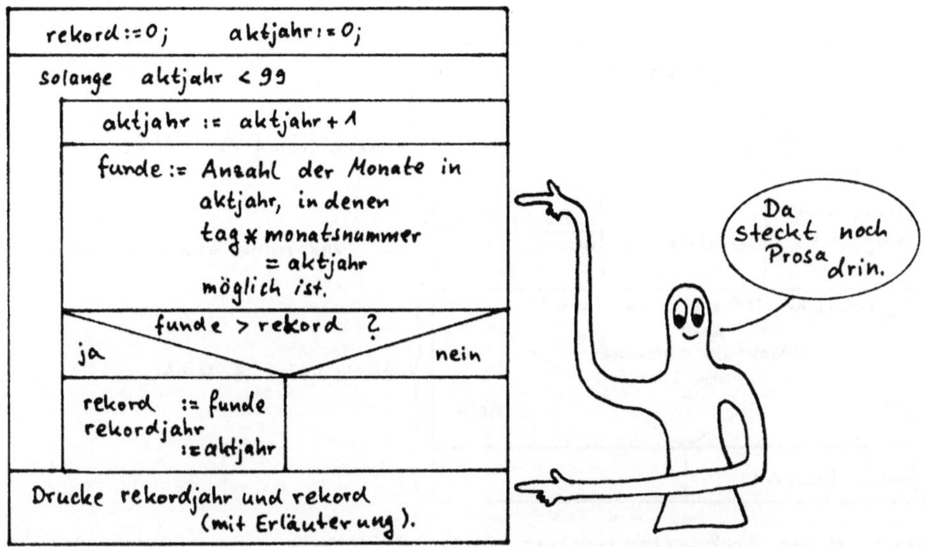

Um dieses Struktogramm zu erhalten, haben wir Strukturblöcke "geschachtelt". Und genau wie die russischen Holzpüppchen, "Matrjoschka" genannt, in deren Bauch immer noch ein Püppchen steckt (und darin noch eins und darin ...), können wir auch gleichartige Strukturblöcke ineinanderschachteln. Das brauchen wir jetzt, denn wir müssen in einer Schleife die Funde zählen (Weiterentwicklung des Blocks "funde:=...", siehe rechts). Diese Zähl-Schleife ist Teil der Such-Schleife oben!

Ob in einem Monat die "Puzzle-Bedingung" tag * monatsnummer = aktjahr möglich ist, stellen wir durch diese Bedingung fest:

```
        (aktjahr MOD aktmonat  =   0)
    AND (aktjahr DIV aktmonat <=  monatslaenge)
```

Die erste Klammer prüft, ob die Monatsnummer Teiler der Jahreszahl ist, die zweite, ob der andere Teiler ein Tag des aktmonat ist. Zur Bestimmung der Monatslänge brauchen wir eine Mehrseitige Auswahl, den einzigen Strukturblock, der bisher noch nicht aufgetreten ist. Hier ist der Rest des Struktogramms:

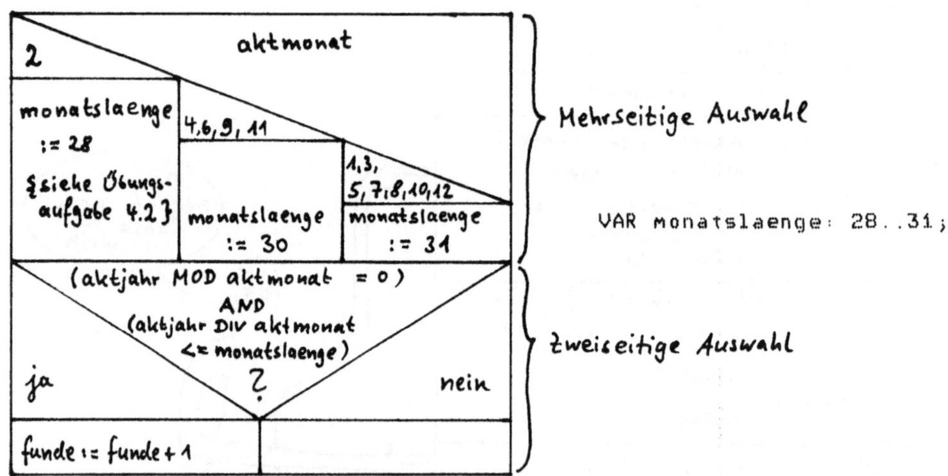

Damit ist das Struktogramm komplett, fassen wir zusammen, wie es entstanden ist.

Ein Programmentwurf geht von einer Grobstruktur aus und fügt nach und nach weitere Einzelheiten hinzu. Das geschieht, indem zunächst verbal beschriebene Abläufe durch genauer festgelegte Strukturblöcke ersetzt werden. Dadurch entstehen im allgemeinen verschachtelte Strukturblöcke. Variablen werden immer dann eingeführt, wenn Ergebnisse eines Strukturblocks in einem anderen Strukturblock benötigt werden.

4.3 So schachtelt sich's in Pascal

Wie jede Programmiersprache muß auch Pascal eine Möglichkeit bieten, die Verschachtelung der Abläufe, wie sie im
Struktogramm zum Ausdruck kommt, darzustellen. Dazu dienen
die Klammern für Anweisungen: BEGIN und END. Damit wird abgegrenzt, welche Anweisungen zu einem DO, einem THEN, einem
ELSE oder einer Fallmarke gehören. Die Syntax drückt das
so aus:

> BEGIN und END fassen mehrere Anweisungen zu einer,
> der Zusammengesetzten Anweisung, zusammen.

Mit diesem Mechanismus können wir jetzt das Struktogramm in Pascal übertragen:
"zusammengesetzte" Strukturblöcke übersetzen wir in Zusammengesetzte Anweisungen, wie wir sie seit Lektion 2 schon stillschweigend für alle Schleifen benutzen. Auch Zusammengesetzte Anweisungen werden von ihrem Nachbarn durch
Strichpunkte getrennt, deshalb kann durchaus ein Strichpunkt vor einem BEGIN
oder nach einem END stehen, nur hinter's BEGIN und vor's END gehört kein
Strichpunkt! Das END vergißt man kaum mit der Faustregel: wo es im Struktogramm
breiter wird, gehört meist ein END hin. Jetzt wird es immer wichtiger, Programme
ordentlich hinzuschreiben, damit jeder Leser mit einem Blick erkennt, was
zusammengehört. Dazu rückt man ein, was zusammen gehört; Sie sehen es an allen
Programm-Beispielen in diesem Buch. Auch Leerzeilen, ordentliche Kommentare und
geschickte Wahl der Bezeichner tragen zur Lesbarkeit bei. Ihre Pascal-Maschine
zählt stur die BEGIN und END, aber der menschliche Leser braucht andere Hilfen,
um ein Programm zu verstehen. Programmieren ist schon von selber komplex genug,
darum wollen wir uns nicht damit aufhalten, im Gestrüpp eines unordentlich auf-
geschriebenen Programms nach Fehlern zu suchen, die bei ordentlicher Schreibweise offensichtlich wären.

> Programme sind keine Suchbilder, sondern sollen einen Algorithmus deut-
> lich darstellen. Hilfsmittel zur Darstellung sind:
> - geschickte Wahl der Bezeichner,
> - Kommentare, wo notwendig, und
> - Einrücken entsprechend der Programm-Struktur.
>
> Erfolg beim Programmieren kann nur durch Disziplin erreicht werden.

So wird unser Struktogramm nach Pascal übersetzt:

```
(Beispiel 4.1)
PROGRAM datumspuzzle (output);
    (findet das Rekordjahr,                        )
    (in dem am häufigsten tag*monatsnummer=jahr)

VAR rekord,       funde, aktmonat:  0..12;
    rekordjahr,            aktjahr :  0..99;
    monatslaenge                   : 28..31;

BEGIN (datumspuzzle)
  rekord := 0;  aktjahr := 0;
  WHILE aktjahr < 99
  DO BEGIN
     aktjahr := succ (aktjahr);
     funde := 0;  aktmonat := 0;
     WHILE aktmonat < 12
     DO BEGIN
        aktmonat := succ (aktmonat);
        CASE aktmonat
        OF  1, 3, 5, 7, 8, 10, 12: monatslaenge := 31;
            4,    6, 9,    11    : monatslaenge := 30;
            2                    : monatslaenge := 28
        END (aktmonat);
        IF    (aktjahr MOD aktmonat =  0)
          AND (aktjahr DIV aktmonat <= monatslaenge)
        THEN funde := funde + 1
     END (aktmonat < 12);
     IF  funde > rekord
     THEN BEGIN rekord := funde; rekordjahr := aktjahr END
  END (aktjahr < 99);

  writeln ('Im Jahre', rekordjahr:3, ' gilt', rekord:3,
           ' mal: tag*monatsnummer=jahreszahl'            )
END (datumspuzzle).
```

Und das findet dieses Programm heraus:

```
Im Jahre 24 gilt  7 mal: tag*monatsnummer=jahreszahl
```

4.4 Wie Profis ihre Schleifen konstruieren

Bisher haben wir uns beim Schreiben von Schleifen auf unseren "gesunden Menschenverstand" verlassen, doch dabei kann man zu leicht etwas übersehen. Wir wollen uns daher ab jetzt eine zuverlässige Methode (1) zur Konstruktion von Schleifen anwenden. Schauen wir uns nochmals den Trace von Beispiel 2.4 daraufhin an, was daraus für alle Schleifen Typisches zu sehen ist. Bei jedem Durchlauf durch die Schleife haben die beteiligten Variablen andere Werte - Kunststück, wo wir sie doch genau zu diesem Zweck erfunden haben! Aber die Variablen nehmen diese verschiedenen Werte nicht "nach Belieben", sondern sozusagen nur "im gegenseitigen Einvernehmen" an. So sind zum Beispiel die Variablen betragsbreite und vergleichsbetrag so miteinander verbunden, daß der Wert von vergleichsbetrag bei jedem Durchlauf durch die Schleife genau so viel Stellen hat, wie der Wert von betragsbreite angibt; formal: $\text{vergleichsbetrag} = 10^{\text{betragsbreite}}$. Darüberhinaus ist die Variable betragsbreite noch mit der Zahl der Sternchen verknüpft, die bisher gedruckt wurden: betragsbreite + Anzahl der Sternchen + 1 = Gesamtbreite. Auch diese Beziehung gilt bei jedem Durchlauf durch die Schleife. Solche Beziehungen zwischen den Variablen lassen sich bei jeder Schleife finden.

Bei jedem Durchlauf durch eine Schleife ändern sich zwar die Werte der Variablen, aber gewisse Beziehungen zwischen ihnen bleiben dabei erhalten. Diese Beziehungen heißen Schleifen-Invarianten.

Die Schleifen-Invariante ist kein Zufall, sondern das wesentliche Kennzeichen einer Schleife: kennt man Schleifeninvariante und Abbruch-Bedingung, so hat man verstanden, wie die Schleife funktioniert. Die Schleife aus Beispiel 2.4 sorgt beispielsweise dafür, daß neben den Sternchen genau soviel Platz für den Druck des Betrags ist, daß die Gesamtbreite gerade ausgefüllt wird.

Diesen engen Zusammenhang zwischen Schleifen-Invariante und Zweck der Schleife nutzt man, um zuverlässige Schleifen zu konstruieren. Das schauen wir uns am

---

1) Diese Methode läßt sich bis zum Korrektheits-Beweis für ganze Programme ausbauen. Siehe etwa N. Wirth "Systematisches Programmieren", Stuttgart (1972)

besten anhand eines Beispiels an: die Anzahl aller möglichen Toto-Tipreihen bei der 11er-Wette soll berechnet werden. Diese Anzahl ist genau 3*3*...*3, wobei gerade 11 3er miteinander malgenommen werden, kurz: 3^{11}. Leider gibt's in Pascal dafür keine eigene Operation (etwa POWER) wie für die Grundrechenarten. Die notwendige Schleife findet man in drei Schritten.

- Erstens machen wir uns klar, welches Ziel die Schleife erreichen oder welchen Zustand (2) sie herstellen soll. In unserem Beispiel soll die Variable anzahlreihen den Wert anzahlreihen = 3^{11} bekommen.

- Zweitens überlegen wir uns eine Reihe Zwischen-Zustände mit drei Eigenschaften
    - das gewünschte Ziel der Schleife gehört auch zu dieser Reihe von Zwischen-Zuständen,
    - einer von diesen Zuständen ist besonders leicht herzustellen und eignet sich so als "Anfangszustand" für die Schleife, und
    - der Übergang von einem Zwischen-Zustand zum nächsten kann durch Ausführung von Programm-Anweisungen erreicht werden.

Die eigentliche "Erfindung" beim Programmieren besteht darin, diese Reihe von Zwischen-Zuständen zu finden! Wir schreiben sie natürlich nicht alle einzeln auf (meist sind es sowieso zu viele), sondern überlegen, was sie miteinander gemeinsam haben, diese Gemeinsamkeit der Zwischen-Zustände wird dann die Schleifeninvariante.

Beispiel: in den Zwischen-Zuständen beim Tipreihen-Zählen könnte eine Variable anzahlreihen die Werte 3*3, 3*3*3 usw. annehmen, eine andere Variable e könnte festhalten, wieviele 3er noch dazumultipliziert werden müssen, bis das Ziel erreicht ist. Führen wir noch aus Schönheitsgründen die Bezeichnung b für die Anzahl möglicher Tips pro Feld ein (b=3), so lautet die gemeinsame Beschreibung unserer Zwischen-Zustände, also die Schleifen-Invariante:

$$\text{anzahlreihen} * b^{e} = \text{gesuchte Anzahl}$$

Das ist schon ausgerechnet   b und e sind bekannt, aber b^{e} nicht — noch unbekannt

Drittens folgt nur noch Routine! Wir brauchen jetzt Initialisierung, Schleifenrumpf und WHILE-Bedingung.

---

2) als "Zustand" bezeichnen wir in diesem Zusammenhang die Werte aller beteiligten Variablen samt den bis dahin erfolgten Programm-Ausgaben.

- Die Initialisierung ist so zu machen, daß die
  Schleifen-Invariante erstmal gilt:

        anzahlreihen := 1;   e := 11;

- Die WHILE-Bedingung muß die Schleife genau dann anhal-
  ten, wenn die gesuchte Anzahl in anzahlreihen
  drinsteckt, damit wir sie weiterverwerten können.

        WHILE e <> 0

- Der Schleifen-Rumpf sorgt dafür, daß die Schleife ihrem Ziel e=0 näher kommt, ohne dabei die Schleifen-Invariante zu zerstören:

        {anzahlreihen   * b^e = gesuchte Anzahl}
        {anzahlreihen * 3 * b^{e-1} = gesuchte Anzahl}
        e := e - 1;

        {anzahlreihen * 3 * b^e = gesuchte Anzahl}
        anzahlreihen := anzahlreihen * 3;

        {anzahlreihen   * b^e = gesuchte Anzahl}

Wir haben deshalb zwei Anweisungen gebraucht, weil eine allein zwar einen
Schritt in die richtige Richtung tut (e wird kleiner), aber dabei die Schleifen-
Invariante kaputt macht; die zweite Anweisung repariert die Schleifen-Invariante
wieder.

Wem diese Darstellung der Schleifen-Invariante zu formal ist, kann sich auch anhand eines Bildes alles klarmachen.

$$\underbrace{3 * 3 * \ldots * 3}_{\text{anzahlreihen}}\ \underbrace{3, 3, 3 \ldots 3}_{e\ \text{3er übrig}}$$

Der Rumpf der Schleife schafft einen 3er vom unbearbeiteten Rest in die Variable
anzahlreihen hinüber:

$$\underbrace{3 * 3 * \ldots * 3}_{\text{anzahlreihen}} * \underbrace{3\ 3, 3 \ldots 3}_{e} \quad \text{vorher}$$

$$\underbrace{3 * 3 * \ldots * 3 * 3}_{\text{anzahlreihen}}\ \underbrace{3, 3 \ldots 3}_{e} \quad \text{nachher}$$

Im Anfangszustand sind alle 3er im Rest (rechte Klammer), am Schluß ist das
Produkt von allen in der Variablen anzahlreihen vereint.

Das ganze Programm: {Beispiel 4.2}

```
                    PROGRAM elferwette (output);
                        {berechnet, wie viele verschiedene Tipreihen}
                        {im Fußball-Toto möglich sind               }

                    CONST b        =  3;    { 3 Möglichkeiten pro Tip}
                          anzahltips= 11;    {11 Tips pro Tipreihe    }

                    VAR    e              : 0..anzahltips;
                          anzahlreihen: 1..maxint;
```

```
BEGIN (elferwette)
  anzahlreihen := 1; e := anzahltips;
  WHILE e <> 0
  DO BEGIN
      e              := e              - 1;
      anzahlreihen := anzahlreihen * 3
  END (e <> 0);
  writeln ('Im Fußball-Toto gibt es',
          anzahlreihen: 1, ' verschiedene Tipreihen.')
END (elferwette).
```


Daß dieses Programm korrekt ist, sieht man leicht ein. Vor Eintritt in die Schleife gilt die Schleifen-Invariante, nach jedem Durchlauf gilt sie wieder (3); also gilt sie auch noch unmittelbar nach Verlassen der Schleife. Dort gilt aber noch zusätzlich e=0 (das Gegenteil der WHILE-Bedingung), sonst hätte die Pascal-Maschine noch eine Runde durch die Schleife gedreht:

$$\{ \; (anzahlreihen * b^e = gesuchte\ Anzahl) \quad AND \quad (e = 0) \; \}$$

Das bedeutet aber dasselbe wie

$$\{ \; anzahlreihen = gesuchte\ Anzahl \; \}$$

und wir können anzahlreihen mit einem passenden Text ausgeben.

4.5 Was kostet diese Schleife?

Zeit ist Geld, und besonders Rechenzeit ist teuer. (Selbst, wenn man sie nicht bezahlen muß, ist es doch ärgerlich, allzu lang auf Programm-Ergebnisse zu warten.) Die meiste Rechenzeit wird in Schleifen verbraucht; darum wollen wir uns ansehen, wie man den Zeitbedarf einer Schleife schätzt und wie man hier sparen kann. Weil jeder Rechner-Typ etwas anders aufgebaut ist als alle übrigen, zeigen auch die zugehörigen Pascal-Maschinen unterschiedliches Laufzeit-Verhalten; trotzdem gelten die hier gezeigten Grundsätze für alle Maschinen.

Der Schleifen-Rumpf von Beispiel 4.2 wird 11mal durchlaufen, die Prüfung "e<>0" wird 12mal ausgeführt. Bei allen Pascal-Maschinen dauern alle elf Schleifendurchläufe gleich lange, unabhängig von den Variablen-Werten, dasselbe gilt für die zwölf Prüfungen.

Dehnen wir unsere Betrachtungen auf Schleifen mit anderen Werten für b und anzahltips aus, so sehen wir:

---

3) Mathematiker erkennen hier unschwer das Beweis-Prinzip der "vollständigen Induktion".

        Gesamtlaufzeit = C * anzahltips + A

Dabei ist C die Zeit für einen Schleifen-Durchlauf einschließlich Prüfung; A ist die Gesamtzeit für Initialisierung, write-Anweisung und die zwölfte Prüfung. Interessant ist, daß die Laufzeit nur von anzahltips, nicht etwa von b abhängt.

Wenn wir das Ergebnis schneller haben wollen, so müssen wir dafür sorgen, daß die Schleife nicht so oft durchlaufen wird. Da die Schleife aber ein Ziel erreichen soll, müssen zum Ausgleich die Schritte zum Ziel hin größer sein. Mit dieser Idee und unserer alten Schleifen-Invariante konstruieren wir jetzt eine schnellere Version des Programms elferwette. Im Schleifenrumpf wollen wir (statt "e:=e-1") lieber schreiben (4):

        e := e DIV 2

Um zu sehen, wie die Schleifen-Invariante repariert werden kann, wird sie so umgeformt, daß der Ausdruck e DIV 2 irgendwo darin auftritt; dazu ist nützlich zu wissen, daß

```
    e =         2 *(e DIV 2)            {für    gerades e}
    e = 1   +   2 *(e DIV 2)            {für  ungerades e}
```

Entsprechend ist:

```
    anzahlreihen * (b²) e DIV 2  = gesuchte Anzahl {falls e   gerade war}
    anzahlreihen*b*(b²) e DIV 2  = gesuchte Anzahl {falls e ungerade war}
```

Durch die geplante Zuweisung an e wird demnach unsere Schleifeninvariante folgendermaßen "verschandelt":

```
    anzahlreihen *       (b²) = gesuchte Anzahl {falls e   gerade war}
    anzahlreihen * b * (b²) = gesuchte Anzahl {falls e ungerade war}
```

Durch ein bis zwei Wertzuweisungen wird die Schleifeninvariante repariert, nämlich "b:=b*b" und eventuell "anzahlreihen := anzahlreihen * b". Die zweite Zuweisung ist allerdings mit dem alten Wert von b auszuführen, außerdem entscheidet der alte Wert von e, ob man sie überhaupt machen darf; also setzen wir diese Zuweisung an den Anfang des Schleifenrumpfs, wo wir die alten Werte von b und e noch zur Verfügung haben. Das verbesserte Programm sieht dann so aus:

(Beispiel 4.3)

```
BEGIN {elferwette}
  b := 3;  anzahlreihen := 1;  e := anzahltips;
  WHILE e <> 0
  DO BEGIN           ———— das heißt „ungerade"
     IF   odd (e)
     THEN anzahlreihen := anzahlreihen * b;
     e := e DIV 2;  b := b * b    ◄———————  b ist jetzt Variable!
  END {e <> 0};

  writeln ('Im Fußball-Toto gibt es',
           anzahlreihen: 1, ' verschiedene Tipreihen.')
END {elferwette}.
```

---

4) "e:=e-5" oder dergleichen hätte keinen Sinn, weil dann e=0 nicht garantiert erreicht werden könnte.

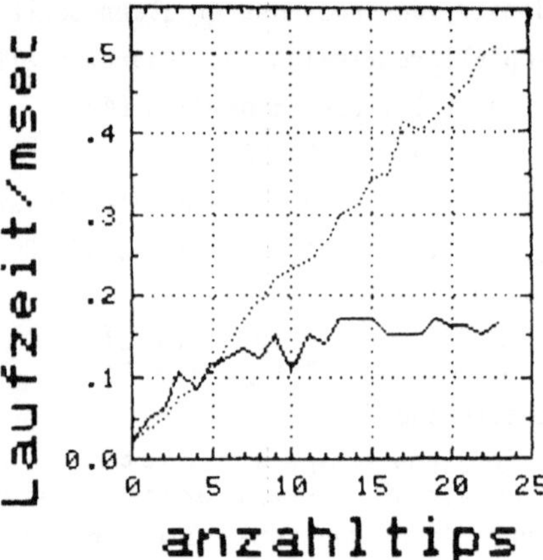

Ein einzelner Durchlauf durch den Schleifenrumpf dauert jetzt sicher etwas länger: die Pascal-Maschine muß eine einseitige Auswahl und eventuell eine Wertzuweisung zusätzlich ausführen; auch kostet ein DIV auf den meisten Rechnern mehr Zeit als ein pred. Dafür wird die Schleife nicht mehr so oft durchlaufen, im Beispiel nur 4mal (statt 11mal), ein erklecklicher Gewinn! Für längere Tipscheine braucht unser Programm jetzt nur noch so lange (5): Gesamtlaufzeit = D * log (anzahltips) + A

Diese Formel ist nur eine Näherung, weil wir die Unterschiede zwischen geradem und ungeradem e nicht berücksichtigen wollen. Für große Werte von anzahlzeilen ist sicher das neue Verfahren schneller als das alte. Ab wann sich's lohnt, hängt allerdings vom Verhältnis D/C ab, und das ist bei jedem Rechner wieder anders. Die Verhältnisse an der Uni Konstanz zeigt das Diagramm rechts; dort lohnt sich also die kompliziertere Schleife schon ab 6 Tips pro Reihe.

Mit derselben Schleifeninvariante kann man verschiedene Schleifen konstruieren. Wird die Laufvariable bei jedem Schleifendurchlauf um den gleichen Betrag vermindert, so hängt der Zeitbedarf linear von der Problem-Größe ab, wird die Laufvariable jedesmal halbiert, verläuft der Zeitbedarf logarithmisch. Logarithmisch verlaufender Zeitbedarf ist für große Probleme günstiger als linear verlaufender.

---

5)

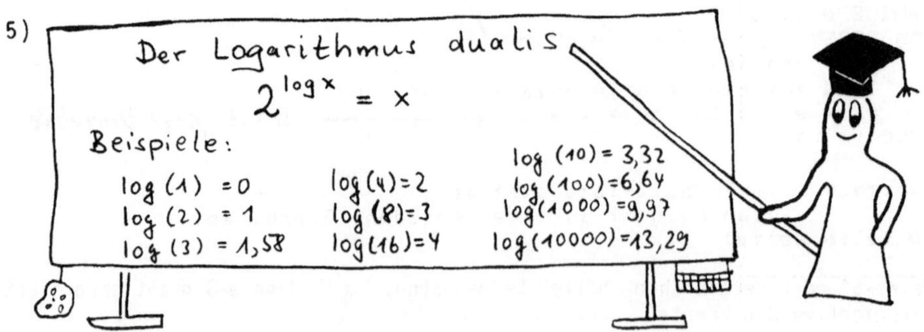

4.6 Noch eine Wiederholung ...

In Pascal und in Struktogrammen findet man neben der WHILE-Schleife noch eine andere Form von Wiederholungs-Anweisung. Zum Programmieren brauchen wir sie fast nie, aber Sie sollen ja auch fremde Programme lesen können. Bei dieser Anweisung wird zuerst der Schleifenrumpf durchlaufen, erst danach wird geprüft, ob er nochmals durchlaufen werden soll. Im Struktogramm und in Pascal sieht diese Schleife so aus:

```
REPEAT
   e                := pred (e);
   anzahlreihen := anzahlreihen * b
UNTIL  e = 0
```

Weil der Schleifenrumpf zunächst einmal unbesehen ausgeführt wird, heißt diese Anweisung annehmende Schleife; die WHILE-Schleife entsprechend abweisende Schleife. Mit einer Annehmenden statt der Abweisenden Schleife würde das Beispiel 4.2 (und alle anderen bisherigen Programmbeispiele) verkehrt! Annehmende Schleifen rufen in Algorithmen eine gefährliche Krankheit hervor, das Nullfehler-Syndrom. Die befallenen Algorithmen verhalten sich meistens unauffällig, doch sobald einmal nichts zu tun ist, versagen sie. Beispiel 4.2 rechnet beispielsweise richtig aus, daß man einen Tipzettel ohne Felder nur auf eine Art ausfüllen kann (nämlich den leeren Zettel ohne Kreuzchen abgeben), während es mit der annehmenden Schleife drei Arten prophezeien würde. Noch schwerer getroffen würde Beispiel 2.1 durch die Einführung einer annehmenden Schleife: bei der Fahrt nach Markelfingen würde sie vom Seegeist verlangen, Bahnhöfe vom Zettel abzulesen, die garnicht draufstehen.

Annehmende Schleifen kann man also nur einsetzen, wenn man gleichzeitig beweist, daß der Leer-Fall nie auftreten kann. Den Autoren dieses Buches ist kein Fall bekannt, in dem eine annehmende Schleife irgend einen Vorteil vor der abweisenden hätte.

```
Hände weg von annehmenden Schleifen!
Sie führen nur zum Nullfehler-Syndrom.
```

4.7 Übungsaufgaben

4.1 Welche Jahre testet die Suchschleife in Beispiel 4.1?

4.2 Beispiel 4.1 nimmt alle Februare zu 28 Tagen an. Wo bleiben die Schaltjahre?

4.3 Im Beispiel 4.1 wird die Variable rekordjahr nicht initialisiert. Darf man denn das?

4.4 Was spricht dagegen, einen Strukturblock "einseitige Auswahl", wie rechts abgebildet, einzuführen?

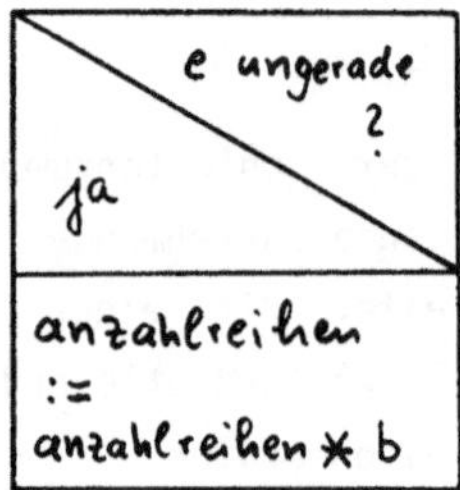

4.5 Geben Sie zu allen Schleifen, die Sie bisher gelesen oder geschrieben haben, die Schleifen-Invariante an. Insbesondere die Schleife zur Quersummen-Berechnung (Aufgabe 2.10) ist instruktiv.

4.6 Schreiben Sie (zur Abschreckung) Beispiel 2.1 mit annehmender Schleife und machen Sie einen Schreibtisch-Trace für eine direkte Verbindung (ohne Umsteigen). An welcher Stelle hakt der Algorithmus?

4.7 In der Fabrik für Fahrrad-Nummernschlösser soll der neue Computer die Schließ-Nummern festlegen. Jedes Schloß wird mit einer dreistelligen Nummer geöffnet. Der Computer soll alle möglichen Nummern auf einen Zettel schreiben. Fahrrad-Schlösser mit zwei (oder gar drei) gleichen Ziffern nimmt die Kundschaft nicht ab, also darf sie der Computer nicht aufschreiben. Damit nicht soviel Papier verbraucht wird, soll der Computer jeweils zehn Nummern nebeneinander schreiben, etwa so:

```
012 013 014 015 016 017 018 019 021 023
024 025 026 027 028 029 031 032 034 035
usw.
```

5 Nicht alles muß man selbst erfinden

5.1 Standard-Datentypen

In Lektion 3.4 haben wir gesehen, wie man Datentypen deklarieren und in Variablendeklarationen verwenden kann. Bei einigen grundlegenden Datentypen können wir uns die Mühe sparen, sie zu deklarieren, denn die Pascal-Maschine kennt sie schon von selber; sie heißen (1) integer, real, boolean und char. Zu allen diesen Datentypen gibt's auch die passenden Ausdrücke und Konstanten. Außerdem sind für alle diese Datentypen die sechs Vergleichsoperationen aus Lektion 3.3 verwendbar; alle möglichen Werte dieser Datentypen kann man sich schön sortiert aufgeschrieben denken wie die Temperaturen auf einer Thermometerskala. Darum nennt man diese Datentypen auch skalare Datentypen. (Die Aufzählungstypen aus Lektion 3.4 gehören übrigens auch noch zu den skalaren Datentypen.)

Nun aber zu den Datentypen im Einzelnen! Der Datentyp integer dient vor allem zum Zählen. Sein Wertevorrat umfaßt die ganzen Zahlen -maxint..+maxint, dabei ist maxint eine (hoffentlich recht große) Zahl, die die Pascal-Maschine (2) von selbst weiß. Eine Pascal-Maschine kennt eventuell noch größere integer-Werte als +maxint oder kleinere als -maxint, aber nur im Bereich -maxint..+maxint muß die Pascal-Maschine damit richtig rechnen! Seit Lektion 1.3 rechnen wir mit integer-Werten, so daß wir das hier nicht mehr erörtern müssen.

Ganze Zahlen werden (neben dem Zählen) auch oft zum Numerieren benutzt. Sie kennen das von Zeugnis-Noten oder von den Seiten-Nummern in diesem Buch. In vielen Programmiersprachen verwendet man auch zu diesem Zweck die integer-Werte, aber in Pascal haben wir dafür etwas Besseres: Die Aufzählungstypen. Also wird man in Pascal integer-Werte nur in Ausnahmefällen zum Numerieren verwenden.

Vieles in unserer Umwelt kann man nicht zählen, sondern muß man messen, wie Gewichte, Temperaturen, Längen. Da wir mit unseren Pascal-Programmen immer ein kleines Stückchen Umwelt abbilden wollen, bietet jede Pascal-Maschine den Datentyp real zum Bemessen von (kontinuierlichen) Größen an. Die Werte dieses Datentyps sind gebrochene Zahlen, die zwar ziemlich nahe beieinander liegen, aber doch kleine Lücken zwischen sich lassen. Deswegen rechnet die Pascal-Maschine immer mit Näherungswerten. Das kann zu recht überraschenden Ergebnissen führen:

---

1) Vorsicht, das sind alles Bezeichner. Deklariert man Irgendwas mit demselben Bezeichner, so wird dadurch der betreffende Standardbezeichner unsichtbar.
2) Leider nimmt jede Pascal-Maschine eine andere Zahl als maxint.

```
(Beispiel 5.1)
PROGRAM ungenau (output);
   (Wirkung des Rundungsfehlers)

CONST naeherung = 0.4;

BEGIN (ungenau)
   writeln ('0.4 = ', naeherung);
END (ungenau).
```

Die Pascal-Maschine (der Autoren) produziert aus Beispiel 5.1 dieses Ergebnis:

0.4 =   +3.99999999998E-001

write gibt real-Zahlen in "Gleitkomma-Darstellung" (3) aus: das "E" muß man lesen als "mal 10 hoch". Sie können real-Konstante auch so in's Pascal-Programm schreiben. Schlimm ist beim Beispiel 5.1 nur, daß sich die Pascal-Maschine die simple Zahl 0.4 nicht merken kann und stattdessen eine kleinere ausgibt. Hier ist die Technik leider noch nicht so weit, wie sie sein könnte: gute Taschenrechner machen weniger solche Fehler als mancher Großrechner um viele MDM (4).

Bereich und Genauigkeit der real-Zahlen sind in Pascal nicht durch Standard-Konstanten wie maxint (etwa "maxreal" und "smallreal") abgegrenzt. Dank der Gleitkomma-Darstellung schaffen auch kleine Pascal-Maschinen Zahlen bis in die Größenordnung von 1.7E38 und mehr, die Genauigkeit ist bei kleineren Rechnern oft nicht so gut wie in den Beispielen dieses Buchs (5).

Mit real-Werten kann man auch rechnen, aber ein bißchen anders als mit integer-Zahlen: "+" (plus), "-" (minus) und "*" (mal) funktionieren wie erwartet, aber DIV und MOD gibt's nur für integer-Zahlen. Dafür haben wir für real-Zahlen eine "richtige" Division, geschrieben als "/". Auch darf man real- und integer-Werte durch jede real-Operation miteinander verknüpfen, die integer-Werte werden dann von der Pascal-Maschine in gleichbedeutende real-Werte umgerechnet. Beim Rechnen wird's aber mit dem Genauigkeits-Verlust noch schlimmer als in Beispiel 5.1. Man kommt sich dabei vor wie einer, der einen Sandhaufen umschaufelt: jedesmal hat man mehr Dreck und weniger Sand dabei. Die einfachsten mathematischen Gesetze gelten nicht für real-Ausdrücke: "3*(1/3)" ist etwas anderes als "(3*1)/3", obwohl der Unterschied nur minimal ist; also Hände weg vom "=" für real-Werte! Die einzig sinnvollen Vergleichsoperationen dafür sind "<" und ">". Die schlimmsten Fehler gibt's beim Subtrahieren: "1+(1E15-1E15)" ist zwar wie erwartet 1E0, aber "(1+1E15)-1E15" ist auf den meisten Rechnern 0.0! Wie man Rundungsfehler ab-

---

3) Bei vielen Taschenrechnern als "scientific notation" bekannt.
4) 1 MegaDMark = 1E6 DM
5) Üblich sind sieben geltende Ziffern, die Beispiele in diesem Buch haben elf geltende Ziffern.

schätzt und vermeidet, ist Gegenstand eines eigenen Zweigs der Mathematik, der Numerik. Im Rahmen dieses Buches können wir darauf nicht weiter eingehen (6).

> Vorsicht mit real-Ausdrücken! Maßnahmen gegen Rundungsfehler:
>
> - Ausdrücke vor dem Programmieren mit Bleistift und Zettel vereinfachen;
> - jede Addition und Subtraktion überprüfen, ob vielleicht die Differenz zweier ähnlich großer Zahlen berechnet wird (wenn ja, Lösung anders formulieren);
> - als Vergleichsoperationen nur "<" und ">" verwenden, in begründeten Ausnahmefällen "<=" und ">=", aber auf keinen Fall "=" oder "<>".

Im folgenden Beispiel wird "harmlos" gerechnet, außerdem zeigt es noch die Ausgabe-Formate für real-Zahlen:

```
{Beispiel 5.2}
PROGRAM kugel (output);            ja kein Leerzeichen
    {Volumen und Masse einer Bleikugel}   hier drin!

CONST radius =   1.50E-2 {m};          {= 1.5 cm}
      rho    = 11.34E+3 {kg/m³};       {Dichte von Blei}
      pi     =  3.14159265359;         ℵ
VAR   volumen : real;                  alles real
BEGIN {kugel}
    volumen := 4 * pi * radius*radius*radius / 3;
    writeln ('Bleikugel: ' :11,
                        'Durchmesser=', 2*radius,      ' m' );
    writeln (' ':11, 'Volumen   =', volumen    :10,    ' m³');
    writeln (' ':11, 'Masse     =', rho*volumen :10:3, ' kg')
END {kugel}.                                          neu!
```

Ergebnis:

```
                                              Standard-Format
    Bleikugel: Durchmesser= +2.99999999998E-002 m   Gleitkomma-Format
               Volumen    = +1.4E-005 m³            Festkomma-Format
               Masse      =     0.160 kg
```

Nun zum Datentyp boolean (7). Er umfaßt nur zwei Werte, nämlich "false" und "true", so entpuppen sich jetzt nachträglich die Bedingungen (insbesondere sämtliche Vergleiche) als boolean-Ausdrücke. Man braucht sie, um Alternativen ("ja-nein-Fragen" oder "Aussagen") auszudrücken und damit Entscheidungen vorzubereiten.

Solche Alternativen kann man auf die verschiedendste Art miteinander (zu neuen, komplexeren Alternativen) verknüpfen. Dazu dienen die bekannten Booleschen

---

6) Bei Bedarf: Hans J. Stetter "Numerik für Informatiker", München (1976)
7) Nach G. Boole (2.11.1815..8.12.1864), Schöpfer einer "Algebra der Mathematischen Logik" (später "Boolesche Algebra" genannt).

Operationen NOT, AND und OR, aber auch alle sechs Vergleichsoperationen. (Na ja,
für Pascal ist der Typ boolean sowas wie ein Aufzählungstyp (false, true), und
daraus folgt "automatisch" false<true). Unter dreien der Vergleichsoperationen
kann man sich etwas vorstellen:

- a = b   "a bedeutet dasselbe wie b" (Äquivalenz)
- a <> b   "a bedeutet das Gegenteil von b" (Antivalenz)
- a <= b   "wenn a, dann auch b" (Implikation)

Auch die Antivalenz wird in der Umgangssprache mit "oder"
(lateinisch "aut") ausgedrückt, etwa in der Drohung: "Du
räumst jetzt dein Zimmer auf, oder es setzt was!" Meistens
meinen wir aber mit "oder" (lateinisch "vel", Englisch und
Pascal "OR") etwas anderes, etwa in dem Satz: "Ich will
einen Nerzmantel oder eine Perlenkette!" (Das heißt, sie
würde auch beides nehmen.) Die Deutsche Sprache ist hier
viel schlampiger als Latein oder (vel) Pascal, überlegen
Sie sich daher beim Programmieren stets genau, was Sie mit
"oder" meinen: "OR" oder (aut) "<>".

Um einem Mißverständnis vorzubeugen: die Pascal-Maschine untersucht nicht, ob
eine Aussage grundsätzlich gilt, sondern wertet den boolean-Ausdruck (wie alle
Ausdrücke) nur für die momentanen Werte der Variablen aus, die drinstecken.
Darauf beruhen ja gerade alle bisherigen Anwendungen: in "WHILE e<>0" (Beispiel
4.2) lieferte der Ausdruck "e<>0" 11mal den Wert true, dann einmal false.

Ehe man Ausdrücke in's Programm schreibt, sollte man sie möglichst vereinfachen.
Weil Ihnen die Boolesche Algebra vielleicht nicht so geläufig ist wie die
"normale", hier zwei wesentliche Umformungsregeln, die De-Morgan-Gesetze (8):

```
NOT (a AND b)  = (NOT a OR  NOT b)
NOT (a OR  b)  = (NOT a AND NOT b)
```

Im Gegensatz zu den übrigen Aufzählungstypen können boolean-Werte auch ausgegeben werden: "write (a=b)" sorgt dafür, daß "true " oder "false " in der Pro-
grammausgabe erscheint - je nachdem. Natürlich gibt's auch Variablen vom Typ
boolean, damit ist beispielsweise "ok:=x=u" eine korrekte und ernstzunehmende
Wertzuweisung.

---

8) nach Augustus de Morgan, bekannt durch Beiträge zur mathematischen Logik, zur
   Geschichte und zur mathematischen Unterhaltung; er war nach eigener Aussage
   "x Jahre alt im Jahr x^2" und starb im vorigen Jahrhundert mit 64 Jahren.
   Alles klar?

Zu guter Letzt schauen wir uns den Datentyp <u>char</u> (9) an. Sein Wertevorrat umfaßt sämtliche Schriftzeichen, die die verwendete Rechenanlage kennt; char ist also der wichtigste Datentyp, denn alles, was die Pascal-Maschine ausgeben soll, muß sie erst in eine Folge von char-Werten übersetzen, damit wir's lesen können. Innerhalb von Pascal-Programmen ist char die Grundlage der Textverarbeitung, angefangen von simplen Erläuterungen der Zahlen-Ergebnisse bis zur Sprach-verarbeitung. char-Konstanten sehen aus wie Strings, die nur ein Zeichen enthalten (einen Apostroph muß man dabei verdoppeln). Welche Zeichen an Ihrer Pascal-Maschine zulässig sind, erfahren Sie aus der Code-Tabelle Ihres Rechners. Dort sind alle zulässigen Zeichen (und oft einige leere Plätze dazu) aufgereiht. Diese Reihenfolge gibt gleich die ord-Funktion für char-Werte; wie üblich fängt sie bei 0 an zu numerieren. Entsprechend sind auch die sechs Vergleichsoperationen definiert.

Trotz aller Verschiedenheit sind einige Eigenschaften dieser ord-Funktion verbindlich:
- ord('A')<ord('B') usw. durch's ganze ABC: die Buchstaben werden von "<" alphabetisch geordnet (aber es darf Lücken geben!);
- succ('0')='1', succ('1')='2' usw. für alle Ziffernzeichen (10) (also keine Lücken!);
- falls kleine Buchstaben verfügbar sind: ord('a')-ord('A') = ord('b')-ord('B') usw: die Abstände von Groß- und Kleinbuchstaben sind im ganzen ABC gleich.

Viel zu rechnen gibt's bei char nicht: succ und pred sind die einzigen Funktionen, die aus char-Werten neue char-Werte erfinden. Will man mehr tun, so bildet man mit ord eine Nummer, rechnet damit und verwandelt das Ergebnis mit der Spezial-Funktion chr in ein Zeichen. Beispiel: einen Großbuchstaben gb kriegen wir klein mit "chr(ord(gb)-ord('A')+ord('a'))".

Wirklich nützlich sind char-Werte erst, wenn sie in Massen auftreten, denn was kann man schon mit enem einzelnen Zeichen Weltbewegendes ausdrücken? Gedulden wir uns also bis zu den Lektionen 6 und 7!

9) Von Englisch "character" (Zeichen), sprich "kärr".
10) übrigens: ord('1') <> 1 auf den meisten Rechnern!

5.2 Standard-Funktionen

Gewisse "grundlegende" Rechnungen und Entscheidungen muß eine Rechenmaschine schon von selber können, ohne daß wir ihr sagen müssen, wie's geht. Solche grundlegenden Operationen schreibt man entweder als Rechenoperation ("a+1") oder als Funktionsaufruf ("succ(a)"). Beide Möglichkeiten unterscheiden sich nur in der Schreibweise, dem "syntaktischen Zucker" - in der Wirkungsweise sind sie grundsätzlich gleich: Funktion wie Rechenoperation verarbeiten einen oder mehrere Werte zu einem neuen Wert.

Der Funktionsaufruf besteht aus einem Bezeichner (etwa "succ"), gefolgt von der Parameterliste in Klammern (etwa "(a)"). Auch der Funktionsname wird unsichtbar, wenn wir den gleichen Bezeichner mit anderer Bedeutung deklarieren. Die Parameter (manche Funktionen haben mehrere) müssen im Typ zur Funktion passen, genau wie die Operanden eines Operationszeichens: "NOT 5" ist ebenso falsch wie "succ(3.14159)". Der Funktionsaufruf liefert - genau wie jeder andere Ausdruck - einen Wert eines bestimmten Typs (abhängig vom Funktionsnamen und der Parameterliste). Der Funktionsaufruf ist eine Form des Ausdrucks. Auch Funktions-Parameter können Ausdrücke sein, also sind Konstruktionen wie "succ(ord('X'))" oder "chr (ord('X')+1) ohne Weiteres möglich.

Jede Pascal-Maschine kennt eine Reihe von Funktionen, mindestens die im Anhang aufgeführten Standard-Funktionen. Obwohl eine Pascal-Maschine auch zusätzliche Funktionen anbieten kann, sollte man diese nur mit Vorsicht verwenden: wenn man aus irgendeinem Grund (Verschleiß, Umzug, technischer Fortschritt) die Maschine wechseln muß, sollen die Programme ja immer noch laufen.

Integer-Funktionen mit integer-Parameter sind:

```
abs(i)        der (Absolut-)Betrag von i; abs(5) = abs(-5) = 5.
sqr(i)        das Quadrat (englisch "square") von i, also i*i.
succ(i)       der Nachfolger, also i+1
pred(i)       der Vorgänger, also i-1
```

Real-Funktionen mit real-Parameter gibt's schon mehr, etwa wie bei einem Taschenrechner mittlerer Preislage:

    abs und sqr   wie für integer
    sin, cos   Winkelfunktionen
    arctan   Arcus Tangens (Umkehrung einer Winkelfunktion)
    ln,exp   Logarithmus- und Exponentialfunktion zur Basis e
    sqrt   Quadratwurzel.

Einige weitere wichtige Funktionen kann man sich aus diesen Standard-Funktionen zusammenbasteln:

    aus tan(x)   wird   sin(x)/cos(x)
    aus cot(x)   wird   cos(x)/sin(x)
    aus arccotan(x)   wird   arctan(1/x)
    aus arcsin(x)   wird   arctan(x/(sqrt(1-sqr(x)))
    aus arccos(x)   wird   arctan(sqrt(1-sqr(x))/x)
    aus y^x wird   exp(x*ln(y))
    aus log(x)   wird   ln(x)/ln(10)

Funktionen, deren Funktionswert einen anderen Typ hat als der (einzige) Parameter, heißen Transfer-Funktionen, sie wandeln Werte eines Typs in "entsprechende" Werte eines anderen Typs. Transfer-Funktionen vom Typ boolean nennt man auch Prädikate. Pascal kennt folgende Transfer-Funktionen:

    ord   von Aufzählungstyp, char oder boolean nach integer
    chr   von integer nach char
    round   von real nach integer (mit Rundung)
    trunc   von real nach integer (mit Abschneiden)
    odd(x)   "x ist ungerade" (für integer x)

Besonders nützlich zeigen sich die Standard-Funktionen bei Anwendungen aus Physik und Geometrie. Wir wollen beispielsweise wissen, wieviel Öl in unserem Tank ist. Als Meßwerkzeug haben wir nur einen Meterstab (für "außen") und einen Pegel (für den Füllstand). Der Öltank hat die Form eines Zylinders der Tiefe t mit ovaler Vorder- und Rückwand. Das Oval besteht aus zwei Halbkreisen (oben und unten), die durch gerade Seitenwände verbunden sind, seine Breite heißt b, seine Höhe h.

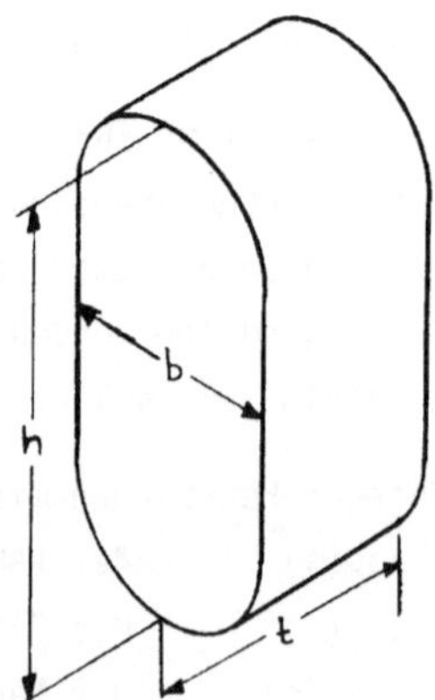

---

11) nur definiert, wenn y>0

Wir zerlegen Vorderseite des Tanks in vertraute Formen, nämlich ein Rechteck der
Breite b und Höhe h-b und zwei Halbkreise mit Radius r=b/2. Die Ölmenge im Tank
ist F*t, wobei F der benetzte Teil der Vorderfläche ist. Den Ölstand im Tank
nennen wir p. Diese Höhe verteilt sich auf krumme und gerade Seitenwände; dabei
müssen wir drei Fälle unterscheiden:

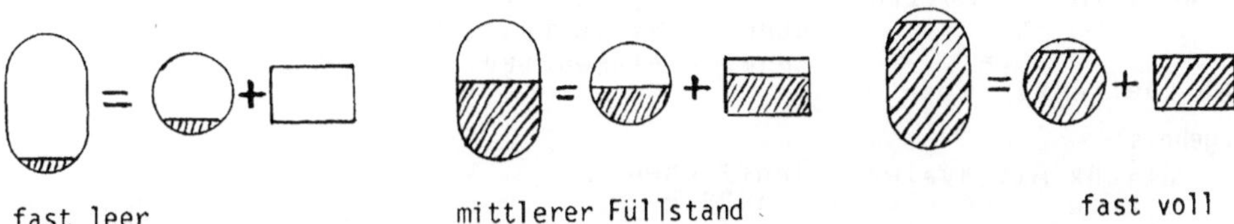

fast leer   mittlerer Füllstand   fast voll

Die Fläche des Rechtecks ist hre*b; für den teilweise
benetzten Kreis finden wir in der Formelsammlung:

(1) $r^2 = (r-hkr)^2 + a^2$

(2) $hkr = a * \tan(\alpha/4)$

(3) $F = r^2 * (\alpha - \sin\alpha) / 2$

Mit der ersten Formel rechnen wir a aus, mit der zweiten α und mit der dritten
schließlich F. Jetzt wissen wir also, wieviel Öl noch im Tank ist:

```
(Beispiel 5.3)
PROGRAM oeltank (output);
    (berechnet aus den Abmessungen eines ovalen öltanks)
    (und dem ölstand den momentanen Inhalt              )

CONST p(egel)   = 1.3 (m);     (0 < p < h)
      b(reite)  = 1.0 (m);
      eps       = 1E-3(m);
      h(öhe)    = 1.75(m);     (h > b)
      t(iefe)   = 2.0 (m);

VAR   hkr(eis), hre(chteck), r(adius), volumen, inhalt,
      kreis(fläche), rechteck(fläche), a, alfa, pi     : real;

BEGIN (oeltank)
    pi       := 4.0 * arctan(1.0);
    r        := 0.5 * b;       hre := h-b;
    volumen  := (pi*sqr(r) + b*hre) * t;

    IF        p <= r        THEN BEGIN hre := 0 ; hkr := p      END
    ELSE IF p <= h-r        THEN BEGIN hre := p-r; hkr := r     END
    ELSE    (p > h-r)                  (hre = h-b) hkr := p-hre    ;
    rechteck := hre * b;

    IF        hkr <= eps      THEN kreis := 0
    ELSE IF hkr >= b-eps      THEN kreis := pi * sqr(r)
    ELSE BEGIN
        a := sqrt (hkr * (b-hkr)); alfa := 4 * arctan (hkr/a);
        kreis := sqr(r) * (alfa - sin(alfa))  / 2
    END (hkr)0 & hkr<b);
```

```
      inhalt := (rechteck+kreis) * t;
      writeln ('öltank mit ovalen Stirnflächen');
      writeln ('  Höhe            =', h      : 7: 2, ' m' );
      writeln ('  Breite          =', b      : 7: 2, ' m' );
      writeln ('  Tiefe           =', t      : 7: 2, ' m' );
      writeln ('  Fassungsvermögen=', volumen: 6: 1, '  m³',
               '  =',        round(volumen*1000): 5,  ' l' );
      writeln ('  Füllstand       =', p      : 7: 2, ' m' );
      writeln ('  Füllung         =', inhalt : 6: 1, '  m³',
               '  =',        round (inhalt*1000): 5,  ' l' ,
               '  =',        inhalt/volumen*100: 5: 1, ' %' )
END (oeltank).
```
Ergebnis:
```
      öltank mit ovalen Stirnflächen
        Höhe            =    1.75 m
        Breite          =    1.00 m
        Tiefe           =    2.00 m
        Fassungsvermögen=    3.1  m³ = 3071 l
        Füllstand       =    1.30 m
        Füllung         =    2.4  m³ = 2385 l = 77.7 %
```

5.3 Bereichs-Typen

Seit Lektion 2.2 benutzen wir schon Datentypen der Form "min..max" als rechte
Seite von Variablen-Deklarationen. Diese Datentypen sehen wir uns noch etwas
genauer an; sie heißen "Bereichstypen". Bereiche kann man aus den skalaren
Datentypen integer, boolean, char und allen Aufzählungstypen herausschneiden;
nur real-Bereiche sind verboten. Die skalaren Datentypen mit Ausnahme von real
fassen wir unter dem Begriff diskrete Skalar-Typen zusammen. (real ist dagegen
als "kontinuierlicher Datentyp" konzipiert - trotz der Schwierigkeiten mit
Näherungen (Beispiel 5.1) und Rundungsfehlern.) Beispiele:
```
      TYPE spiel         = (karo,  herz,  pik,    kreuz,
                            grand, null, ramsch       );
           farbspiel         = karo.. kreuz;   (Bereich aus    spiel)
           grossbuchstabe    = 'A' ..  'Z';    (Bereich aus     char)
           absolutewahrheit  = true.. true;    (Bereich aus boolean)
           natuerlichezahl   =    0..maxint;   (Bereich aus integer)
```
Schwierig wird's nur bei den Wertzuweisungen. Jedem Bereichs-Typ ist ein
Grund-Typ zugeordnet, und es versteht sich wohl von selbst, daß linke und rechte
Seite einer Wertzuweisung demselben Grundtyp zugeordnet sein müssen. Wie steht's
aber mit folgenden Deklarationen und Anweisungen?
```
      VAR regelspiel : karo..null;
          aktspiel   : spiel;
      BEGIN (...)
          regelspiel := aktspiel;    ←——— bedenklich!
          regelspiel := ramsch;    ←——— verwerflich!
```

Nun, die zweite Zuweisung ist immer falsch! Jede ordentliche Pascal-Maschine wird sich weigern, sie überhaupt zur Kenntnis zu nehmen, und bereits im Protokoll der Pascal-Quelle als fehlerhaft kennzeichnen; Sie kennen das schon von Lektion 2.3. Die erste Zuweisung wird dagegen von der Pascal-Maschine immer dann ausgeführt, wenn der Wert von aktspiel im zulässigen Bereich von regelspiel liegt. So kann ein Programm jahrelang zur Zufriedenheit des Erfinders und seiner Kundschaft laufen, und plötzlich, nach 1001 Nächten, stürzt es ab!

> Die linke Seite einer Wertzuweisung muß jeden möglichen Wert der rechten
> Seite aufnehmen können.

5.4 Kleine Mengen-Lehre

Zur Abrundung der "einfacheren Datentypen" vertiefen wir noch unsere flüchtige Bekanntschaft (aus Lektion 3.5) mit den Mengen-Typen. Die meisten Pascal-Maschinen gehen nämlich sehr effizient damit um, und auch der Programmierer begreift "aktzch IN vokale" viel schneller als "(aktzch='a') OR (aktzch='e') ORsoweiter".

Ein Mengen-Typ entsteht aus seinem zugeordneten Basis-Typ durch den Vorsatz "SET OF"; als Basis-Typ kommen alle diskreten Skalar-Typen und deren Unter-Bereiche in Frage. Allerdings setzen manche Pascal-Maschinen hier sehr enge Schranken! Entweder werden ord(min) und ord(max) beschränkt (12), oder (etwas freundlicher) ord(max)-ord(min). Wenn Ihre Pascal-Maschine nicht mindestens "SET OF char" schafft, dann sollten Sie mal einen ernsten Brief an den Erfinder Ihres Programmiersystems schreiben.

Mengen-Werte werden - nur in Ausdrücken, nicht in Konstanten-Deklarationen - mit den Mengen-Klammern gebildet, und die sind in Pascal eckig (13). In die Klammer schreibt man Ausdrücke (einzeln oder paarweise) des zugeordneten Basistyps:

---

12) min und max seien die Grenzen des Bereichs
13) Mathematiker nehmen dazu geschweifte Klammern, aber die brauchen wir für
    die Kommentare.

```
TYPE   zutaten    = (apfel, erdbeere, banane, eis,    nuss,
                     schokolade,       zucker, sahne, birne);
       nachtisch = SET OF zutaten;
VAR    obstsalat, birnehelene: nachtisch;
BEGIN birnehelene := [birne, schokolade, eis];
       obstsalat   := [apfel..banane, nuss, birne];
  {...}
```

Eine Menge (in Pascal: Wert eines Mengen-Typs) ist für uns die Zusammenfassung von Objekten (in Pascal: Werten des Basis-Typs); die zusammengefaßten Objekte nennt man Elemente der Menge. Es kommt nur darauf an, welche Elemente eine Menge enthält (mit IN abzufragen), ohne Rücksicht darauf, wie die Menge zustandegekommen ist.

Weitere Ausdrücke bilden wir aus zwei Werten desselben Mengen-Typs mit folgenden Mengen-Operationen:

Bedeutung	Pascal	Ergebnis-Typ in Pascal
Vereinigung $\cup$	+	SET (wie Operanden)
Durchschnitt $\cap$	*	SET (wie Operanden)
Differenz $\setminus$	-	SET (wie Operanden)
Teilmenge $\subseteq$	<=	boolean
Obermenge $\supseteq$	>=	boolean
Identität =	=	boolean

In der Vereinigung zweier Mengen sind alle Elemente drin, die in einer der beiden (vereinigten) Mengen zu finden sind, im Durchschnitt dagegen nur die, die in beiden (geschnittenen) Mengen vorkommen. Die Mengen-Differenz umfaßt alle Elemente, die zwar in der ersten, aber nicht in der zweiten Menge vorkommen.
Beispiele:
```
[erdbeere..eis] + [eis, birne]  =  [erdbere..eis, birne]
[erdbeere..eis] * [eis, birne]  =  [eis]
[erdbeere..eis] - [eis, birne]  =  [erdbere..banane]
```

Die drei Vergleichsoperatoren schauen auf die gemeinsamen Elemente zweier Mengen. Eine Teilmenge enthält nur Elemente, die man auch in ihrer Obermenge findet; zwei Mengen sind gleich, wenn sie in allen Elementen übereinstimmen. Die Mengen-Vergleiche funktionieren etwas ungewohnt: sie können die Mengen nur halb ordnen! Zwar ist [] <= [apfel] <= [apfel, banane] <= [apfel..eis]
aber es gibt durchaus "unvergleichliche" Paare von Mengen, etwa obstsalat und birnehelene. Bei Skalaren Datentypen gilt immer o<=b oder b<=o, aber beim Nachtisch ist weder obstsalat <= birnehelene noch birnehelene <= obstsalat. Mehr über Mengen steht bei Halmos (14).

---

14) Halmos, Paul Richard "Naive Mengenlehre" (4. Aufl. 1976)

Das Sieb des Eratosthenes (15) soll uns Primzahlen (16) finden. Wir füllen
zunächst alle Zahlen 2..max in's Sieb, dann schütteln wir solange, bis alle
Vielfachen herausgefallen sind, übrig bleiben die Primzahlen. In unserem Programm nehmen wir auch jede Primzahl aus dem Sieb, sobald sie entdeckt und aufgeschrieben ist; das vereinfacht die Schleifen-Bedingung und die Bereichsgrenzen.

```
(Beispiel 5.4)
PROGRAM (Sieb des) eratosthenes (output);
   (findet alle Primzahlen bis maxprim)

CONST minprim   =     2;
      maxprim   =   623;
      doppelmax = 1246;

TYPE  kandidat = minprim..maxprim;

VAR   prim     : kandidat;
      vielfach : minprim..doppelmax;
      sieb     : SET OF kandidat;

BEGIN (eratosthenes)
   writeln ('Alle Primzahlen bis', maxprim:4);
   prim := minprim; sieb := [minprim..maxprim];
   WHILE sieb <> []
   DO BEGIN
      (nächste Primzahl suchen)
         WHILE NOT (prim IN sieb)    DO prim := succ (prim);
         writeln (prim);

      (Vielfache aus dem Sieb schütteln)
         vielfach := prim;
         WHILE vielfach <= maxprim
         DO BEGIN
            sieb     := sieb     - [vielfach];
            vielfach := vielfach + prim
         END (vielfach <= maxprim)
   END (sieb <> [])
END (eratosthenes).
```

____

15) nach Eratosthenes von Kyrene (um 246 v.Chr.)
16) Das sind natürliche Zahlen, die nicht Vielfaches einer anderen natürlichen
    Zahl (außer 1) sind.

5.5 Übungsaufgaben

5.1 Schreiben Sie ein Programm,. das für eine Reihe von Bleikugeln mit 0.001m, 0.002m, ..., 0.060m Radius jeweils Durchmesser, Volumen und Masse ausgibt, etwa so:

```
Blei-Kugeln, Dichte= 11.34 g/cm³
   Durchmesser       Volumen          Masse
        0.2 cm     0.004 cm³        0.048 g
        0.4 cm     0.034 cm³        0.380 g
        0.6 cm     0.113 cm³        1.283 g
        0.8 cm     0.268 cm³        3.040 g
        1.0 cm     0.524 cm³        5.938 g
        1.2 cm     0.905 cm³       10.260 g
        1.4 cm     1.437 cm³       16.293 g
```

5.2 Wieso ist 3*(1/3) überhaupt ein real-Ausdruck?

5.3 Wenn "=" für real-Werte Unsinn ist, was kann man stattdessen schreiben? Man braucht irgendwas wie "ungefähr gleich".

5.4 Was bedeutet "(a<b)<c"?

5.5 X sei eine real-Variable. Wie stellen Sie fest ob X zwischen 0 und 10 liegt.

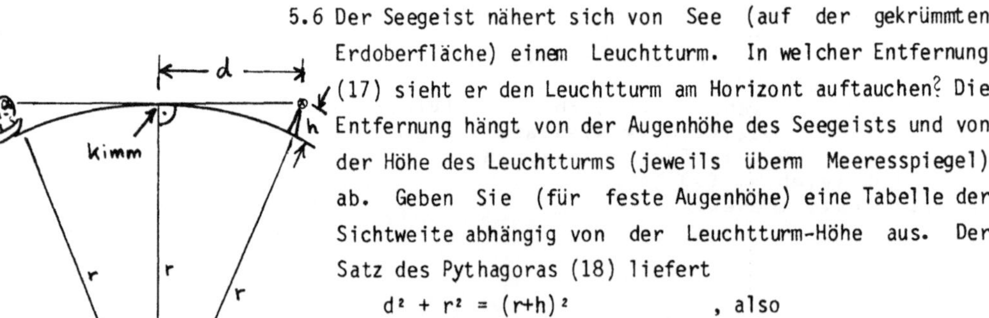

5.6 Der Seegeist nähert sich von See (auf der gekrümmten Erdoberfläche) einem Leuchtturm. In welcher Entfernung (17) sieht er den Leuchtturm am Horizont auftauchen? Die Entfernung hängt von der Augenhöhe des Seegeists und von der Höhe des Leuchtturms (jeweils überm Meeresspiegel) ab. Geben Sie (für feste Augenhöhe) eine Tabelle der Sichtweite abhängig von der Leuchtturm-Höhe aus. Der Satz des Pythagoras (18) liefert

$$d^2 + r^2 = (r+h)^2 \qquad , \text{ also}$$
$$d = sqrt(sqr(r+h) - sqr(r)).$$

So dürfen wir aber im Programm nicht schreiben wegen der Rundungsfehler.

---

17) Eine übliche Navigationshilfe bei Nacht, genannt "Feuer in der Kimm" - nicht besonders genau (wegen der Wettereinflüsse) aber sehr einfach in der Handhabung.

18) nach Pythagoras (570 v.Chr .. 497 v.Chr.)

6 Immer schön der Reihe nach

6.1 Datentypen im Überblick

In der vorigen Lektion haben Sie relativ einfache Datentypen kennengelernt, nämlich die skalaren Datentypen und ihre Unterbereiche. Eine Variable von so einem Typ kann sich gerade einen Wert merken, etwa ein Klassenzimmer im Stundenplan-Programm, eine Temperatur aus einer Fieberkurve oder einen Buchstaben aus einem Buch. Es liegt auf der Hand, daß man mit diesen Datentypen nur "kleine" Probleme mit wenig Daten anpacken kann; für größere Aufgaben brauchen wir "größere" Datentypen, so daß wir in einer Variablen mehr Information unterbringen.

Pascal bietet für diese Zwecke mehrere Strukturierungs-Methoden für Datentypen an. Mit jeder dieser Methoden kann der Programmierer größere, komplexere Datentypen aus vorher deklarierten Datentypen (einschließlich Standard-Datentypen) aufbauen. Jede Strukturierungs-Methode schafft verschiedene Datentypen - je nachdem, auf welche (vorher deklarieren) Datentypen man sie anwendet; die letzten Grundbausteine aller Datentypen sind dabei immer die Skalaren Datentypen. Wir haben bereits die Strukturierungsmethode SET behandelt, die übrigen drei Strukturierungs-Methoden sind Thema dieser und der nächsten beiden Lektionen. In Lektion 9 werden dann alle Datentypen und Strukturierungsmethoden zum großen Datentypen-Baukasten zusammengefügt, und ihr Zusammenwirken wird anhand typischer Beispiele vorgeführt.

Zu jeder Strukturierungsmethode gehören charakteristische Operationen zum Aufbau der zugehörigen Werte und zum Zugriff auf ihre Komponenten. Von den Mengen-Typen kennen wir beispielsweise die Operation IN, die Mengen-Operationen und die Schreibweise der Mengen-Werte mit den (eckigen) Mengen-Klammern.

Für die Fälle, in denen die vorhandenen Strukturierungs-Methoden nicht recht passen wollen (und so nur unübersichtliche oder ineffiziente Lösungen erlauben), bietet Pascal mit den Zeiger-Typen noch eine große Spielwiese: mit ihnen kann man die Funktionsweise jeder gewünschten Strukturierungsmethode selbst verwirklichen. Allerdings sind die Zeiger-Typen in der Handhabung wesentlich umständlicher und fehleranfälliger als die "fertigen" Strukturierungs-Methoden; daher behandeln wir die Zeiger-Typen erst am Ende dieses Buches.

6.2 Eine Strukturierungsmethode mit Folgen

Sollen gleichzeitig viele Werte verarbeitet werden, so genügen die bisher bekannten Typen dazu nicht. Wollen wir etwa eine Meßreihe darstellen (Wechselkurse, Benzinverbrauch der Familienkutsche oder täglicher Kontostand), so müßten wir für jeden Meßwert eine eigene Variable deklarieren, eine systematische Programmierung wäre mit diesen vielen Bezeichnern gar nicht möglich. Der "natürliche" Datentyp für all diese Beispiele ist eine Folge von Werten; dabei wollen wir offenlassen, wieviele Werte die Folge umfassen soll. Beachten Sie den Unterschied zwischen Menge und Folge: beim Lotto-Tip (Menge) kam es uns überhaupt nicht auf die Reihenfolge der Einträge (Elemente) an; Mehrfachnennungen eines Mengen-Elements hatten keinerlei Konsequenzen. Bei der Folge kommt es uns aber gerade auf die Reihenfolge der Komponenten an: ob der Kontostand heute kleiner oder größer ist als gestern, macht doch wohl einen Unterschied.

Folgen-Typen werden in Pascal mit den Worten FILE OF (1) aus dem Typ der Komponenten hergeleitet. Wie alle Typen kann man sie in einer Typdeklaration einem Bezeichner zuordnen oder direkt in einer Variablen-Deklaration verwenden. In unseren Programmen wollen wir Folgen aufbauen und anschauen. Dazu dienen vier besondere Anweisungen, nämlich rewrite und put zum Erzeugen einer Folge und reset und get zum Anschauen. Von jeder Folge kann man im Pascal-Programm immer nur eine Komponente direkt ansprechen, und zwar über die sogenannte Puffer-Variable, in Pascal bezeichnet man die Puffer-Variable durch den Namen der File-Variablen mit einem Pfeil (2) dahinter.

Wie jede frisch deklarierte Variable in Pascal ist auch eine Folge zunächst undefiniert. Andere Variablen werden durch eine Wertzuweisung in einen definierten Ausgangszustand gebracht. Für Folgen schafft uns die Anweisung rewrite(f) eine definierte Ausgangs-Situation: nach dieser Anweisung ist f nämlich leer, es enthält keine Komponente. (Damit ist schon viel gewonnen; besser eine wirklich leere Folge als eine, über die man gar nichts weiß). Gleichzeitig wird die Folge zum Erzeugen vorbereitet; der Puffer-Variablen f↑ können wir schon den Wert zuweisen, den die erste Komponente bekommen soll.

---

1) von englisch "file" = Aktenordner, Liste
2) Falls Ihr Rechner kein "↑" kennt, versteht Ihre Pascal-Maschine die Ersatzdarstellung "ə" oder "^".

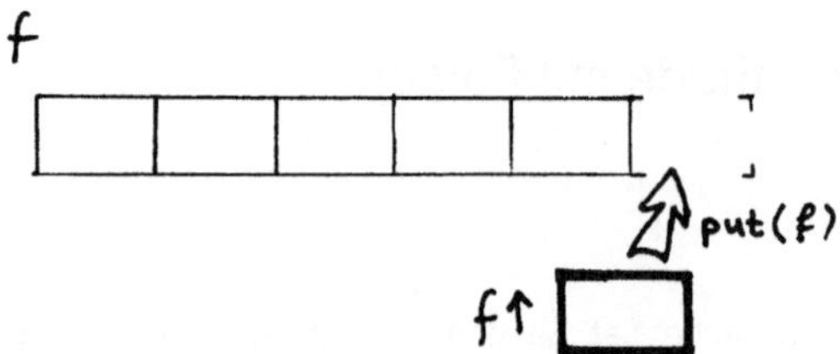

Beim Erzeugen einer Folge wirkt die Puffervariable wie ein Wartezimmer: mit jeder get-Anweisung wird ihr Inhalt als neue Komponente an die Folge angehängt.
Obacht: der Inhalt der Puffervariablen ist anschließend undefiniert!

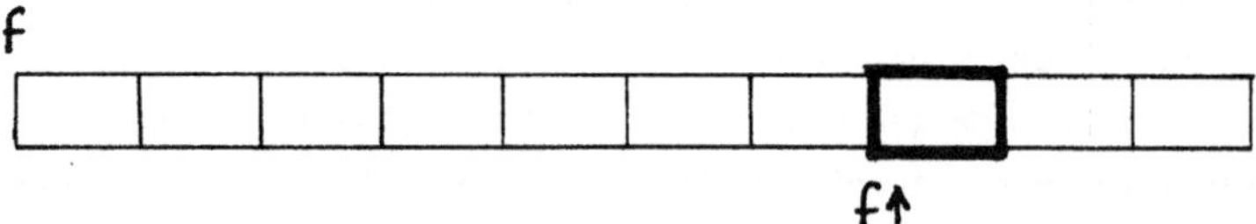

Beim Lesen wirkt die Puffer-Variable wie ein Fenster, durch das wir auf die
Folge schauen. Die Anweisungen get und reset schieben dieses Fenster hin und
her, reset an den Anfang, get einen Platz weiter (nach rechts im obigen Bild).
Zu jeder Folge gibt es noch ein Prädikat eof (3), das sagt, ob das Fenster ins
Leere hinter die Folge zeigt.

Folgen werden mit vier Anweisungen und einem Prädikat bearbeitet.
- rewrite(f) normiert die Folge f: sie ist danach leer und im Schreib-
  Modus.
- put(f) darf nur im Schreib-Modus gegeben werden; es hängt f↑ an f an;
  f↑ ist danach undefiniert.
- reset(f) setzt die Puffervariable an den Anfang der Folge und stellt
  Lese-Modus ein.
- get(f) darf nur im Lese-Modus gegeben werden und nur, wenn NOT eof(f).
  Es setzt die Puffervariable auf die nächste Komponente der Folge.
- f↑ ist nur definiert, wenn NOT eof(f).
Die Anweisung "f:=g" ist verboten, wenn f eine Folge ist (oder enthält
- vgl. Lektion 9).

3) von englisch "end of file" = Ende der Fahnenstange

Unser erstes Beispiel (4) ist etwas makaber: wir wollen die Fieberkurve eines
Malaria-Kranken zeichnen, weil sich die nach zwei Tagen wiederholt und wir daher
mit einer relativ kurzen Folge auskommen.

```
(Beispiel 6.1)
PROGRAM fieberkurve (output);
    (zeichnet eine Malaria-Fieberkurve)

CONST mintemp      = 36.0 (°C);
      maxtemp      = 41.0 (°C);
      messbrt      =  7 (Schreibstellen);
      tempbrt      = 11 (Schreibstellen);
      breite       = 30 (Schreibstellen);
      maxmessung = 16;

VAR   temperaturen : FILE OF real;
      messung      : 0..maxint;

BEGIN (Fieberkurve)
   (Teil 1: Folge erzeugen)
    rewrite (temperaturen);
    temperaturen↑ := 37.0;   put (temperaturen);
    temperaturen↑ := 37.2;   put (temperaturen);
    temperaturen↑ := 40.8;   put (temperaturen);
    temperaturen↑ := 38.5;   put (temperaturen);
    temperaturen↑ := 36.9;   put (temperaturen);
    temperaturen↑ := 36.7;   put (temperaturen);
    temperaturen↑ := 36.6;   put (temperaturen);
    temperaturen↑ := 36.5;   put (temperaturen);

   (Teil 2 : Folge anschauen)
    writeln ('Temperaturverlauf bei Malaria tertiana');
    writeln ('4 Messungen täglich');
    writeln;
    writeln ('Messung':messbrt, 'Temperatur':tempbrt, ' Fieberkurve');
    messung := 0;
    WHILE messung < maxmessung
    DO BEGIN
       reset (temperaturen);
       WHILE NOT eof(temperaturen)
       DO BEGIN
          messung := succ(messung);
          writeln (messung             : messbrt,
                 temperaturen↑: (tempbrt-3):1, '°C':3,
                 '*': round((temperaturen↑-mintemp) * breite
                     / (maxtemp-mintemp)                      ));
          get (temperaturen)
       END (NOT eof(temperaturen))
    END (messung < maxmessung)
END (Fieberkurve).
```

Aus diesem Beispiel entnehmen wir zwei Programm-Schemata, die wir in vielen
anderen Programmen einsetzen werden. Das Schema zum Erzeugen einer Folge ist die

---

4) Die reset- und rewrite-Anweisung ist im UCSD-Pascal am apple II nicht norm-
   gerecht, daher läuft das Beispiel-Programm dort nur in abgeänderter Form.
   Einzelheiten können erst in Teillektion 6.3 behandelt werden. Siehe auch
   Lektion 14.

Idealisierung des Anweisungs-Segments, das in Beispiel 6.1 die Folge aufbaut.
Das Schema zum Verarbeiten der Folge wird in Beispiel 6.1 gleich zweimal (in einer äußeren Schleife) durchlaufen; die Folge wird dort also zweimal verarbeitet.

Folge erzeugen

rewrite (folge)
Stelle fest, ob noch ein Wert zugefügt werden soll.
Solange ein Wert zugefügt werden soll
folge↑ := nächster Wert
put (folge)
stelle fest, ob noch ein Wert zugefügt werden soll.

Folge verarbeiten

reset (folge)
Solange NOT eof (folge)
verarbeite folge↑
get (folge)

```
Temperaturverlauf bei Malaria tertiana
4 Messungen täglich

Messung Temperatur Fieberkurve
   1      37.0  °C
   2      37.2  °C
   3      40.8  °C
   4      38.5  °C
   5      36.9  °C
   6      36.7  °C
   7      36.6  °C
   8      36.5  °C
   9      37.0  °C
  10      37.2  °C
  11      40.8  °C
  12      38.5  °C
  13      36.9  °C
  14      36.7  °C
  15      36.6  °C
  16      36.5  °C
```

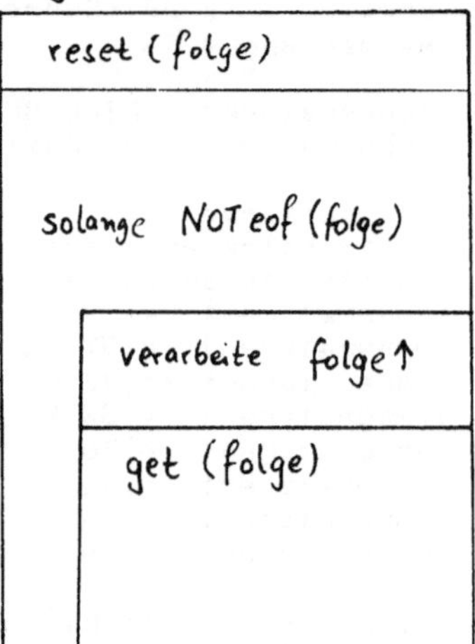

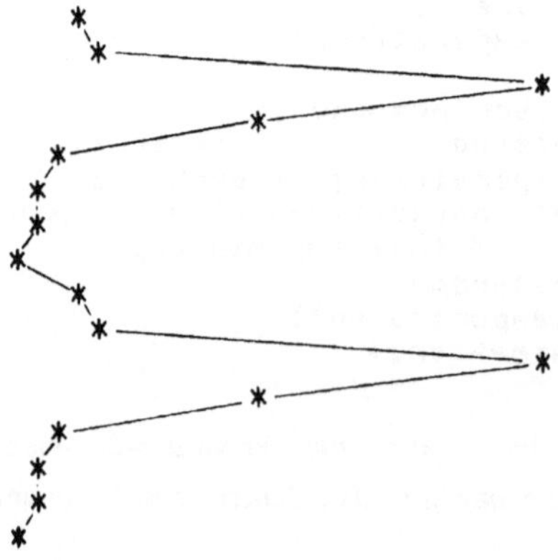

6.3 Externe Folgen: das Fenster nach draußen

Unserem Beispiel 6.1 fehlt noch der letzte Pfiff: wie alle bisherigen Beispiele enthielt es eigentlich schon die ganze Antwort im Programm selbst. Wollten wir mit diesen Methoden eine "echte" Fieberkurve (oder irgendeine andere Meßreihe) behandeln, so müßten wir jeden Tag das Programm um eine Zeile "temperaturen ↑:= ...; put(temperaturen)" verlängern; nach wenigen Wochen würde das Programm dann zu groß für unsere Pascal-Maschine. Also bringen wir unsere Folgen außerhalb der Pascal-Maschine an. Dort gibt es bei den meisten Rechnern sekundäre Speichermedien, deren Fassungsvermögen für Information (=Daten) das der Pascal-Maschine um ein Vielfaches übertrift. Die sekundären Speichermedien werden vom Dateiverwaltungssystem in Dateien auf- geteilt. In der Programm-Überschrift gibt man die Be- zeichner derjenigen Folgen an, die im Pascal-Programm die externen Folgen (also Dateien auf dem Sekundärspeicher) repräsentieren. Diese Folgen müssen im Pascal-Programm als Variablen deklariert sein - genau wie die lokalen Folgen (5) aus Beispiel 6.1. Die Programm-Überschrift enthält somit alle Verbindungen der Pascal-Maschine mit ihrer Umwelt. Der Bezeichner der Folge im Pascal-Programm muß nicht mit dem Datei- namen des Dateiverwaltungssystems übereinstimmen. Viel- mehr gibt es in den Programmiersystem-Kommandos im allgemeinen eine Möglichkeit, Dateinamen und Pascal-Be- zeichner einander zuzuordnen. So kann man mit einem Pascal-Programm immer wieder andere Dateien bearbeiten, ohne das Programm ändern zu müssen.

Als Beispiel für die Anwendung von externen Folgen wollen wir die Wechselkurse an der Schweizer Grenze (6) aufheben und in der Art einer Fieberkurve aufzeich- nen. Zweimal monatlich besorgen wir uns den Kurs, dann lassen wir unser Programm laufen. In der Zwischenzeit ist die Pascal-Maschine 14 Tage lang abgeschaltet oder tut was anderes, unser Programm läuft nicht, lokale Variable unseres Pro- gramms existieren daher nirgends auf der Welt. Diese Zeit überbrückt uns der

---

5) das sind Folgen, die nicht in der Programm-
   Überschrift erwähnt werden.
6) Für uns Konstanzer sehr wichtig!

Sekundär-Speicher; dort ruhen die Wechselkurse früherer Monate in einer Datei, bis sie von einem Programm (Pascal, Editor oder Dateiverwaltungssystem) aus ihrem Dornröschen-Schlaf geweckt (oder aktiviert) werden.

Eine programmtechnische Schwierigkeit müssen wir noch lösen: mit rewrite und put können wir an eine vorhandene Folge nichts anhängen: put dürfen wir nur nach rewrite sagen, und rewrite macht jede Folge zur leeren Folge! Der Ausweg (7): wir kopieren die ganze Folge in eine neue file-Variable; danach sind wir gerade beim Erzeugen und können noch weitere Werte anhängen. Unser Programm wird also die Daten bewegen, wie unten gezeigt. Nächsten Ersten (oder fünfzehnten) nehmen wir dann die Datei, die heute die "neuen Kurse" enthält als "alte Kurse", und so wiederholt sich die ganze Geschichte, bis wir genug davon haben.

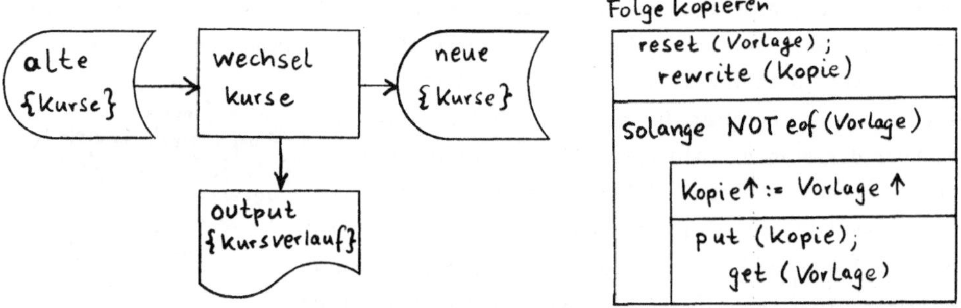

Das Programmschema zum Kopieren einer Folge werden wir noch oft brauchen können. Es entsteht durch Zusammenziehen der beiden Schemata aus Teillektion 6.2; ob der Kopie noch Werte zugefügt werden sollen, entscheidet eof(vorlage). Hier die Obersetzung in Pascal:

```
(Beispiel 6.2)
PROGRAM wechselkurse (alte (Kurse),
                      neue (Kurse), output);
   (Kopiert eine Folge von Wechselkursen von alte nach neue;)
   (Fügt den neuesten Wechselkurs hinzu;                     )
   (Zeichnet eine Kurve des Kursverlaufs.                    )

CONST kursheute =   1.2725 (DM/sfr);
      minkurs   =   1.05   (DM/sfr);   (Ach! Früher war das anders!)
      maxkurs   =   1.45   (DM/sfr);
      monatbrt  =   5    (Schreibstellen);
      kursbrt   =  14    (Schreibstellen);
      kurvenbrt =  40    (Schreibstellen);

VAR   alte, neue   : FILE OF real;
      messung      : 0..maxint;
      skalenfaktor : real;
```

---

7) eigentlich eher ein pascalischer Umweg

```
BEGIN (Wechselkurse)
   reset (alte);  rewrite(neue);
   WHILE NOT eof(alte)
   DO BEGIN
      neue↑ := alte↑;
      put(neue);  get(alte)
   END (NOT eof(alte));
   neue↑ := kursheute;  put(neue);

   writeln ('Wechselkurse DM -> sfr seit 1.1.1981');
   writeln;
   writeln ('Monat':monatbrt, 'Kurs':kursbrt-7, ' ':7);
   skalenfaktor := kurvenbrt / (maxkurs-minkurs);
   messung := 0;  reset(neue);
   WHILE NOT eof(neue)
   DO BEGIN
      messung := succ(messung);
      IF     odd(messung)
      THEN   write (' ' : monatbrt+kursbrt)
      ELSE   write (messung DIV 2 : monatbrt,
                    neue↑ : kursbrt-7 : 4, 'DM/sfr' : 7);
      writeln ('*' : round((neue↑-minkurs) * skalenfaktor));
      get (neue)
   END (NOT eof(neue))
END (Wechselkurse).
```

Und das ist das traurige Ergebnis:
Wechselkurse DM -> sfr seit 1.1.1981

```
Monat   Kurs
    1 1.1150 DM/sfr           *
                              *
                               *
    2 1.1050 DM/sfr          *
                             *
    3 1.1075 DM/sfr           *
                            *
    4 1.1050 DM/sfr          *
                             *
    5 1.1200 DM/sfr         *
                                *  *
    6 1.1575 DM/sfr                   *
                                        *
    7 1.1800 DM/sfr                      *
                                      *
    8 1.1750 DM/sfr                 *  *
                                    *  *
    9 1.1825 DM/sfr                   *
                                     *
   10 1.2000 DM/sfr               *
                              *
   11 1.2700 DM/sfr         *  *
                          *
   12 1.2475 DM/sfr      *  *
                        *
   13 1.2550 DM/sfr    *
                      *  *
   14 1.2575 DM/sfr  *  *
```


Viele Pascal-Maschinen verwenden auch für lokale Folgen den Sekundärspeicher.
Das ist nicht weiter tragisch; wir müssen nur beim Programmieren darauf achten,
daß FILE-Operationen viel langsamer ablaufen als die übrigen Funktionen dieser
Pascal-Maschinen. Da die lokalen Folgen ja nur im laufenden Programm verwendet
und dort über Bezeichner (FILE-Variable) angesprochen werden, sollte sich der

Programmierer nicht um den Aufbewahrungsort und den Dateinamen kümmern müssen; das können die Pascal-Maschine und das Dateiverwaltungssystem unter sich ausmachen. Leider haben sich die Erfinder des UCSD-Pascal nicht an diese Norm gehalten und verlangen vom Programmierer, sich um solche Nebensächlichkeiten zu kümmern.

> Im UCSD-Pascal werden externe und lokale Folgen nicht unterschieden; in der Programmüberschrift erscheinen keine Parameter. Die Zuordnung der Pascal-Bezeichner zu Dateinamen und Sekundärspeicher erfolgt in der rewrite- oder reset-Anweisung. Die Programm-Beispiele dieses Buches sind daher für UCSD-Pascal entsprechend abzuändern.

```
(Beispiel 6.2 UCSD)
PROGRAM wechselkurse ( );

CONST kursheute =  1.2725 (DM/sfr);
      minkurs   =  1.05   (DM/sfr);
      maxkurs   =  1.45   (DM/sfr);
      monatbrt  =  5      (Schreibstellen);
      kursbrt   =  14     (Schreibstellen);
      kurvenbrt =  40     (Schreibstellen);

VAR   alte, neue   : FILE OF real;
      messung      : 0..maxint;
      skalenfaktor : real;

BEGIN (wechselkurse)
   reset (alte, #5:max);   rewrite (neue, #5:moritz);
   WHILE NOT eof (alte)
   DO BEGIN
      neue↑ := alte↑;
      put(neue);  get(alte)
   END (NOT eof(alte));
   neue↑ := kursheute;  put(neue);

   writeln ('Wechselkurse DM —) sfr seit 1.1.1981');
   writeln;
   writeln ('Monat': monatbrt, 'Kurs': kursbrt-7, ' ': 7);
   skalenfaktor := kurvenbrt / (maxkurs-minkurs);
   messung := 0;  reset(neue);
   WHILE NOT eof(neue)
   DO BEGIN
      messung := succ (messung);
      IF    odd (messung)
      THEN  write (' ' : monatbrt+kursbrt)
      ELSE  write (messung DIV 2 : monatbrt,
                   neue↑ : kursbrt-7 : 4, 'DM/sfr' : 7);
      writeln ('*' : round((neue↑-minkurs) * skalenfaktor));
      get (neue)
   END (NOT eof(neue));
   close (alte, lock); close (neue, lock)
END (wechselkurse).
```

6.4 Das Schreiben und das Lesen ...

Dem Zigeunerbaron mögen Borstenvieh und Schweinespeck wichtiger gewesen sein, aber der ideale Lebenszweck unserer Pascal-Programme ist es, unsere Wünsche zu lesen und Antworten zu schreiben. Der passende Datentyp für dieses Vorhaben heißt text (8) und ist jeder Pascal-Maschine bekannt. Die Puffervariable einer Folge vom Typ text hat immer den Typ char. Beim Datentyp text macht Pascal eine Konzession an unsere Lese- und Schreibgewohnheiten: Texte sind immer in Zeilen eingeteilt. Jede Zeile besteht aus Komponenten vom Typ char; die Anzahl dieser Komponenten kann von Zeile zu Zeile verschieden sein. Es gibt auch leere Zeilen, die gar kein Zeichen enthalten, also Vorsicht vor dem Nullfehler-Syndrom!

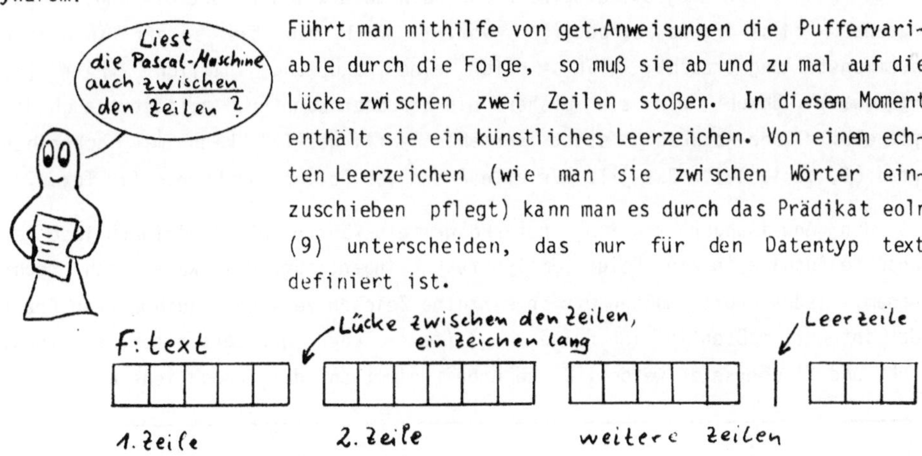

Führt man mithilfe von get-Anweisungen die Puffervariable durch die Folge, so muß sie ab und zu mal auf die Lücke zwischen zwei Zeilen stoßen. In diesem Moment enthält sie ein künstliches Leerzeichen. Von einem echten Leerzeichen (wie man sie zwischen Wörter einzuschieben pflegt) kann man es durch das Prädikat eoln (9) unterscheiden, das nur für den Datentyp text definiert ist.

Solange unser Programm die Folge anschaut, erkennt es also die Zeilenstruktur durch regelmäßiges Abfragen von eoln, wie sind die Zeilen aber in die Folge hineingekommen? Beim Erzeugen einer char-Folge können wir jederzeit mit writeln eine neue Zeile anfangen; dabei steht - abweichend von unseren bisherigen Gewohnheiten - nur der Name des Textes in der Klammer. Damit können wir das Programm-Schema zum Kopieren einer Folge auf Texte ausdehnen. Um die Zeilenstruktur der Vorlage in die Kopie zu übertragen, schachteln wir die "Zeichen-Schleife" in eine "Zeilen-Schleife" ein; so wird das Schema am übersichtlichsten.

---

8) das ist nach neuer Norm etwas anderes als FILE OF char!

9) von englisch "end of line" = "Ende der Zeile"

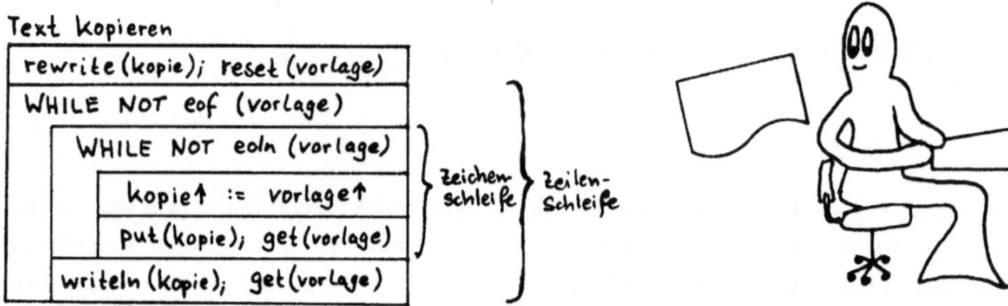

Wenn man ein Buch (VAR buch: text) erzeugen will, kann man statt writeln(buch) auch page(buch) sagen. Gibt man anschließend das Buch auf einem Drucker aus, so beginnt an dieser Stelle eine neue Seite. Was andere Ausgabegeräte aus der page-Anweisung machen, ist undefiniert (10), auch darf kein Pascal-Programm die Folge jemals wieder anschauen.

In den bisherigen Programmbeispielen und -schemata kam sehr oft die Anweisungs-Sequenz "f↑ := irgendwas; put(f)" vor. Weil man das so oft in dieser Zusammenstellung braucht, gibt's dafür eine Abkürzung, nämlich "write (f, irgendwas)". Obwohl wir sie bisher nie brauchen konnten, existiert auch die spiegelbildliche Abkürzung: statt "variable := f↑; get(f)" kann man schreiben "read (f, variable)". Das gilt für alle Arten von Folgen, nicht nur für Texte.

Mit den Anweisungen rewrite, put und writeln könnten wir im Prinzip jede gewünschte Ausgabe in eine Folge vom Typ text bringen, aber das wäre doch recht mühsam: jedes Wort müßten wir in einzelne Zeichen zerlegen; auch Zahlen (real oder integer) müßten in eine Folge von Ziffernzeichen (garniert mit Plus, Minus, Punkt und E) übersetzt werden. Diese Arbeit nimmt uns das freundliche write ab.

> Ist in der Anweisung "write(t,x)" t ein Text, so kann x folgende Formen annehmen:
> -a   (a: integer, real, boolean, char oder String)
> -a: feldbreite (a: integer, real, boolean, char oder String)
> -a: feldbreite: genauigkeit   (a: real)
> Der Ausdruck a wird berechnet, in eine Zeichen-Darstellung übersetzt und in die Folge t geschrieben

---

10) d.h.: wirkt auf jeder Pascal-Maschine anders, oft sehr überraschend; kann auch zum Programmabbruch und anderen Unannehmlichkeiten führen.

Wie die Zeichen-Darstellungen für die einzelnen Datentypen aussehen, haben wir schon in den Lektionen 1.3 und 5.1 gesehen. Hier noch eine kleine Ergänzung: falls die Feldbreite zu klein angegeben ist, wird die kürzest mögliche Zeichen-Darstellung des Wertes a in den Text eingetragen. Mindestens 1 müssen Feldbreite und Genauigkeit schon sein, sonst ist das Programm falsch.

Auch read bietet ähnliche Annehmlichkeiten, allerdings weder für boolean noch für String.

> **Ist in der Anweisung "read(t,v)" t ein Text und v eine integer- oder real-Variable, so sucht read im Text t ab der augenblicklichen Position der Puffervariablen t↑ die Zeichendarstellung einer Zahl und weist deren Wert der Variablen v zu; bei der Suche werden Zeilenwechsel und Leerzeichen vor der Darstellung der Zahl überlesen. Die Suche wird gegebenenfalls am Ende des Textes t abgebrochen, eof(t) wird true, und der Wert von v ist nicht definiert (vgl. aber Seite 103).**

Die text-Varianten von read und write ersparen uns also die Konstruktion einiger verzwickter Schleifen. Nach dieser großen Erleichterung nun noch einige kleine: Die Anweisung readln(t) bedeutet dasselbe wie "WHILE NOT eoln(t) DO get(t); get(t)". Die Puffervariable t wird dadurch hinter das nächste Zeilenende gesetzt. Obacht: falls zufällig eine leere Zeile folgt, gilt "eoln(t)=true" - "trotz" readln! Falls man keine FILF-Variable erwähnt, denkt sich die Pascal-Maschine bei den Anweisungen read und readln den Bezeichner input hinzu, bei write, writeln und page entsprechend den Bezeichner output. Input und output sind text-Variable; Näheres besprechen wir in der nächsten Teillektion. Schließlich kann man mit einer write- oder writeln-Anweisung mehrere Ausdrücke in eine Folge schreiben lassen und mit read und readln mehrere Variablen aus einer Folge zuweisen lassen. Die Schreibweise haben wir schon in Lektion 1.3 gesehen. Die erweiterte Form von read und write kann auf alle Folgen (nicht nur Texte) angewandt werden. Alle Abkürzungen kann man nach Belieben kombinieren. Versuchen Sie's nur: die Pascal-Maschine kennt die Typen aller Variablen und Ausdrücke aus den Deklarationen und entscheidet danach, was Sie mit einer abgekürzten read- oder write-Anweisung meinen. Bitte keine Mißverständnisse: für put und get gelten diese Abkürzungen nicht.

6.5 Die Standard-Texte input und output

Texte (also Folgen aus Zeilen von char-Komponenten) können wir selbst erzeugen
oder anschauen; dazu brauchen wir nur ein Ein- oder Ausgabegerät und das Programmiersystem. Damit können wir also Daten für unsere Pascal-Programme vor-
bereiten (die dann mit get oder read "gelesen" werden) oder Antworten unserer
Pascal-Programme lesen (die mit put oder write erzeugt wurden). Durch diese Art
der Verwendung unterscheiden sich Texte von allen übrigen Folgen, die nur zur
Übergabe von Information zwischen Pascal-Programmen geeignet sind.

Nun mögen wir uns nicht immer die Mühe machen, einen Text (in einer Datei) vor-
zubereiten, diese Datei und eine leere Datei (für die Antwort) entsprechenden
Pascal-Bezeichnern (Programm-Parametern) zuzuordnen und nach dem Lauf des
Pascal-Programms die Antwort-Datei anzuschauen. Vielmehr wollen wir unseren
Pascal-Programmen Daten direkt über das "übliche" Eingabegerät des verwendeten
Rechners geben und die Antworten der Programme direkt vom "üblichen" Aus-
gabegerät ablesen. Diese beiden Geräte erscheinen in Pascal als zwei spezielle
Texte namens input und output. Diese Texte müssen zwar bei Bedarf in der Pro-
grammüberschrift als Programm-Parameter aufgeführt sein, dürfen aber im Programm
nicht deklariert werden.

Nicht jedem Ein- oder Ausgabegerät können wir alle vier Grundoperationen für
Folgen zumuten: auf Druckern kann der Rechner beispielsweise nur fortlaufend
schreiben, er kann weder das Papier zurückspulen und Geschriebenes auslöschen
(rewrite) noch etwas vom Drucker ablesen (get). Damit input und output auch die
einfachsten Geräte nachbilden können, sind nur wenige Arten von Operationen für
diese beiden Texte zulässig.

Der Text input darf nur mit get, read, readln, eof und eoln, der Text
output nur mit put, write, writeln und page bearbeitet werden.

An Rechnern mit dialogfähigen Ein- und Ausgabegeräten (Sichtgerät, Fernschreiber) ist input normalerweise mit der Eingabe-Tastatur und output mit der
Schreibeinrichtung (Bildschirm, Blattschreiber) verbunden. In dieser Konfiguration können Pascal-Programme über diese beiden Texte einen Dialog mit dem

Bediener führen. Das Pascal-Programm gibt eine Frage mit "write (output, frage)" aus und wartet mit "read (input, antwort)" auf die Antwort des Bedieners. Die Taste RETURN oder LF (Line feed) bewirkt "eoln(input)=true"; wie dem Programm eof(input) signalisiert wird, ist rechnerabhängig. Die Eingabe über input kann sinnvollerweise einige Konstanten-Deklarationen in unseren bisherigen Programmbeispielen ersetzen. Dann kann ein Programm ohne Änderung der Quelle verschiedene (ähnlich gelagerte) Probleme bearbeiten. Die meisten Pascal-Maschinen belohnen uns dafür durch schnellere Ausführungszeiten. (Näheres in Lektion 13.3). Beim Entwurf eines Programms muß man allerdings sorgfältig abwägen, welche Daten eingelesen werden und was Konstanten bleiben sollen. Unser Beispiel 6.2 können wir beispielsweise verbessern, indem wir kursheute einlesen lassen; alles was mit der Bildaufteilung zu tun hat (minkurs, maxkurs usw. bis kurvenbrt) lassen wir besser im Programm stehen.

Bei der Eingabe über input oder andere Texte müssen wir immer damit rechnen, daß die Eingabedaten Fehler enthalten. Unmittelbar hinter jedes read (oder get) gehört also eine Prüfung, ob alles mit rechten Dingen zugeht! Man nennt diesen Stil defensives Programmieren. Nehmen Sie diese Verpflichtung nicht zu leicht! In professionellen Programmen macht die Prüfung der Eingabe oft den halben Programmtext und mehr aus.

Ein Beispiel zeigt alle in dieser Teillektion behandelten Methoden und beschert uns noch ein neues Programm-Schema. Wir wollen Beispiel 6.2 so verbessern, daß es Tageskurse von input liest, damit wir sie direkt eintippen können, solange das Programm läuft. Wir lösen diese Aufgabe in drei Schritten: Anfang und Schluß schreiben wir von Beispiel 6.2 ab, den mittleren Teil müssen wir noch erfinden. Im wesentlichen handelt es sich um eine Kopie von input nach neue, also sollte das Programmschema "Folge kopieren" (11) weiterhelfen; Aber, o weh! Dort wird mit get gearbeitet, wir wollen aber read verwenden, weil das die real-Werte für uns aufsammelt.

Folge kopieren (mit read)

```
rewrite(kopie); reset(Vorlage)
read(vorlage, hilfsvariable)
WHILE NOT eof(vorlage)
    write (kopie,
           hilfsvariable)
    read (vorlage,
          hilfsvariable)
```

Folge kopieren (mit get)

```
rewrite(kopie); reset(Vorlage)
WHILE NOT eof(Vorlage)
    write (kopie,
           vorlage↑    )
    get (vorlage)
```

11) "reset(input)" würden wir natürlich weglassen.

Die Hilfsvariable können Sie sich in Pascal sparen, wenn Sie stattdessen die
Puffervariable der Kopie benützen; dann müssen Sie eben im linken Schema put (statt
write) programmieren. An den beiden Schemata sehen Sie: read macht Programme
umständlicher. Wir werden also das linke Schema nur da benützen, wo uns read andre
Vorteile bringt: beim Einlesen von Zahlen aus Texten.

Zur Fehlerbehandlung müssen wir vor jedem read alle störenden Zeichen der Eingabe
als "Trennzeichen" überlesen (read überliest nur Leerzeichen und Zeilenwechsel).
Dazu verwenden wir die Menge ['0'..'9','+','-'] der möglichen Zahl-Anfänge (siehe
Programm-Quelle). Außerdem muß der eingelesene Kurs zwischen minkurs und maxkurs
liegen. Weil das nach jedem read geprüft wird, brauchen wir's nur einmal am Anfang
des Schleifen-Rumpfs hinzuschreiben. Was machen wir aber mit den unsinnigen Kurs-
werten, die unsre Prüfung nicht bestanden haben? Im Mittelteil des Programms
drucken wir natürlich eine Fehlermeldung, in der abschließenden Zeichnung würde sie
dagegen stören. Aber zeichnen können wir unsinnige Werte auch nicht. Statt sie nun
einfach wegzulassen, fügen wir da besser eine Leerzeile ein, damit der Zeitmaßstab
richtig weiterläuft.

```
{ Beispiel 6.3 }
PROGRAM kursverlauf ( alte {Kurse}, neue {Kurse}, input, output );
    { liest mehrere Wechselkurse von input         }
    { sonst wie Beispiel 6.2: PROGRAM wechselkurse }

CONST einheit      =  'DM/sFr'                    ;
      minkurs      =  1.05 { DM/sFr }             ;
      maxkurs      =  1.45 { DM/sFr }             ;
      monatbrt     =  5      { Schreibstellen };
      kursbrt      = 14      { Schreibstellen };
      kurvenbrt    = 40      { Schreibstellen };

VAR   alte, neue  : FILE OF real;
      messung      : 0 .. maxint ;
      skalenfaktor: real          ;

BEGIN { kursverlauf }
  reset (alte); rewrite (neue);
  WHILE NOT eof (alte)
  DO BEGIN neue↑ := alte↑; put (neue); get (alte) END;

  WHILE NOT ( input↑ IN ['0'..'9','+','-'] )  DO get (input);
  read (neue↑);
  WHILE NOT eof (input)
  DO BEGIN
     IF       neue↑ < minkurs
     THEN     writeln ( neue↑: kursbrt-7: 4,  einheit, ' zu klein' )
     ELSE IF neue↑ > maxkurs
     THEN     writeln ( neue↑: kursbrt-7: 4,  einheit , ' zu groß' );
     put (neue);
     WHILE NOT ( input↑ IN ['0'..'9','+','-'] )  DO get (input);
     read (neue↑)
  END { NOT eof (input) };
```

```
writeln ( 'Wechselkurse DM -> sFr seit 1.1.1981' );
writeln;
writeln ( 'Monat': monatbrt, 'Kurs': kursbrt-7 );
skalenfaktor := kurvenbrt / (maxKurs-minkurs);
messung := 0; reset (neue);
WHILE NOT eof (neue)
DO BEGIN
   messung := succ (messung);
   IF    odd(messung)
   THEN write ( ' '               : monatbrt )
   ELSE write ( messung DIV 2: monatbrt );
   IF    odd(messung) OR ( neue↑ < minkurs ) OR ( neue↑ > maxkurs )
   THEN write ( ' '   : kursbrt               )
   ELSE write ( neue↑: kursbrt-7,  einheit : 7 );
   IF   ( neue↑ < minkurs ) OR ( neue↑ > maxkurs )
   THEN writeln
   ELSE writeln ( '*': round((neue↑-minkurs)*skalenfaktor + 1 );
   get (neue)
END { NOT eof (neue) }
END { kursverlauf }.
```

Zahlen lesen – trotz Pascal – Norm

Bis hier haben wir Ihnen die heile Welt geschildert, wie sie heute noch an vielen Pascal-Maschinen aussieht. Streng nach §6.9.1 der Norm ist die read-Anweisung dagegen ein kleines Sensibelchen, dem man so schlimme Dinge wie das Ende der Eingabedaten fernhalten muß! Da hilft nur eins: wollen Sie mit read eine Zahl einlesen (für Zeichen nehmen Sie besser get), so suchen Sie vorher stets den Anfang der nächsten Zahl mit (12):

```
weitersuchen := true;
WHILE weitersuchen
DO BEGIN
   get(input);
   IF    eof(input)
   THEN weitersuchen := false
   ELSE weitersuchen := input↑ IN [ '0'..'9', '+', '-' ]
END { weitersuchen }
```

Weil beim Suchen eof erreicht werden kann, gehören diese Anweisungen unmittelbar vor's "WHILE NOT eof" (auch ans Ende der Schleife), wo sonst read steht: vergleichen Sie nebenstehendes Struktogramm mit dem auf Seite 101! Sie sehen: auch scheinbar kleine, harmlose Bedeutungs-Unterschiede beim read können den ganzen Programm-Aufbau umkrempeln. Vorsicht also mit Pascal-Dialekten!

---

12) Nicht einmal das einfachere
    WHILE NOT (eof(input) OR (input↑ IN ['0'..'9','+','-'])) DO get (input)
    erlaubt uns die Norm!

6.6 Übungsaufgaben

6.1 Warum zeichnen die Beispiele 6.1 bis 6.3 ihre Kurven mit der Ordinate (x-Achse) nach unten? Sonst zeichnet man sie doch immer nach rechts!

6.2 Erläutern Sie den Zweck des Ausdrucks

```
    round ((temperaturen -mintemp)*breite / (maxtemp-mintemp))
```

in Beispiel 6.1. Suchen Sie die entsprechenden Ausdrücke in Beispiel 6.2 und 6.3 auf und erklären Sie die Verbesserungen.

6.3 Was ist falsch an folgenden "Programm"-Stücken?

```
BEGIN (Aufgabe 6.3.1)            BEGIN (Aufgabe 6.3.2)
  reset (a); rewrite (b);         reset (a); rewrite (b);
  REPEAT                          REPEAT
    read (a, v);                    b↑ := a↑;
    write (b, v)                    put (b); get (a)
  UNTIL eof (a)                   UNTIL eof (a)
END (Aufgabe 6.3.1)             END (Aufgabe 6.3.2)
```

6.4 Wie werden an Ihrer Pascal-Maschine Dateien oder Ein- und Ausgabegeräte den Externen Folgen zugeordnet?

6.5 Schreiben Sie ein Programm, das einen Text von input einliest und Wort für Wort auf output ausgibt. Zwischen den Wörtern auf output soll immer genau ein Leerzeichen stehen, gleichgültig, wieviele Leerzeichen die Worte in der Eingabe trennen. Ein Tip: der Text besteht aus Zeilen, die Zeilen aus Wörtern, die Wörter aus Zeichen, das gesuchte Programm ähnelt also dem Schema "Text kopieren" aber mit drei geschachtelten Schleifen statt zweien, zwischen den Wörtern müssen die Leerzeichen von input überlesen werden.

6.6 Schreiben Sie ein Programm, das einige Zahlen von input einliest und deren Mittelwert und Standardabweichung berechnet. Den Mittelwert $\bar{x}$ erhält man, indem man alle Werte zusammenzählt und durch die Anzahl der Werte teilt:

$$\bar{x} = (x_1 + x_2 + \ldots + x_n)/n$$

(Dabei sind x_1, x_2, ... x_n die eingelesenen Werte; n ist ihre Anzahl). Die Standardabweichung σ erhält man, wenn man die Differenz aller eingelesenen Werte vom Mittelwert quadriert, diese Quadrate zusammenzählt, durch (n-1) dividiert und zum Schluß noch die Wurzel zieht:

$$\sigma = \sqrt{\frac{(x_1-\bar{x})^2 + (x_2-\bar{x})^2 + \ldots + (x_n-\bar{x})^2}{n-1}}$$

7 In Reih und Glied

7.1 Reihen und Indizierung

Unsere Folgen (aus Lektion 6) sind zwar sehr praktisch, wenn Datenmengen un-
bestimmten Ausmaßes verarbeitet werden sollen, doch sie haben einen Nachteil:
man kann die Komponenten einer Folge nur in der Reihenfolge anschauen, in der
sie eingetragen wurden (man nennt das sequentiellen Zugriff). Oft muß man aber
auf die Komponenten einer Datenstruktur in beliebiger Reihenfolge zugreifen können, geeignete Datenstrukturen haben einen wahlfreien Zugriff.

Ein Beispiel dafür ist die Auszählung einer Wahl: für jede Partei brauchen wir
eine Variable als Zähler, die Reihenfolge, in der die Zähler gebraucht werden,
hängt von den Eingabedaten ab, ist also nicht vorherzusehen. Unser Programm
bekommt vom Belegleser (einer Maschine, die erkennen kann, wo das Kreuzchen auf
einem Wahlzettel ist) einen Text. Das erste Zeichen jeder Zeile zeigt, wo das
Kreuzchen war. Mit den bisher bekannten Datentypen müssen wir für jeden Zähler
eine eigene Variable deklarieren:

```
(Beispiel 7.1)
PROGRAM wahl (input, output);
   (Stimmen auszählen: Version mit einfachen Variablen)

VAR cdustimmen, fdpstimmen, gruenestimmen,
    spdstimmen, enthaltungen, stimmenzahl, ungueltig: 0..maxint;

BEGIN (wahl)
   (Stimmen auszählen:)
   cdustimmen := 0;  fdpstimmen    := 0;  gruenestimmen := 0;
   spdstimmen := 0;  enthaltungen := 0;  stimmenzahl   := 0;
   WHILE eoln (input)  DO readln (input);
   WHILE NOT eof (input)
   DO BEGIN
      CASE input↑
      OF   '0': enthaltungen  := enthaltungen  + 1;
           '1': cdustimmen    := cdustimmen    + 1;
           '2': fdpstimmen    := fdpstimmen    + 1;
           '3': gruenestimmen := gruenestimmen + 1;
           '4': spdstimmen    := spdstimmen    + 1
      END (input↑);
      stimmenzahl := stimmenzahl + 1;
      readln (input);
      WHILE eoln (input)  DO readln (input)
   END (NOT eof (input));
```

"Wahlergebnis":

CDU:	13	= 32.5%
F.D.P.:	2	= 5.0%
Grüne:	6	= 15.0%
SPD:	12	= 30.0%
Enthaltung:	2	= 5.0%
Ungültig:	5	= 12.5%

```
{Ergebnis ausgeben:}
ungueltig := stimmenzahl - enthaltungen - cdustimmen
              - fdpstimmen - gruenestimmen - spdstimmen;
writeln ('CDU:':11,          cdustimmen:5,
         '=':2, cdustimmen   /stimmenzahl*100 :5:1, '%');
writeln ('F.D.P.:':11,       fdpstimmen:5,
         '=':2, fdpstimmen   /stimmenzahl*100 :5:1, '%');
writeln ('Grüne:':11,        gruenestimmen:5,
         '=':2, gruenestimmen/stimmenzahl*100 :5:1, '%');
writeln ('SPD:':11,          spdstimmen:5,
         '=':2, spdstimmen   /stimmenzahl*100 :5:1, '%');
writeln ('Enthaltung:':11, enthaltungen:5,
         '=':2, enthaltungen /stimmenzahl*100 :5:1, '%');
writeln ('Ungültig:':11,     ungueltig:5,
         '=':2, ungueltig    /stimmenzahl*100 :5:1, '%')
END {wahl}.
```

So wie in Beispiel 7.1 kann man vielleicht eine Statistik für vier Parteien (plus Enthaltungen) programmieren; hat man aber mehr Arten von Dingen zu zählen, wird's beliebig umständlich. Eine Datenstruktur mit wahlfreiem Zugriff muß her, sie heißt Reihe (auf pascalesisch ARRAY).

> Eine Reihe faßt mehrere gleichartige Komponenten zu einer Datenstruktur zusammen. Die einzelnen Komponenten einer Reihe werden durch einen Index ausgewählt. Der Index ist ein Ausdruck eines diskreten Skalartyps, kann also vom Programm berechnet werden.

In Pascal sind Reihen immer variabel, die Komponenten einer Reihe sind also auch Variablen. Bei der Deklaration einer Reihe ist der Typ des Index und der Typ der Komponenten anzugeben, zum Beispiel:

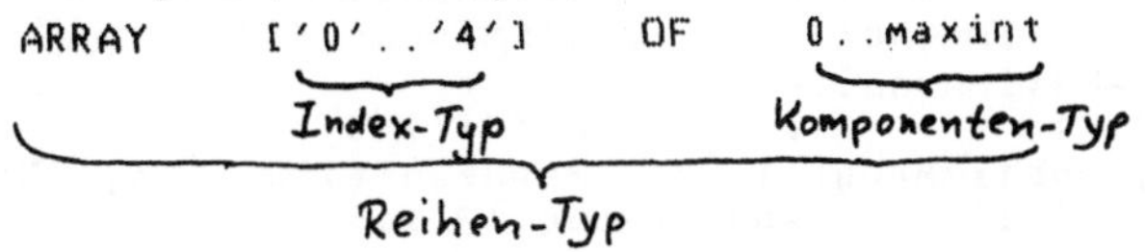

Ist etwa eine Variable "stimme" vom oben genannten Typ deklariert, so greift man mit "stimme['1']" auf eine Komponente dieser Variablen zu; diese Komponente nennt man indizierte Variable.

Wir wollen Beispiel 7.1 durch Anwendungen einer Reihe etwas stromlinienförmiger machen. Die ganze Auswahl in diesem Beispiel würde auf eine Zeile zusammenschrumpfen, wären da nicht die ungültigen Stimmen! Der Index, der beim Zugriff auf eine Reihen-Komponente angegeben wird, muß nämlich zum deklarierten Index-Typ passen; eine einseitige Auswahl schützt uns hier vor Fehlgriffen.

```
{Beispiel 7.2}
PROGRAM zweitewahl (input, output);
    {Stimmen auszählen: Version mit Reihung}

CONST maxstimme  = '4';

TYPE  stimme     = '0' .. maxstimme;
      natzahl    = 0 .. maxint;

VAR   abstimmung : ARRAY [stimme] OF natzahl;
      stimmenzahl, ungueltig:         natzahl;

BEGIN {zweitewahl}
    {Stimmen auszählen:}
    abstimmung['0'] := 0;  abstimmung['1'] := 0;
    abstimmung['2'] := 0;  abstimmung['3'] := 0;
    abstimmung['4'] := 0;  stimmenzahl     := 0;
    WHILE eoln (input)  DO readln (input);
    WHILE NOT eof (input)
    DO BEGIN
        IF   input↑ IN ['0'..maxstimme]
        THEN abstimmung[input↑] := abstimmung[input↑] + 1;
        stimmenzahl := stimmenzahl + 1;
        readln (input);
        WHILE eoln (input)  DO readln (input)
    END {NOT eof (input)};

    {Ergebnis ausgeben:}
    ungueltig := stimmenzahl
                - abstimmung['0'] - abstimmung['1']
                - abstimmung['2'] - abstimmung['3']
                - abstimmung['4'];
    writeln ('CDU:':11,         abstimmung['1']:5,
        '=':2, abstimmung['1']/stimmenzahl*100 :5:1, '%');
    writeln ('F.D.P.:':11,      abstimmung['2']:5,
        '=':2, abstimmung['2']/stimmenzahl*100 :5:1, '%');
    writeln ('Grüne:':11,       abstimmung['3']:5,
        '=':2, abstimmung['3']/stimmenzahl*100 :5:1, '%');
    writeln ('SPD:':11,         abstimmung['4']:5,
        '=':2, abstimmung['4']/stimmenzahl*100 :5:1, '%');
    writeln ('Enthaltung:':11, abstimmung['0']:5,
        '=':2, abstimmung['0']/stimmenzahl*100 :5:1, '%');
    writeln ('Ungültig:':11,    ungueltig:5,
        '=':2, ungueltig     /stimmenzahl*100 :5:1, '%')
END {zweitewahl}.
```

Um einen Ausdruck in Pascal zu verstehen, muß man auf die Typen seiner Teile achten. Aus Beispiel 7.2:

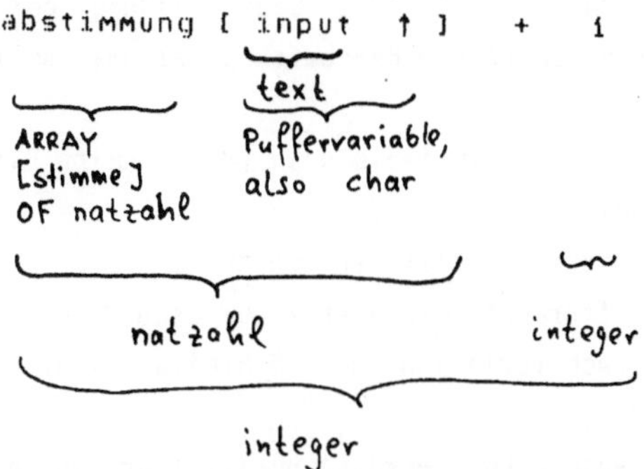

Die Typen der Variablen erfährt man aus den Deklarationen; der Pfeil "↑" wählt eine Folgen-Komponente aus (die Puffervariable), die Index-Klammer "[" eine Reihen-Komponente; die so ausgewählten Komponenten haben den Typ der jeweiligen Komponenten. In der Indexklammer muß ein Ausdruck des passenden Indextyps stehen. Verschiedene Unter-Bereiche desselben Typs sind gegeneinander austauschbar, sofern die Bereichsgrenzen eingehalten werden.

7.2 Die Laufanweisung

Die Zählschleife ist mit Beispiel 7.2 schon ganz handlich geworden, aber Initialisierung und Auswertung sind doch noch recht umständlich. Genau wie beim Zählen der Stimmen können wir auch beim Initialisieren der Zähler mit variablen Indizes arbeiten. Dazu stecken wir die Anweisung zur Initialisierung einer Zähl-Variablen in eine passende Schleife. Die Schleife soll alle möglichen Index-Werte durchspielen. Das könnten wir natürlich mit einer WHILE-Schleife machen, doch gibt es für diesen Zweck eine spezielle Form der Schleife:

```
FOR aktstimme := '0' TO '4'
DO abstimmung [aktstimme] := 0
```

Diese Laufanweisung bildet nacheinander die Werte '0' (Anfangswert), succ('0'), usw. bis '4' (Endwert), weist sie der Laufvariablen zu und führt mit jedem dieser Werte den Schleifenrumpf aus. Die Laufanweisung ist eine abweisende Schleife: ist der Anfangswert größer als der Endwert, so wird der Rumpf nicht

ausgeführt. Gegenüber der allgemeinen WHILE-Schleife gibt's für die Laufan-
weisung einige Einschränkungen, dafür fällt die Laufanweisung der Pascal-
Maschine leichter, was sie durch schnellere Bearbeitung belohnen sollte. Die
Einschränkungen:

- die Laufvariable darf nur eine einfache Variable sein (d.h. keine Puffervariable und keine indizierte Variable);

- die Laufvariable muß von einem diskreten skalaren Typ sein;

- der Laufvariablen darf im Schleifenrumpf kein Wert zugewiesen werden;

- der Wert der Laufvariablen ist nach Verlassen der Schleife undefiniert und
  darf daher nicht verwendet werden;

- Anfangs- und Endwert (zwei Ausdrücke) werden unmittelbar vor Beginn der
  Schleife berechnet; nachträgliche Änderungen der Variablen, die zu diesen Ausdrücken beitragen, haben keinen Einfluß auf die Abarbeitung der Laufanweisung.

Man sieht aus allen diesen Einschränkungen, daß die Laufanweisung vor allem dazu
dient, Bereiche durchzugehen; man wird sie also zusammen mit Aufzählungs-, Men-
gen- und Reihentypen einsetzen, weil dort Bereiche eine Rolle spielen.

Eine Variante der Laufanweisung wird mit DOWNTO statt TO geschrieben. Diese An-
weisung bildet nacheinander den Anfangswert, pred (Anfangswert), usw. bis zum
Endwert. Ihr Rumpf wird nicht durchlaufen, wenn der Anfangswert kleiner als der
Endwert ist.

Nun aber zurück zu unserem Beispiel. Auf die Ausgabe der Partei-Bezeichnungen
werden wir vorläufig verzichten, damit auch bei der Auswertung die Laufanweisung
benutzt werden kann.

```
{Beispiel 7.3}
PROGRAM drittewahl (input, output);
    {Stimmen auszählen: Version mit Laufanweisung}

CONST enthaltung = '0';
      maxstimme  = '4';

TYPE  stimme     = enthaltung .. maxstimme;
      natzahl    =          0 .. maxint;

VAR   abstimmung                : ARRAY [stimme] OF natzahl;
      stimmenzahl, ungueltig: natzahl;
      aktstimme               : stimme;
```

```
BEGIN (drittewahl)
   (Stimmen auszählen:)
   FOR aktstimme := enthaltung TO maxstimme
   DO  abstimmung[aktstimme] := 0;
   stimmenzahl  := 0;
   WHILE eoln (input)  DO readln (input);
   WHILE NOT eof (input)
   DO BEGIN
      IF   input↑ IN ['0'..maxstimme]
      THEN abstimmung[input↑] := abstimmung[input↑] + 1;
      stimmenzahl := stimmenzahl + 1;
      readln (input);
      WHILE eoln (input)  DO readln (input)
   END (NOT eof (input));

   (Ergebnis ausgeben:)
   ungueltig := stimmenzahl;
   FOR aktstimme := maxstimme DOWNTO enthaltung
   DO BEGIN
      ungueltig := ungueltig - abstimmung[aktstimme];
      writeln ('Liste ':9, aktstimme, ':',
             abstimmung[aktstimme]:5, '=':2,
             abstimmung[aktstimme]/stimmenzahl*100 :5:1, '%')
   END (aktstimme);
   writeln ('Ungültig:':11,   ungueltig:5,   '=':2,
          ungueltig/stimmenzahl*100 :5:1,   '%')
END (drittewahl).
```

7.3 Zeit ist Geld — Speicher ist auch Geld

Variablen nützen meist nicht den ganzen Speicherplatz, den die Pascal-Maschine
ihnen zuteilt. Der Speicher der meisten Computer ist nämlich in <u>Wörter</u> eingeteilt, und die Pascal-Maschine verwendet für eine Variable ein oder mehrere
Wörter des Speichers. Kann so ein Wort beispielsweise eine Variable des Typs
-32767..+32767 speichern, so ist es mit einer Variablen des Typs 0..255 nur zur
Hälfte (1) ausgenützt. Bei strukturierten Datentypen (Menge, Folge, Reihe, Verbund (in Lektion 8)), lohnt es sich unter Umständen, durch gepackte Ablage der
Komponenten Platz im Speicher zu sparen. Dadurch kann ein Programm gerade noch
auf eine Maschine passen, die sonst zu klein dafür wäre. Da die gepackte Ablage
wenig Rücksicht auf die Struktur des Speichers nimmt, ist im allgemeinen der
Zugriff auf eine Komponente des gepackten Datentyps umständlicher als bei
ungepackter Ablage. Man "bezahlt" also mit erhöhter Rechenzeit für die Speicher-
Einsparung. Und weil unsere heutigen Computer, nach der Idee von J. von Neumann

---

1) Der Informationsgehalt einer Variablen ist gleich dem Logarithmus dualis ihrer Bereichsgröße.

(2) nicht nur die Variablen sondern auch das Programm im Speicher haben, muß sich (wegen des komplizierteren Programms) nicht einmal eine Speichereinsparung durch die gepackte Ablage ergeben.

In Pascal können wir festlegen, daß eine Variable gepackt abgelegt werden soll, indem wir ihren Typ mit dem Wörtchen PACKED einleiten. Um die Einzelheiten des Zugriffs müssen wir uns nicht kümmern, das nimmt uns die Pascal-Maschine ab. Allerdings bleibt es auch der jeweiligen Pascal-Maschine überlassen, ob irgendein Spar-Effekt erreicht wird.

Gepackte Ablage kann in Pascal für alle Strukturierungs-Methoden verlangt werden, für gepackte Reihen hält Pascal darüber hinaus noch einige Spezialitäten bereit.

Haben wir beispielsweise die Variablen

```
eng : PACKED ARRAY [1..3] OF irgendwas;
weit:        ARRAY [1..3] OF irgendwas
```

deklariert, so können wir mit pack- und unpack-Anweisungen Komponenten der einen in entsprechende Komponenten der anderen übertragen. Als Pascal-Anwender erwarten wir, daß das mit pack oder unpack schneller geht als mit einer Laufanweisung und Wertzuweisungen.

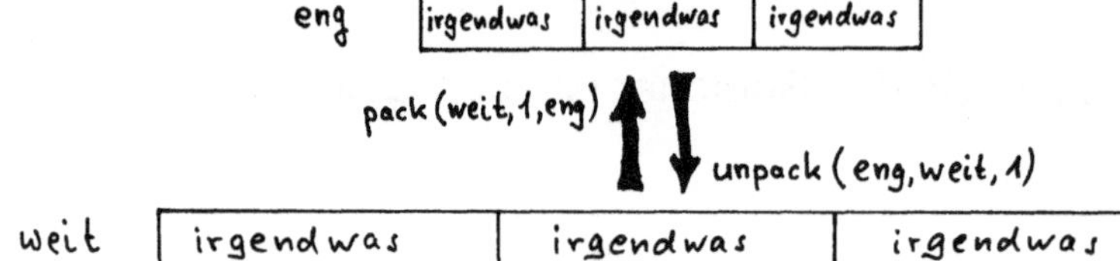

pack und unpack sind dann anzuwenden, wenn eine gepackte und eine ungepackte Reihe in Index- und Komponententyp übereinstimmen und der gemeinsame Indextyp ein Bereich der integer-Zahlen ist. Die Zahl in der Klammer von pack oder unpack ist die Untergrenze dieses Indextyps. Sind die Indextypen verschieden oder keine integer-Bereiche, dann Finger von pack und unpack, weil die Pascal-Maschinen diesen Fall unterschiedlich behandeln!

Eine ganz besondere Stellung haben in Pascal die Datentypen "PACKED ARRAY [1..obergrenze] of char" (die Obergrenze muß natürlich nicht "obergrenze" heißen): sie gelten als passender Datentyp (3) zu den String-Werten (Lektion 1.2) entsprechender Länge. Solchen Reihen kann also eine Konstante im Ganzen zugewiesen werden; bei den übrigen Reihen geht das nur komponentenweise. Die

2) Johann Baron von Neumann (28.12.1903..8.2.1957)
3) Nicht so in UCSD-Pascal! In diesem Dialekt gibt es einen besonderen Datentyp
   string, und die String-Werte gehören zu diesem Datentyp.

String-Reihen können auch (wie die String-Werte) mit write im Ganzen auf einen
text-FILE ausgegeben werden.   Und sogar die sechs Vergleichsoperationen sind für
diese Reihen zugelassen.   Die Ordnung funktioniert wie im Wörterbuch, sie heißt
darum auch "lexikalische Ordnung": am meisten zählt das erste Zeichen, falls die
ersten Zeichen übereinstimmen, das zweite und so weiter. Die Zeichen selbst sind
wie beim Datentyp char geordnet.

Wir können diesen String-Typ nutzen, um dem Beispiel 7.3 wieder die Partei-Bezeichnungen beizubringen. Wir verwenden dazu einen String-Datentyp "wort" als
Komponente einer Reihe; der Indextyp dieser Reihe heißt "stimme". Diese Reihe
"weiß" also zu jeder Art von Stimme ein Wort, nämlich die Bezeichnung der
entsprechenden Partei - ebenso wie "abstimmung" die jeweilige Anzahl der Stimmen
kennt. Genau so können auch Werte von Aufzählungstypen ausgegeben werden; das
ist etwas eleganter als die Mehrseitige Auswahl von Lektion 3.3. Ärgerlich ist
nur, daß wir in Pascal die Reihe "parteien" nicht als Konstante deklarieren können, obwohl sie in unserem Programm genau diese Funktion hat, deswegen müssen
wir auch die Reihe "parteien" durch Wertzuweisungen initialisieren (statt ihren
konstanten Wert zu deklarieren). Nach der Initialisierung wird's dann aber schön
kurz und übersichtlich, schauen Sie sich's an:

```
(Beispiel 7.4)
PROGRAM letztewahl (input, output);
   (Stimmen auszählen: Version mit Schlüssel-Reihung)

CONST enthaltung = '0';
      maxstimme  = '4';

TYPE  stimme      = enthaltung .. maxstimme;
      natzahl     =          0 .. maxint;
      wort        = PACKED ARRAY [1..10] OF char;

VAR   abstimmung            : ARRAY [stimme] OF natzahl;
      stimmenzahl, ungueltig: natzahl;
      aktstimme             : stimme;
      parteien              : ARRAY [stimme] OF wort;

BEGIN (letztewahl)
   (Schlüssel-Werte festlegen:)
   parteien['0'] := 'Enthaltung';
   parteien['1'] := '       CDU';  parteien['2'] := '    F.D.P.';
   parteien['3'] := '     Grüne';  parteien['4'] := '       SPD';

   (Stimmen auszählen:)
   FOR aktstimme := enthaltung TO maxstimme
   DO  abstimmung[aktstimme] := 0;
   stimmenzahl  := 0;
   WHILE eoln (input)  DO readln (input);
```

```
WHILE NOT eof (input)
DO BEGIN
    IF   input↑ IN ['0'..maxstimme]
    THEN abstimmung[input↑] := abstimmung[input↑] + 1;
    stimmenzahl := stimmenzahl + 1;
    readln (input);
    WHILE eoln (input)  DO readln (input)
END (NOT eof (input));

(Ergebnis ausgeben:)
ungueltig := stimmenzahl;
FOR aktstimme := maxstimme DOWNTO enthaltung
DO BEGIN
    ungueltig := ungueltig - abstimmung[aktstimme];
    writeln (parteien[aktstimme],        ':',
             abstimmung[aktstimme]:5, '=':2,
             abstimmung[aktstimme]/stimmenzahl*100 :5:1, '%')
END (aktstimme);
writeln ('Ungültig:':11,   ungueltig:5,   '=':2,
         ungueltig/stimmenzahl*100 :5:1,   '%')
END (letztewahl).
```

7.4 Mehrdimensionale Reihen

Sehr oft müssen wir eine Reihe als Reihen-Komponente verwenden, um den Gegenstand unserer Programme vernünftig in Datenstrukturen abzubilden. Schauen wir
uns beispielsweise einen Stundenplan an, wie ihn jeder Schüler kennt:

```
        Montag       Dienstag  Mittwoch  Donnerst  Freitag    Samstag

1
2   Zeichnen              Deutsch   Deutsch   Deutsch    Deutsch
3   Deutsch   Deutsch     Mathem.   Mathem.   Mathem.    Deutsch
4   Sachkde.  Mathem.     Sachkde.  Sachkde.  Religion
5             Musik       Religion            Sport
6             Sport
```

Ganz offensichtlich haben wir hier eine Reihe von Tages-Plänen vor uns, und jeder Tages-Plan besteht aus mehreren Stunden-Einträgen. Die passenden Datentypen

```
sind also:      TYPE fach      = (deutsch, mathe, sk, musik,
                                   sport, reli, zeichn, frei);
                     stunde     = 1..6;
                     tag        = (mon, die, mit, don, fre, sam);
                     tagesplan  = ARRAY [stunde] OF fach;
                     wochenplan = ARRAY [ tag  ] OF tagesplan;
```

Haben wir beispielsweise Mäxchens Stundenplan als "VAR maexchen: wochenplan" deklariert, so kommen wir mit einfacher Indizierung an einen Tagesplan:

maexchen [don]

Der Tagesplan besteht wieder aus Komponenten, an einen einzelnen Eintrag kommt man also durch doppelte Indizierung:

maexchen [don] [4]

ist das Fach, das Mäxchen donnerstags in der vierten Stunde hat, also Sachkunde.

Für diese häufige Kombination von Datentypen kennt Pascal, wie die meisten anderen Programmiersprachen, eine Abkürzung. Wir hätten nämlich wochenplan auch deklarieren können, ohne dem Typ tagesplan einen Namen zu geben:

TYPE wochenplan = ARRAY [tag] OF ARRAY [stunde] OF fach

Stattdessen schreiben wir nun:

TYPE wochenplan = ARRAY [tag, stunde] OF fach

Entsprechend sehen die Zugriffe aus:

maexchen [don, 4]

Tabelle drucken

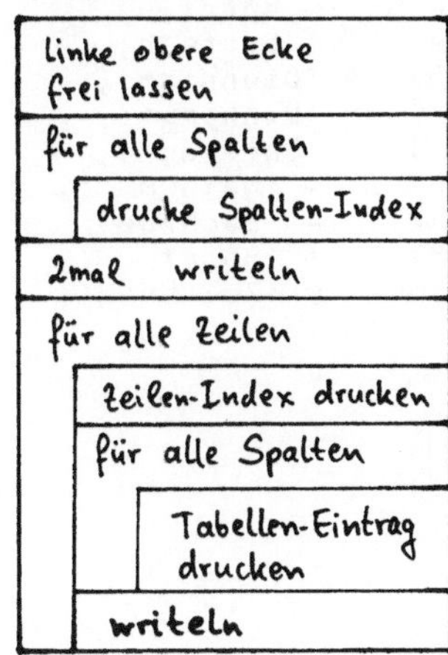

Schauen wir uns das alles im Zusammenhang anhand des Programms an, das Mäxchens Stundenplan druckt. Die Eingabe (oder Berechnung) des Plans ersetzen wir durch Wertzuweisungen. Die Ausgabe benützt die oben erläuterten Datentypen und dazu noch eine Variable "fachbez: ARRAY [fach] OF wort" zur Umwandlung der Fächer in druckbare Wörter wie in Beispiel 7.4. Wie man dieselbe Reihe auch zur Eingabe von Werten eines Aufzählungstyps nützen kann, wird in Lektion 11 behandelt. Erschrecken Sie nicht über einen Ausdruck wie "fachbez [maexchen [aktspalte, aktzeile]]", der ist nämlich einfach zu verstehen: der Komponenten-Typ von maexchen heißt fach, also kann eine Komponente von maexchen als Index für fachbez verwendet werden. Aus Beispiel und Programmschema sehen wir auch, wie man eine schöne Tabelle druckt.

Uns so sieht's in Pascal aus:

```
(Beispiel 7.5)
PROGRAM plandruck (output);
  ( druckt Mäxchens Stundenplan )

CONST spaltenbrt = 10; ( ) Index-Obergrenze von wort, s.u. )

TYPE    wort        = PACKED ARRAY [1..8] OF char;
        fach        = (deutsch, mathe, sk, musik,
                        sport, zeichn, frei        );
        stunde      = 1..6;
        tag         = (mon, die, mit don, fre, sam);
        wochenplan  = ARRAY [tag, stunde] OF fach;

VAR     tagbez      : ARRAY [tag ] OF wort;
        fachbez     : ARRAY [fach] OF wort;
        maexchen    : wochenplan;
        aktstunde   : stunde;
        akttag      : tag;

BEGIN (plandruck)
  (Stundenplan und andere Konstanten festlegen)
    FOR aktstunde := 1 TO 6
    DO  FOR akttag := mon TO sam
        DO  maexchen [akttag, aktstunde] := frei;
    maexchen[mon,2] := zeichn;       maexchen[mon,3] := deutsch;
    maexchen[mon,4] := sk;           maexchen[die,3] := deutsch;
    maexchen[die,4] := mathe;        maexchen[die,5] := musik;
    maexchen[die,6] := sport;        maexchen[mit,2] := deutsch;
    maexchen[mit,3] := mathe;        maexchen[mit,4] := sk;
    maexchen[mit,5] := reli;         maexchen[don,2] := deutsch;
    maexchen[don,3] := mathe;        maexchen[don,4] := sk;
    maexchen[fre,2] := deutsch;      maexchen[fre,3] := mathe;
    maexchen[fre,4] := reli;         maexchen[fre,5] := sport;
    maexchen[sam,2] := deutsch;      maexchen[sam,3] := deutsch;
    tagbez [mon ] := 'Montag  ';     tagbez [die ] := 'Dienstag';
    tagbez [mit ] := 'Mittwoch';     tagbez [don ] := 'Donnerst';
    tagbez [fre ] := 'Freitag ';     tagbez [sam ] := 'Samstag ';
    fachbez[deut] := 'Deutsch ';     fachbez[math ] := 'Mathem. ';
    fachbez[mus ] := 'Musik   ';     fachbez[sachk ] := 'Sachkde.';
    fachbez[reli] := 'Religion';     fachbez[sport ] := 'Sport   ';
    fachbez[frei] := '        ';     fachbez[zeichn] := 'Zeichnen';

  (Stundenplan ausgeben)
    write (' ': 1);
    FOR akttag := mon TO sam
    DO  write (tagbez[akttag]: spaltenbrt);
    writeln; writeln;
    FOR aktstunde := 1 TO 6
    DO BEGIN
        write (aktstunde: 1);
        FOR akttag := mon TO sam
        DO  write (fachbez [maexchen [akttag, aktstunde]]:
                                            spaltenbrt);
        writeln
    END (aktstunde)
END (plandruck).
```

Mehrdimensionale Reihen vom Typ wochenplan können nun wieder Reihen-Komponenten sein. Wollten wir etwa den Stundenplan einer ganzen Schule aufstellen, so bräuchten wir dazu ein ARRAY [klasse] OF wochenplan. Dieser Datentyp kann als dreidimensionale Reihung geschrieben werden: ARRAY [klasse, tag, stunde] OF fach. Die Reihungs-Komponenten werden entsprechend mit drei Index-Ausdrücken geschrieben. Auf die gleiche Art schreiben wir mehrdimensionale Reihen mit sovielen Indizes, wie für das jeweilige Problem eben gebraucht werden.

7.5 Übungsaufgaben

7.1 In den Beispielen 7.1 bis 7.3 sind die Stimmen vom Typ '0'..'4'; was ist der Vorteil gegenüber Typ 0..4?

7.2 Für welche Werte werden die folgenden Schleifen ausgeführt:
```
a := 7;    b := 9;
FOR x := a TO b
DO  b := x DIV 2;
FOR x := b DOWNTO a
DO writeln (x);
```

7.3 Was ist hier falsch?
```
FOR output := 'X' TO 'U'
DO put (output);
FOR i := 5 DOWNTO 1
DO  write (i);
FOR c := chr(i) TO chr(10)
DO  write (c);
```

7.4 Wie entscheidet die Pascal-Maschine, true oder false?
```
'10' > '5 '           'ANTON     ' < 'Antoine  '
 10  > 5              'Berta     ' > 'B e r t a'
```

7.5 Schreiben Sie ein Programm, das zwei Funktionen in "Sternchengraphik" wie Beispiele 6.1 und 6.2 ausgibt, etwa y=sin(x) und y=cos(x) im Bereich x:0.0..7.0. Obacht, die Kurven schneiden sich mehrmals! Hinweis: eine Variable "zeile: ARRAY [1..breite] OF char" hilft.

7.6 Im Zeitalter des Datenschutzes wollen Sie sicher Ihre Texte nicht offen herumliegen lassen. Schreiben Sie also ein Programm, das einen eingegebenen Klartext verschlüsselt oder einen Schlüsseltext wieder entschlüsselt. Die einfachste Methode ist der Caesar-Code (4), bei dem jeder Buchstabe durch einen bestimmten anderen ersetzt wird, z.B. "a" wird "b", "b" wird "v", usw.

7.7 Der Caesar-Code ist leicht zu knacken: man braucht nur die Häufigkeit der Buchstaben im Schlüsseltext zu zählen und mit den bekannten Häufigkeiten der Buchstaben in der Deutschen Sprache zu vergleichen. Schreiben Sie ein Programm, das Ihnen dabei durch Zählen von Buchstaben-Häufigkeiten hilft.

7.8 Sicherer sollte es mit dem Vigenere-Code sein (5). Dabei werden mehrere Caesar-Codes regelmäßig abgewechselt: der k-te Buchstabe der Nachricht wird mit dem (k MOD n)ten Alphabet verschlüsselt, wobei n die Gesamtzahl der verwendeten Alphabete ist. Schreiben Sie auch dafür ein Programm. Leider kann ein Vigenere-Code mit nicht allzu großem n nach der Methode von Kasiski (6) geknackt werden. Erfinden Sie das Programm also so, daß es sehr lange Folgen von verschiedenen Alphabeten verwenden kann. Üblich ist, eine Folge von Zahlen oder Zeichen (etwa einen Roman) als "Schlüssel" dem Programm einzugeben und aufgrund der Elemente dieser Schlüssel-Folge die Caesar-Alphabete im Programm zu erfinden.

4) Gaius Julius, genannt Caesar (13.7.100 v.Chr. .. 15.3.44 v.Chr.) hat sich also nicht nur mit Asterix und Obelix herumgeärgert.
5) 1585 von Blaise de Vigenere erfunden.
6) Friedrich Wilhelm Kasiski beschrieb das Verfahren 1863, aber die Fachwelt hat diese Bombe erst fast 100 Jahre später entdeckt.

8 Was zusammengehört, gehört nunmal zusammen

8.1 Verbund-Datentypen und Selektion

Mit den bisher betrachteten strukturierten Datentypen konnten wir mehrere
Objekte unter einem gemeinsamen Namen zusammenfassen und dann komponentenweise
ansprechen; alle Komponenten einer Folge oder Reihe und alle Elemente einer
Menge mußten aber vom gleichen Datentyp sein. In einem Verbund können nun
Objekte verschiedenen Datentyps zusammengefaßt werden. Beispiel: ein Datum
besteht aus Tag, Monat und Jahr, und alle drei haben verschiedenen Datentyp.
Trotzdem will man Tag, Monat und Jahr nicht getrennt, sondern gemeinsam
behandeln - um das Programm übersichtlicher und damit weniger fehleranfällig zu
machen. Ein Verbund-Datentyp wird in folgender Art aufgeschrieben:

```
TYPE datum RECORD d : 1..31;
                  m : monat;
                  a : 1582..9999
             END (datum)
```

Ein Typ monat (etwa ein Aufzählungstyp) muß natürlich vorher deklariert sein,
damit er hier als Komponenten-Typ verwendet werden kann.

Die Komponenten eines Verbundes heißen Felder, zu jedem Feld muß ein Bezeichner
als Selektor angegeben werden:

```
               Feld
          ┌──────┴──────┐
    d     :     1..31
  Selektor    Komponenten-Typ
```

Die Selektoren dienen dem Zugriff auf die einzelnen Felder des Verbundes. Ein
Riesen-Unterschied zu den Indizes einer Reihe besteht aber: Selektoren kann das
Pascal-Programm nicht ausrechnen, die muß der Programmierer schon endgültig in's
Programm schreiben. Um ein Feld einer Verbund-Variablen auszuwählen, schreibt
man Variablen-Bezeichner und Selektor durch einen Punkt getrennt. Haben wir etwa

```
        VAR heute: datum;
```

deklariert, so können wir mit

```
        heute.d
        heute.m
        heute.a
```

auf die drei Komponenten der Variablen zugreifen, diese drei Komponenten sind
wieder Variablen.

Am besten schauen wir uns das alles im Zusammenhang an. Wir wollen die Differenz
zwischen zwei Kalendertagen, also ein Alter, berechnen. Um die Ein- und Ausgabe
nicht zu umständlich schreiben zu müssen, geben wir den Monat als Zahl 1..12 ein
und aus. Ein Monat kann bei der Ausgabe mit der ord-Funktion leicht in so eine

Zahl umgewandelt werden; bei der Eingabe brauchen wir dagegen eine Schleife zur
Umwandlung; ihre Invariante: ord(heute.m) + monatsnummer = ord(gewünschter
Monat) + 1. Zur defensiven Programmierung gehört die Abfrage, ob der Geburtstag
nicht in der Zukunft liegt; das ist bei Kalenderdaten etwas umständlich. Daß die
Bereichs-Grenzen eingehalten werden, prüfen wir nicht mit Auswahl-Anweisungen
nach; das muß die Pascal-Maschine selber tun. Die eigentliche Rechnung vereinfachen wir, indem wir den Schalttag an den Schluß des Kalenderjahres (1) legen (wir rechnen also das Jahr ab 1. März); das darf allerdings bei der Ein- und
Ausgabe nicht auffallen. Die Jahre von damals bis heute verwandeln wir in einer
Schleife in Tage, damit wir die Schaltjahre einfach berücksichtigen können; die
hier verwendete Regel gilt erst seit 15.10.1582, daher die Untergrenze des Typs
jahr. Den restlichen Kleinkram besorgt ein Kalender namens "seitmrz", der für
jeden Monatsersten die Anzahl der Tage enthält, die seit dem 1. März vergangen
sind. Nach so vielen astronomischen Erklärungen wird's jetzt aber wieder
pascalesich:

```
{Beispiel 8.1}
PROGRAM wiealt (input, output);
   {Eingabe: Geburtstag & heutiges Datum (Monat als Zahl)}
   {Ausgabe: wie Eingabe, zusätzlich Alter in Tagen      }

TYPE tag   = 1..31;
     monat = (jan, feb, mrz, apr, mai, jun,
              jul, aug, sep, okt, nov, dez);
     jahr  = 1583..9999;
     datum = RECORD d{ies} : tag;
                    m{ens} : monat;
                    a{nnum}: jahr
             END {datum};

VAR  damals, heute: datum;
     alter         : 0..maxint {Tage};
     monatsnummer  : 1..12;
     aktjahr       : jahr;
     seitmrz       : ARRAY [monat] OF 0..366;   {Tage seit 1. März}

BEGIN {wiealt}
   seitmrz[mrz] :=                   0;
   seitmrz[apr] := seitmrz[mrz] + 31;
   seitmrz[mai] := seitmrz[apr] + 30;
   seitmrz[jun] := seitmrz[mai] + 31;
   seitmrz[jul] := seitmrz[jun] + 30;
   seitmrz[aug] := seitmrz[jul] + 31;
   seitmrz[sep] := seitmrz[aug] + 31;
   seitmrz[okt] := seitmrz[sep] + 30;
   seitmrz[nov] := seitmrz[okt] + 31;
   seitmrz[dez] := seitmrz[nov] + 30;
   seitmrz[jan] := seitmrz[dez] + 31;
   seitmrz[feb] := seitmrz[jan] + 31;
```

---

1) Dort war er auch ursprünglich, bis 153 v. Chr.

```
writeln ('Gib Geburtsdatum (Tag, Monat, Jahr):');
read (damals.d, monatsnummer, damals.a);
damals.m := jan;
WHILE monatsnummer > 1
DO BEGIN
   monatsnummer := pred (monatsnummer);
   damals.m     := succ (damals.m)
END (monatsnummer > 1);

writeln ('Gib heutiges Datum (Tag, Monat, Jahr):');
read (heute.d, monatsnummer, heute.a);
heute.m := jan;
WHILE monatsnummer > 1
DO BEGIN
   monatsnummer := pred (monatsnummer);
   heute.m      := succ (heute.m)
END (monatsnummer > 1);

writeln ('Geburtstag:', damals.d: 3, '.',
         ord(damals.m)+1: 2, '.', damals.a: 4);
writeln ('Heute     :', heute.d:3, '.',
         ord( heute.m)+1: 2, '.', heute.a: 4);

IF    ( damals.a < heute.a)
   OR ((damals.a = heute.a)
      AND ((damals.m < heute.m)
         OR (damals.m = heute.m) AND (damals.d <= heute.d)))
THEN BEGIN (damals <= heute)
   IF damals.m > feb  THEN damals.a := succ (damals.a);
   IF heute.m > feb  THEN  heute.a := succ ( heute.a);
   alter := 0;
   FOR aktjahr := damals.a TO heute.a - 1
   DO BEGIN
      alter := alter + 365 (Tage);
      IF      (aktjahr MOD   4 = 0)
         AND (aktjahr MOD 100 <> 0)
         OR  (aktjahr MOD 400  = 0)
      THEN (Schaltjahr:) alter := alter + 1 (Tag)
   END (aktjahr);
   alter := alter - seitmrz[damals.m] - damals.d
                  + seitmrz[ heute.m] +  heute.d;
   write ('Du bist genau', alter: 1);
   IF   alter = 1
   THEN write (' Tag alt')
   ELSE write (' Tage alt');
   IF   alter > 36526 (100 Jahre)
   THEN writeln (', Methusalem!')
   ELSE writeln ('.')
END (damals < heute)

ELSE write ('Du bist noch gar nicht geboren!!')

END (wiealt).
```

Das Programm gibt beispielsweise dieses Ergebnis aus:

```
                    Geburtstag:  1. 9.1943
                    Heute     : 18. 4.1984
                    Du bist genau 14840 Tage alt.
```

8.2 Mit WITH geht alles besser

Selektoren kann man nicht berechnen, damit man jedem Ausdruck eines Programms ansehen kann, welchen Typ er hat.
Daher kann man keine Schleife schreiben, die alle Felder
eines Verbunds behandelt. Irgend eine Abkürzung sollte die
Verbunde doch etwas schmackhafter machen, damit die guten
Vorsätze nicht dem Schreibkrampf zum Opfer fallen. Dazu
wurde die WITH-Anweisung erfunden, eine Pascal-Speziali-
tät. Dabei wird die Verbundvariable nur einmal hinter das Wörtchen WITH geschrieben, die Pascal-Maschine denkt sich dann diese
Verbund-Variable zu allen passenden Selektoren dazu. Damit werden
die Selektoren, die sonst ein unselbständiges Dasein führen, zu
selbständigen Variablen erhoben. So kann man etwa das erste read
aus Beispiel 8.1 so kürzen

```
        WITH damals   DO read (d, monatsnummer, a)
```

d und a stehen hier - dank WITH - als Abkürzung für "damals.d" und "damals.a".

In Beispiel 8.1 ist aber noch 6 Zeilen länger von damals die Rede, könnte man da
nicht auch ...? Die Zauberkraft des WITH reicht genau eine Anweisung weit, aber
das macht gar nichts! Mit den Anweisungs-Klammern BEGIN und END können wir alle
sieben Zeilen zu einer Anweisung zusammenfassen, und dem WITH unterstellen.

Das sieht dann so aus:

```
        WITH damals
        DO BEGIN
           read (d, monatsnummer, a);
           m := jan;
           FOR monatsnummmer := monatsnummer DOWNTO 2
           DO m := succ (m)
        END (damals)
```

An anderen Stellen brauchen wir BEGIN und END nicht, weil wir nur eine einzige
Anweisung - wenn auch eine längere, strukturierte - unter's WITH stellen wollen:

```
        WITH heute
        DO  IF   m > feb
            THEN a := succ(a)
```

Bei allen Anwendungen von WITH verlangt der Programmierer vom Leser (sei das nun
ein Kollege oder die Pascal-Maschine), daß er sich gemerkt hat, welche Selektoren zu der Variablen hinterm WITH passen.

8.3 Variantenreiches Spiel

Gelegentlich brauchen wir mehrere verwandte, aber doch nicht ganz identische
Verbunde, zum Beispiel für ein Programm, das uns rechtzeitig an Termine erinnern
soll: an Geburtstage, Verabredungen, fällige Rechnungen. Wir wollen dieses Programm jetzt (noch) nicht erfinden, nur die nötigen Daten-Strukturen entwerfen.
Natürlich könnten wir für jede Art von Verabredung eigene Datentypen und Variablen verwenden, aber das würde das Programm doch ziemlich unübersichtlich
machen und mit zahlreichen (unnötigen!) Fallunterscheidungen bestücken. Schöner
wäre zweifellos ein einziger Datentyp termin.

Wir könnten in diesen Datentyp alle Felder hineinpacken, die für irgendeine
Sorte Termin gebraucht werden, doch würden wir dann viel Ballast herumschleppen.
(Sie wissen doch: Speicher ist auch Geld!) Pascal (2) kennt da einen Ausweg: den
Verbund mit Variante. Dabei erklärt man zunächst die Felder, die allen Varianten
gemeinsam sind, und fährt dann mit den Unterschieden fort. In unserem Beispiel
benötigen wir als gemeinsame Felder das Datum des Termins und die Vorwarnzeit
(das Programm soll uns einige Tage vorher erinnern, Geschenke einzukaufen, Geld
zu beschaffen oder andere Vorbereitungen zu treffen). Die Deklaration beginnt
also mit TYPE anlasstyp: (verabredung, geburtstag, verbindlichkeit);

```
      termin = RECORD tag        :datum;
                      vorwarnzeit: 0..10 (tage)
```

Sicher wird das Programm zwischen den verschiedenen Varianten dieses Typs
unterscheiden müssen. Dazu dient ein besonderes Unterscheidungs-Feld, das als
nächstes in der Deklaration erscheint, beispielsweise

```
CASE anlass: anlasstyp ( d.h.: verabredung, geburtstag, ...        )
```

Das Unterscheidungsfeld ist durch das Wort CASE gekennzeichnet. Es hat wie alle
Felder einen Selektor (hier "anlass") und einen Typ; das muß ein diskreter
Skalartyp sein, damit wir alle seine Werte aufzählen können; diese Werte heißen
Varianten-Schlüssel.

Jeder derartige Schlüssel kennzeichnet eine andere Variante unseres Datentyps,
und wir müssen zu jeder dieser Varianten die restlichen Felder deklarieren. Die
vollständige Deklaration des Typs termin sieht so aus (die Feld-Typen müssen

---

2) In COBOL und ALGOL68 gibt es ähnliche Sprachmittel; die von COBOL sind
   primitiver, die von ALGOL68 eleganter und weniger fehleranfällig als die von
   Pascal.

```
natürlich vorher deklariert sein):
   TYPE termin = RECORD
                     tag           :datum;
                     vorwarnzeit: 0..10 {tage}
                     CASE anlass: anlasstyp { siehe oben }
                     OF verabredung:    (zeitpunkt : uhr;
                                         treffpunkt: ort);
                        geburtstag :    (geburtstagskind: person;
                                         geburtsjahr    :    jahr)
                        verbindlichkeit:(betrag     : real;
                                         empfaenger: person;
                                         ziel       : bankverbindung;
                                         grund      : wort)
                  END {termin}
```

Alle so deklarierten Felder sind Teile des Verbundes termin; wenn wir also
"vergissnicht:termin" deklariert haben, so können wir mit Ausdrücken wie
```
   vergissnicht.tag
   vergissnicht.anlass
   vergissnicht.geburtstagskind
```
auf diese Felder zugreifen. Die zentrale Rolle spielt dabei das Unterscheidungs-
feld: sein Wert bestimmt, welche Felder der Variablen vergissnicht überhaupt
existieren! Alle Felder -auch in verschiedenen Varianten- müssen unterschiedliche Selektoren haben.

> Von allen Varianten eines Verbundes existiert immer nur eine, abhängig
> vom Wert des Unterscheidungsfeldes. Nur die Felder des gemeinsamen Teils
> (einschließlich Unterscheidungsfeld) und der existierenden "aktiven"
> Variante dürfen im Programm angesprochen werden.

Bei den Verbunden mit Variante lauert eine der schlimmsten
Benutzerfallen von Pascal: wird das Unterscheidungsfeld des Verbunds geändert, so löst sich die Variante, die vorher galt, in
Nichts auf. Die Felder der neu entstandenen Variante enthalten
unmittelbar nach der Änderung noch keine definierten Werte,
dürfen also nicht in Ausdrücken verwendet werden. Falsche Anwendung der Varianten-Felder kann aber aus dem Programmtext
alleine nicht erkannt werden; man muß das Programm (mit seinen
Daten) "ausprobieren". Diese Mühe machen sich viele Pascal-Prozessoren aber nicht; solche Fehler bleiben also oft unentdeckt
und äußern sich "nur" durch falsche Ergebnisse. Daher werden wir
Auswahl-Felder mit äußerster Vorsicht behandeln!

Wenn wir nun noch den Hochzeitstag in unsere Terminplanung aufnehmen wollen, so
stellen wir fest, daß wir für diese Variante gar keine eigenen Felder brauchen;

der gemeinsame Teil des Verbunds sagt alles Wesentliche (3). Auch in diesem Fall muß eine Variante angegeben werden; sie braucht aber keine Felder zu haben.

```
    CASE anlass: anlasstyp ( geburtstag, hochzeitstag, usw. )
    OF hochzeitstag: ();
        geburtstag  : (geburtstagskind: person;
                       geburtsjahr    :   jahr)
        (usw.)
```

Schließlich gibt es noch eine ganz hinterlistige Schreibweise für Verbunde mit Varianten: man darf den Selektor des Unterscheidungsfelds in der Deklaration weglassen und hat dann natürlich auch keinen Zugriff auf dieses Feld. Welche Variante jeweils existiert, muß also auf andere Art bestimmt werden: sobald das Programm ein Feld anfaßt, das zu einer Variante gehört, wird diese Variante aktiv (und alle anderen Varianten existieren nicht). Auch hier werden alle Werte von Auswahl-Feldern bei Wechsel der Variante ungültig. Wer das erfunden hat, muß von allen guten Geistern verlassen gewesen sein (oder wollte der berüchtigten EQUIVALENCE-Anweisung von FORTRAN Konkurrenz machen). Vergesset's schnell!

8.4 Übungsaufgaben

8.1 Schreiben Sie Beispiel 8.1 mit WITH-Anweisungen neu. Wird es dadurch besser? Wie lösen Sie Konflikte zwischen "WITH heute" und "WITH damals" auf?

8.2 Entwerfen Sie die Datentypen uhr, person, bankverbindung und ort.

---

3) Bigamisten müssen sich ein anderes Programm schreiben.

9 Eins fügt sich zum andern

9.1 Das ist EDV: Verbund als Folgen-Komponente

Die verschiedenen Strukturierungs-Methoden können miteinander kombiniert werden,
indem ein strukturierter Datentyp als Komponente eines anderen (umfassenderen)
Datentyps verwendet wird. Dieses Prinzip hat uns in Lektion 7 bereits die mehr-
dimensionalen Reihen beschert, es kann ganz nach Geschmack des Programmierers
und Art der Problemstellung zum Aufbau beliebig komplexer Datenstrukturen verwendet werden und kennt nur zwei Ausnahmen:
- als Mengen-Elemente kommen nur diskrete Skalartypen in Frage,
- Folgen dürfen weder direkt noch indirekt als Folgen-Komponenten auftreten.
In dieser Lektion wollen wir einige prominente Vertreter solcherart
zusammengesetzter Datentypen kennenlernen. Der erste davon kann als Ver-
allgemeinerung unserer Fieberkurven aus den Beispielen 6.1 und 6.2 aufgefaßt
werden. Wollen wir in einer Folge nicht nur einen Zahlenwert sondern mehrere
Angaben pro Komponente speichern, so bietet sich dafür als Datentyp ein FILE OF
RECORD an. Dies ist die gebräuchlichste Datenstruktur für große Datenmengen, wie
man sie in der Elektronischen Datenverarbeitung verwendet, um Stromrechnungen,
Kontoauszüge, Lohnabrechnungen und dergleichen zu erzeugen.

Wir wollen diese Datenstruktur benützen, um den Verbrauch eines Kraftfahrzeugs
zu überwachen. Dazu notieren wir beim Tanken den Km-Stand vom Hodometer (1) und
die Menge des getankten Sprits, außerdem muß unser Programm noch erfahren, ob
vollgetankt wurde oder nicht, denn nur bei vollem Tank kann man den Verbrauch
berechnen. Ähnlich wie beim Kursverlauf (Beispiel 6.2) müssen wir die ganze
Historie in einer externen Folge speichern, bis sie unser Programm nach der
nächsten Reise wieder anschaut. Die nötigen Datenstrukturen deklarieren wir
folgendermaßen:

```
TYPE  tankvorgang  = RECORD weg  : 0..maxint [km];
                            menge:      real [l];
                            voll :    boolean
                     END [tankvorgang];

      VAR  vorgeschichte, geschichte: FILE OF tankvorgang;
```

Ein kurzer Blick auf die Datenstruktur "geschichte" zeigt, daß "geschichte↑" als
Puffervariable den Komponenten-Typ "tankvorgang" hat; auf eine Komponente der
Puffervariablen greift man also mit "geschichte↑.weg" zu. Hinter WITH darf nur
der Name eines Verbundes stehen, also ist beispielsweise "WITH geschichte↑ DO
..." korrektes Pascal.

---

1) So sagen Physiker zum km-Zähler.

Damit wäre eigentlich alles Neue gesagt, die restlichen Entwurfs-Entscheidungen gelten der Gestaltung von Ein- und Ausgabe der Texte - wie immer der schwierigste Teil des Programms. Um Mißverständnisse bei der Eingabe zu vermeiden, soll (abgesehen von Leerzeilen und Zeilen aus lauter Leerzeichen) jede Zeile einen Tankvorgang beschreiben; siehe unten. Wir benützen "read (weg)", um den Anfang der nächsten Eingabe-Zeile zu finden; read überliest ja dabei alle Leerzeichen und Zeilenwechsel, bis es eine Zahl findet. Durch die read-Anweisung kann aber das Ende der Folge input erreicht werden, also müssen wir die eof-Frage unmittelbar nach read stellen. Die restlichen Werte sollen aus der selben Zeile gelesen werden, dabei kann also kein eof auftreten. Daher steht read(wert) vor der Schleife und am Ende des Schleifenrumpfs, die übrigen read- und get-Anweisungen dagegen am Anfang des Schleifenrumpfs. Damit das read(menge) nicht in die nächste Zeile gerät, suchen wir selbst mit WHILE und get den Anfang der nächsten Zahl in der laufenden Zeile und benützen read nur, wenn in derselben Zeile wirklich eine Zahl anfängt. Die Ausgabe (siehe Bild unten) soll für jeden Tankvorgang den km-Stand und die getankte Menge Kraftstoff enthalten, dazu - falls der Tank voll war - den durchschnittlichen Verbrauch seit dem letzten Volltanken; rechts sehen Sie ein Beispiel dieser Ausgabe. Der Verbrauch ist einfach zu berechnen: die Summe aller getankten Treibstoffmengen seit dem letzten Volltanken wird durch den seither zurückgelegten Weg geteilt; der Maßstabsfaktor 100 sorgt für gängige Einheiten.

```
Eingabe                  Ausgabe
                         Verbrauchs-überwachung KN-R 866

7868    43.0    voll     Gesamtweg Menge          Verbrauch
8251    23.4                7868km 43.01     0.551/100km
 8773    24.4               8251km 23.41
8977    20.3                8773km 24.41
9100    35.7    voll        8977km 20.31
9231    15.9                9100km 35.71     8.431/100km
                           9231km 15.91
```

[handschriftliche Randnotiz rechts: zum Einstieg: Menge falsch, also Verbrauch zu klein]

Nach diesen langen Vorreden wollen Sie sicher jetzt das Programm selbst sehen:

```
(Beispiel 9.1)
PROGRAM sprit (input, output, vorgeschichte, geschichte);
   (überwacht den Treibstoff-Verbrauch eines Kraftfahrzeugs.)
   (Kopiert vorgeschichte -> geschichte                     )
   (und hängt an geschichte neue Werte aus input an.        )
   (input-Zeile:    km-Stand, getankte Menge, "v" für "voll" )
   (output:         Liste des Treibstoff-Verbrauchs          )

CONST wegbrt        = 10;
      mengenbrt     =  6;
      verbrauchbrt = 13;
```

2) zur Stellung des read im Programm vgl. Seite 103.

```pascal
TYPE   tankvorgang  = RECORD weg  : 0..maxint {km};
                             menge:      real {l};
                             voll :   boolean
                      END {tankvorgang};
VAR    vorgeschichte, geschichte: FILE OF tankvorgang;
       zuletztvoll               :          0..maxint;
       gesamtmenge               :               real;


BEGIN {sprit}
  reset (vorgeschichte);   rewrite (geschichte);
  WHILE NOT eof (vorgeschichte)
  DO BEGIN
     geschichte↑ := vorgeschichte↑;
     put (geschichte);  get (vorgeschichte)
  END {NOT eof (vorgeschichte)};
  read (input, geschichte↑.weg);
  WHILE NOT eof (input)
  DO BEGIN
     WITH geschichte↑
     DO BEGIN
        WHILE NOT (eoln (input) OR (input↑ IN ['0'..'9']))
        DO    get (input);
        IF    eoln (input)
        THEN menge := 0
        ELSE read (input, menge);
        WHILE NOT (eoln (input) OR (input↑ IN ['v','V']))
        DO    get (input);
        voll := input↑ IN ['v','V']
     END {geschichte↑};
     put    (geschichte);
     readln (input);  read (input, geschichte↑.weg)
  END {NOT eof (input)};

  reset (geschichte);
  gesamtmenge := 0; zuletztvoll := 0;
  writeln ('Verbrauchs-Überwachung KN-R 866');
  writeln;
  writeln ('Hodometer': wegbrt, 'Menge': mengenbrt,
           'Verbrauch': verbrauchbrt);
  zuletztvoll := 0;  gesamtmenge := 0;
  WHILE NOT eof (geschichte)
  DO BEGIN
     writeln (output);
     WITH geschichte↑
     DO BEGIN
        write (weg :      wegbrt-2,   'km': 2,
               menge: mengenbrt-1: 1, 'l': 1);
        IF    voll
        THEN BEGIN
             writeln (gesamtmenge / (weg-zuletztvoll) * 100:
                             verbrauchbrt-7: 2, 'l/100km': 7);
             gesamtmenge := 0;
             zuletztvoll := weg
        END {voll}
        ELSE writeln;
        gesamtmenge := gesamtmenge + menge
     END {geschichte↑};
     get (geschichte)
  END {NOT eof (geschichte)}
END {sprit}.
```

9.2 Die Tabelle: Verbund als Reihen-Komponente

Sicher haben Sie schon eine Fußball-Tabelle gesehen; sie kommt samstags im
Fernsehen und steht montags in der Zeitung. Wir wollen ein Programm schreiben,
das solche Tabellen wie diese berechnet:

```
     F-Jugend, Bezirksstaffel Bodensee,  9. Spieltag

        Verein                    Tordiff. Punkte
     1. FC Singen 04                 +30   14: 2
     2. DJK Singen                   - 1   10: 6
     3. SV Allensbach                +16   10: 8
     4. DJK Konstanz                 - 3    9: 7
     5. FC Wollmatingen              + 1    7: 7
     6. SC Pfullendorf               + 6    7: 9
     7. FC Konstanz                  - 5    7: 9
     8. TSV Dettingen-Wallhausen     -44    0:16
```

Diese Tabelle ist - abgesehen von der Überschrift - eine Reihe. Als Index der
Tabelle nimmt man beim Fußball gerne den Rang (innerhalb der Liga). Jede Komponente der Reihe besteht aus einem Verbund von Vereinsname, Tordifferenz, er-
reichter und verspielter Punktzahl. Die Deklaration des Datentyps und der Zugriff auf eine Komponente haben also folgende Gestalt:

```
TYPE   verein        = RECORD name                 : wort;
                              tordifferenz         : integer;
                              erreicht, verspielt: punktzahl
                       END (verein);

VAR    liga           : ARRAY [1..anzahlvereine] OF verein;

(...)
(ein verein:)      liga [aktpos]
(eine punktzahl:)  liga [aktpos] .erreicht
```

Jetzt wird die WITH-Anweisung immer nützlicher: schreiben wir "WITH liga [aktpos]
DO ...", so kann die Pascal-Maschine Zugriffe auf die Komponenten der Datenstruktur optimieren. Sie merkt sich einmal für die gesamte WITH-Anweisung,
welche Komponente gemeint ist - da kann auch eine Wertzuweisung an aktpos
(innerhalb der WITH-Anweisung) nichts mehr ändern! Für uns Programmierer heißt
das aufpassen, daß wir von der Pascal-Maschine richtig ver tanden werden:

```
  richtig                        falsch

FOR aktpos := 1 TO 8          WITH liga[aktpos]
DO  WITH liga[aktpos]         DO   FOR aktpos := 1 TO 8
    DO (...)                       DO  (..)
```

Unser erstes Fußball-Programm bleibt jetzt noch recht einfach, weil wir die Algorithmen zur Behandlung von Tabellen erst in Lektion 11 behandeln können. Insbesondere kümmert sich dieses Programm nicht um den Rang eines Vereins innerhalb der Liga; die Vereine werden in der Reihenfolge ausgegeben, wie sie eingelesen wurden. Dafür sehen wir hier, wie eine Tabelle ausgegeben wird. Die Methode ist genau die gleiche wie in Beispiel 7.5 und dem zugehörigen Programmschema "Tabelle drucken", nur müssen die Spalten-Schleifen durch WITH-Anweisungen ersetzt werden, die die Spalten einzeln drucken. Die Überschrift der Spalte "Verein" sieht linksbündig hübscher aus; in Beispiel 9.2 sieht man, wie's gemacht wird.

```
{Beispiel 9.2}
PROGRAM fussball {vereinfachte Version} (input, output);
   {liest 9 Zeilen, zuerst den Spieltag, dann 8 Ergebnisse         }
   {Aufbau der Ergebnis-zeilen:                                    }
   {  Vereinsname, bisherige Tordifferenz, Zahl erreichter und     }
   {  verspielter Punkte; falls das Spiel stattfand, Tordifferenz}
   {  des heutigen Spiels, eingeleitet mit "+" für gewonnene,      }
   {  "-" für verlorene Spiele, "0" für unentschieden.            }

CONST anzahlvereine =   8;
      wortlng       =  24;
      vereinbrt     =  25;  {wortlng+1}
      torbrt        =   9;
      punktbrt      =   7;

TYPE  punktzahl     = 0..28;  {0..4*(anzahlvereine-1)}
      wort          = PACKED ARRAY [1..wortlng] OF char;
      verein        = RECORD name                 : wort;
                             tordifferenz         : integer;
                             erreicht, verspielt: punktzahl
                      END {verein};

VAR   liga          : ARRAY [1..anzahlvereine] OF verein;
      aktpos        : 1..anzahlvereine;
      aktspalte     : 1..wortlng;
      spieltag      : wort;
      spielergebnis : integer;

BEGIN {fussball}
  FOR aktspalte := 1 TO wortlng
  DO BEGIN spieltag[aktspalte] := input↑; get(input) END;
  readln;
```

```pascal
      FOR aktpos := 1 TO anzahlvereine
      DO WITH liga[aktpos]
         DO BEGIN
            FOR aktspalte := 1 TO wortlng
            DO BEGIN name[aktspalte] := input↑; get(input) END;
            read (tordifferenz, erreicht, verspielt);
            WHILE NOT (eoln OR (input↑ IN ['0', '+', '-']))
            DO    get(input);
            IF NOT eoln
            THEN BEGIN (Spiel hat stattgefunden)
               read (spielergebnis);
               tordifferenz :=tordifferenz+spielergebnis;
               IF    spielergebnis > 0
               THEN erreicht := erreicht+2    (gewonnen)
               ELSE IF spielergebnis < 0
               THEN verspielt := verspielt+2 (verloren)
               ELSE BEGIN (spielergebnis=0,    unentschieden)
                     erreicht  := erreicht +1;
                     verspielt := verspielt+1
               END (unentschieden)
            END (Spiel hat stattgefunden);
            readln
         END (liga[aktpos]);

   writeln ('F-Jugend, Bezirksstaffel Bodensee, ', spieltag);
   writeln;
   writeln (' ': 2, ' Verein': 7, ' ': vereinbrt-7,
            'Tordiff.': torbrt, 'Punkte': punktbrt);
   FOR aktpos := 1 TO anzahlvereine
   DO WITH liga[aktpos]
      DO BEGIN
         write (aktpos: 1, '.', name: vereinbrt);
         IF       tordifferenz > 0  THEN write ('+': torbrt-2)
         ELSE IF tordifferenz < 0  THEN write ('-': torbrt-2)
         ELSE    (tordifferenz = 0)       write (' ': torbrt-2);
         writeln (abs(tordifferenz): 2,
                  erreicht: punktbrt-3, ':': 1, verspielt: 2)
      END (liga[aktpos])
END (fussball).
```

Eine interessante Beobachtung machen wir an dieser Datenstruktur (stellvertretend für andere Strukturen): außer den Wertebereichen, die in der Deklaration des Datentyps festgelegt sind, gelten noch andere Einschränkungen für die zulässigen Werte. So muß beispielsweise die Summe aller Tordifferenzen Null sein (weil jedes geschossene Tor auch von irgendeiner Mannschaft "kassiert" wird), die Summe aller erreichten Punkte muß gerade sein und gleich der Summe aller verspielten Punkte. Solche Konsistenz-Bedingungen kennt die Pascal-Maschine nicht (sie versteht nämlich nichts vom Fußball). Wir können aber in das Programm zusätzliche Prüfungen einbauen, die eine Verletzung der Konsistenz-Bedingungen melden. Ähnliche Prüfungen programmiert man auch, um unwahrscheinliche Eingabedaten herauszufiltern (etwa fünfstellige Tordifferenzen); beide Arten von Prüfungen faßt man unter dem Namen Plausibilitäts-Prüfungen zusammen.

9.3 Variable Strings: eine Reihe als Feld

Mit einer der ärgerlichsten Einschränkungen von Pascal müssen wir zurechtkommen,
wenn wir Strings verarbeiten wollen: weil der Indextyp einer Reihe Teil des
Datentyps ist, haben Strings verschiedener Länge auch verschiedene Datentypen.
Beispiele:
'Schneewittchen' hat Datentyp PACKED ARRAY [1..14] OF char,
'die 7 Zwerge' hat Datentyp PACKED ARRAY [1..12] OF char.
Daß wir die Anzahl der Zeichen jeweils abzählen müssen, um die Variablen zu
deklarieren, ist schon ärgerlich genug. Viel schlimmer ist aber, daß wir für die
beiden Strings verschiedene Variablen brauchen. In der freien Wildbahn haben
Strings aber meistens unterschiedliche Länge. Wenn wir also ernsthaft mit
Strings arbeiten wollen, brauchen wir mindestens Variable, die verschieden lange
Strings speichern können. Das schaffen wir in Pascal (2) nur, wenn wir gesondert
merken, wieviele Zeichen zum String gehören. Die passenden Deklarationen:

```
        CONST maxstring =  57;

        TYPE  string    = RECORD lng: 0..maxstring;
                                 txt: ARRAY [1..maxstring] OF char
                          END (string);

        VAR   titel: string;
```

Im Feld lng merken wir uns die Anzahl der Zeichen; ein
String der Länge 0 enthält gar keine Zeichen und heißt darum
leerer String. In einem Teil des Feldes txt merken wir uns
die Zeichen, die zum String gehören; dabei interessieren nur
die Zeichen mit den Indizes 1.. titel.lng.

Der hier deklarierte Typ string ist kein Standard-Datentyp; daher kann man auch
in Pascal keine Konstanten zu diesem Datentyp aufschreiben. Trotzdem kann man
einigermaßen damit leben. Einige Operationen mit solchen Strings zeigt das
folgende Beispiel 9.3; dazu sind noch drei besondere Hinweise angebracht. Eine
Reihe darf nur dann in einer Wertzuweisung insgesamt übertragen werden, wenn
alle ihre Komponenten einen definierten Wert haben, zu diesem Zweck weisen wir

---

2) In UCSD-Pascal gibt es einen besonderen Datentyp "string", mit ähnlichen
Eigenschaften, wie sie der hier entwickelte Datentyp hat. Falls Sie UCSD-
Pascal zur Verfügung haben, lesen Sie trotzdem weiter; sie können die hier
verwendeten Methoden auch bei anderen Anlässen nutzen.

allen String-Variablen am Anfang des Programms den Leerstring zu. Wenn wir immer
nur die Komponenten der Reihe text mit Indizes im Bereich 1..lng anschauen, können wir im Indexbereich lng+1..maxstrlng ruhig Schrott-Zeichen hinterlassen; die
stören nicht, solange sie (für die Wertzuweisung) nur irgend einen definierten
Wert haben. Um's Abzählen unsrer String-Konstanten kommen wir leider nicht
herum. Wir deklarieren dazu den Typ wort; bei der Übertragung in einen String
hilft uns eine spezielle Form der unpack-Anweisung: die ungepackte Reihe darf
länger sein als die gepackte. Unser Beispiel erfindet einen Buchtitel, indem es
drei Strings zusammenfügt; welche drei, wird nicht verraten!

```
{Beispiel 9.3}
PROGRAM buchtitel (input, output);
   {erfindet einen Buchtitel}

CONST maxstrlng = 50;

TYPE    string = RECORD lng: 0..maxstrlng;
                       txt: ARRAY [1..maxstrlng] OF char
                END {string};
        wort=    PACKED ARRAY [1..20] OF char;

VAR     links, mitte, rechts: ARRAY [0..3] OF wort;
        leer, titel, teil    : string;
        aktpos               : 0..maxstrlng;
        z, surprise          : integer;

BEGIN {buchtitel}
   FOR aktpos := maxstrlng DOWNTO 1
   DO  leer.txt[aktpos] := '?';
   leer.lng   := 0;
   links [0]  := 'Erfolgreiche         ';
   links [1]  := 'Einführung in die    ';
   links [2]  := 'Fröhliche            ';
   links [3]  := 'Strukturierte        ';
     mitte [0]  := 'EDV                  ';
     mitte [1]  := 'Programmierung       ';
     mitte [2]  := 'Rechner-Nutzung      ';
     mitte [3]  := 'Nachmittage          ';
       rechts[0] := 'für Anfänger        ';
       rechts[1] := '- leicht gemacht    ';
       rechts[2] := 'mit Pascal          ';
       rechts[3] := 'für Heimwerker      ';
   titel := leer;  teil := leer;
   read (z);  surprise := 1;
   FOR z := z DOWNTO 1
   DO  surprise := (991*surprise+983) MOD 997;
   z := surprise MOD 4;

{wort nach string wandeln}
   WITH titel
   DO BEGIN
      lng := 20;
      WHILE (lng > 0) AND (links[z,lng] = ' ')
      DO    lng := lng - 1;
      unpack (links[z], txt, 1)
   END {titel};
```

```
   surprise := (991*surprise+983) MOD 997; z := surprise MOD 4;
   WITH teil
   DO BEGIN
      lng := 20;
      WHILE (lng > 0) AND (mitte[z,lng] = ' ')
      DO    lng := lng - 1;
      unpack (mitte[z], txt, 1)
   END (teil);

{char an string anhängen}
   titel.lng := titel.lng + 1;
   titel.txt[titel.lng] := ' ';

{string an string anhängen}
   FOR aktpos := 1 TO teil.lng
   DO  titel.txt[titel.lng + aktpos] := teil.txt[aktpos];
   titel.lng := titel.lng + teil.lng;
   surprise := (991*surprise+983) MOD 997; z := surprise MOD 4;

{wort an string anhängen}
   teil.lng := 20;
   WHILE (teil.lng > 0) AND (rechts [z, teil.lng] = ' ')
   DO    teil.lng := teil.lng - 1;
   titel.lng := titel.lng + 1;  titel.txt[titel.lng] := ' ';
   FOR aktpos := 1 TO teil.lng
   DO  titel.txt[titel.lng + aktpos] := rechts[z, aktpos];
   titel.lng := titel.lng + teil.lng;

{string ausgeben}
   WITH titel
   DO    FOR aktpos := 1 TO lng
         DO  write ( txt[aktpos] );
   writeln
END (buchtitel).
```

9.4 Was habe ich im Lotto gewonnen?

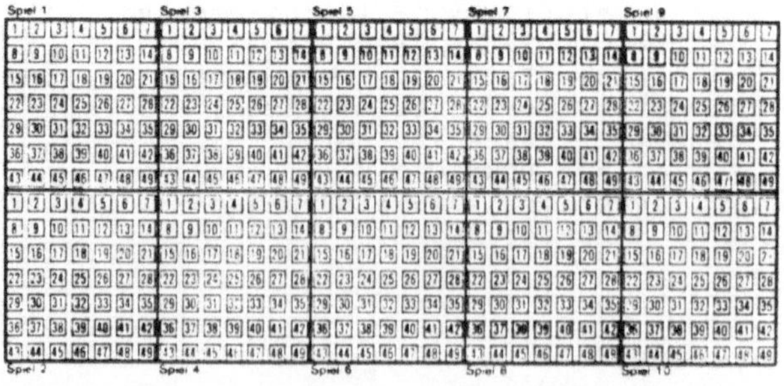

Den Reigen unserer zusammengesetzten Datentypen beschließt der Lotto-Normaltipschein - damit auch einmal eine Menge als Reihen-Komponente vorkommt. Dem rechts abgebildeten Lotto-Schein sehen wir sofort an, daß die geeignete Datenstruktur ein "ARRAY [1..10] OF tip" ist, doch das genügt nicht! Man kann nämlich nach Belieben mit 1..10 Tips sein Glück versuchen; wir brauchen also noch ein Datenfeld spielzahl, ähnlich der Länge lng beim String.

Der geeignete Datentyp ist also zwiefach geschachtelt:

```
TYPE   tip              = SET OF 1..49;
       tipzettel        = RECORD spielzahl    : 1..10;
                                 spiele        : ARRAY [1..10] OF tip
                          END (tipzettel);
```

Leider kann man Mengen-Variablen nicht direkt ein- oder ausgeben, was zu zahlreichen Hilfskonstruktionen in unserem Programm Anlaß gibt, wie wir sie schon
aus Lektionen 3.5 und 5.4 kennen. Beim Einlesen der Gewinnzahlen können wir's
uns noch relativ einfach machen: mit read werden die sechs Zahlen gelesen, die
Zusatzzahl mit readln, sollten wir dabei auf eof(input) stoßen, mag die Pascal-
Maschine das Programm getrost abbrechen - ohne Tipzettel kann es sowieso nichts
machen. Beim Einlesen der Tips sind wir schon vorsichtiger: eof oder ein voller
Tipzettel dienen als Abbruchkriterium vor dem Beginn des nächsten Spiels (ge-
zählt von spielzahl). Innerhalb eines Spiels wollen wir die Eingabezeile nicht
verlassen, also tasten wir uns mit WHILE und get voran, wobei eoln oder die
richtige Kreuzchenzahl (nämlich 6) das Einlesen abbricht; wie in Beispiel 9.1
vermeiden wir ein read, das über die Zeilengrenze hinwegführen würde. Stehen in
einer Zeile mehr als sechs Werte, so arbeitet unser Programm etwas anders als
die Lotto-Gesellschaft: es berücksichtigt die ersten sechs in der Zeile stehenden Zahlen, während die Lottogesellschaft die sechs niedrigsten berücksichtigt.
Wenn die Eingabe des Programms immer vom Lottozettel abgeschrieben wird, stehen
die Zahlen eines Tips sowieso in der Reihenfolge ihres Zahlenwerts, und der
Unterschied fällt gar nicht auf. Tüftler dürfen diesen Fehler des Programms
gerne beseitigen.

Zu jeder Programm-Eingabe gehört ein Kontrolldruck, den besorgen wir nebenher -
für die Gewinnzahlen beim Einlesen, für die Tips beim Auswerten. Ja, die Auswertung! Für einen Sechser ist sie leicht, was aber mit den übrigen Ge-
winnklassen? Wir müssen die Zahl der Übereinstimmungen zwischen den Gewinnzahlen
und dem eigenen Tip feststellen, in Mengen-Begriffen heißt das: die Mächtigkeit
der Schnittmenge ermitteln. Schnittmengen bildet Pascal auf die einfache Auf-
forderung "*", die Mächtigkeit (= Zahl der Elemente) müssen wir dagegen durch
eine Zählschleife feststellen. Übrigens, die Gewinnklasse II meldet das Programm
unter Umständen unberechtigt; finden und beseitigen Sie den Fehler!

Die Ausgabe der Gewinne, schließlich, ist reine Routine, abgeschrieben von
Beispielen 7.4 und 7.5. Nun kennen Sie das Programm schon fast wörtlich.

```pascal
{Beispiel 9.4}
PROGRAM lotto (input, output);

TYPE   tip           = SET OF 1..49;
       tipzettel     = RECORD spielzahl   : 1..10;
                              spiele       : ARRAY [1..10] OF tip
                      END {tipzettel};
       auslosung     = RECORD gewinnzahlen: tip;
                              zusatzzahl   : 1..49
                      END {auslosung};
       gewinnklasse = (   i {sechs Richtige}                      ,
                         ii {fünf Richtige und Zusatzzahl},
                        iii {fünf Richtige}                  ,
                         iv {vier Richtige}                  ,
                          v {drei Richtige}                  );


VAR    aktspiel      : 0..10;
       wunschtip     : auslosung;
       gewinne       : ARRAY [gewinnklasse] OF 0..10;
       meinzettel    : tipzettel;
       treffer       : tip;
       trefferzahl   : 0..5;
       aktzahl       : 1..49;
       aktpos        : 1..6;
       aktklasse     : i..v;
       klassenbez    : ARRAY [gewinnklasse]
                       OF PACKED ARRAY [1..3] OF char;

BEGIN {lotto}
  WITH wunschtip                              {Gewinnzahlen einlesen}
  DO BEGIN                                    {=====================}
    gewinnzahlen := [];  write ('Gewinnzahlen:');
    FOR aktpos := 1 TO 6
    DO BEGIN
       read (aktzahl); gewinnzahlen := gewinnzahlen + [aktzahl];
       write (aktzahl:3, ',')
    END {aktpos};
    readln (zusatzzahl); writeln (' Zusatzzahl:', zusatzzahl: 3)
  END {wunschtip};

  WITH meinzettel                             {Tipzettel einlesen}
  DO BEGIN                                    {==================}
    read (aktzahl); spielzahl := 0;
    WHILE NOT (eof  OR  (spielzahl = 10))
    DO BEGIN
       spielzahl := spielzahl + 1;
       aktpos := 1;  spiele[spielzahl] := [aktzahl];
       WHILE NOT (eoln OR (input↑ IN ['0'..'9']))
       DO    get (input);
       WHILE NOT (eoln OR (aktpos = 6))
       DO BEGIN
          aktpos := aktpos+1;   read (aktzahl);
          spiele[spielzahl] := spiele[spielzahl] + [aktzahl];
          WHILE NOT (eoln OR (input↑ IN ['0'..'9']))
          DO    get (input)
       END {NOT (eoln OR (aktpos < 6))};
       readln; read (aktzahl)
    END {NOT (eof OR (spielzahl=10))}
  END {meinzettel};
```

```pascal
FOR aktklasse := i TO v                          {Gewinne ermitteln}
DO  gewinne [aktklasse] := 0;                     {=================}
WITH meinzettel, wunschtip
DO FOR aktspiel := 1 TO spielzahl
   DO BEGIN
       IF        spiele[aktspiel] = gewinnzahlen
       THEN gewinne [ i] := gewinne [ i] + 1
       ELSE IF spiele[aktspiel] <= gewinnzahlen + [zusatzzahl]
       THEN gewinne [ii] := gewinne [ii] + 1
       ELSE BEGIN {Gewinnklassen iii..v}
           treffer := spiele[aktspiel] * gewinnzahlen;
           trefferzahl := 0;
           FOR aktzahl := 1 TO 49
           DO IF   aktzahl IN treffer
              THEN trefferzahl := trefferzahl + 1;
           CASE trefferzahl
           OF    5: gewinne [iii] := gewinne [iii] + 1;
                 4: gewinne [ iv] := gewinne [ iv] + 1;
                 3: gewinne [  v] := gewinne [  v] + 1
           END {trefferzahl}
       END {Gewinnklassen iii..v};
       write (aktspiel:2, '. Spiel:');
       FOR aktzahl := 1 TO 49
       DO  IF aktzahl IN spiele[aktspiel]
           THEN write (aktzahl: 3, ',');
       writeln
   END {aktspiel};

writeln ('Gewinne:');                             {Gewinne ausgeben}
klassenbez [  i] := '  I';                         {================}
klassenbez [ ii] := ' II'; klassenbez [iii] := 'III';
klassenbez [ iv] := ' IV'; klassenbez [  v] := '  V';
FOR  aktklasse := i TO v
DO IF   gewinne [aktklasse] > 0
   THEN writeln ('  in Klasse ', klassenbez[aktklasse],
                   gewinne [aktklasse]: 3);
IF   gewinne [  i] + gewinne [ii] +  gewinne [iii]
                    + gewinne [iv] +  gewinne [  v]
     = 0
THEN writeln ('  leider keine.')
ELSE writeln ('Hoffentlich ist der Lottoschein auch abgegeben!')
END {lotto}.
```

```
Ergebnis:

Gewinnzahlen:  5,   3,   2,   6, 45, 41, Zusatzzahl: 29
  1. Spiel:  5,   6, 41, 42, 43, 44,
  2. Spiel:  6,   7,  8,  9, 10, 11,
  3. Spiel:  2,   3,  6, 29, 41, 45,
  4. Spiel:  1,   2,  3,  4,  5,  6,
Gewinne:
  in Klasse  II  1
  in Klasse  IV  1
  in Klasse   V  1
Hoffentlich ist der Lottoschein auch abgegeben!
```

9.5 Übungsaufgaben

9.1 Wieso können Strukturierungs-Methoden nur über den Komponenten-Typ und nicht auch über den Indextyp einer Reihe kombiniert werden?

9.2 Beispiel 9.1 ist noch nicht defensiv genug programmiert. Sorgen Sie dafür, daß jeder km-Stand größer ist als der vorige. Können Sie sich weitere Plausibilitäts-Prüfungen für dieses Beispiel vorstellen?

9.3 Ergänzen Sie Beispiel 9.1 so, daß es auch das Tankdatum und den Benzinpreis speichert und ausdruckt. Bauen Sie das Programm zu einer Kosten-Überwachung für Ihr Kraftfahrzeug aus, indem Sie auch Werkstattkosten, Anschaffungen, Zinsen, Abschreibung, Steuern und Gebühren erfassen, das Programm soll monatlich und jährlich Kosten-Übersichten drucken.

9.4 Schreiben Sie ein Programm, das zu Ihrem Girokonto ein Konto-Gegenbuch führt. Dazu wird jede Buchung, sobald Sie Ihnen bekannt wird, dem Programm eingegeben.

9.5 Wäre ein Verbund mit Reihen als Komponenten nicht auch eine mögliche Datenstruktur zur Darstellung einer Tabelle?

9.6 Bauen Sie in Beispiel 9.2 die nötigen Plausibilitäts-Prüfungen ein.

9.7 Was gibt Beispiel 9.3 aus?

9.8 Kann man in die String-Variablen aus Beispiel 9.3 auch Werte einlesen?

9.9 Beseitigen Sie die beiden Unzulänglichkeiten im Programm lotto (Beispiel 9.4). Hinweis: Gewinnklasse II wird falsch berechnet, wenn in einem Spiel weniger als sechs Kästchen angekreuzt sind.

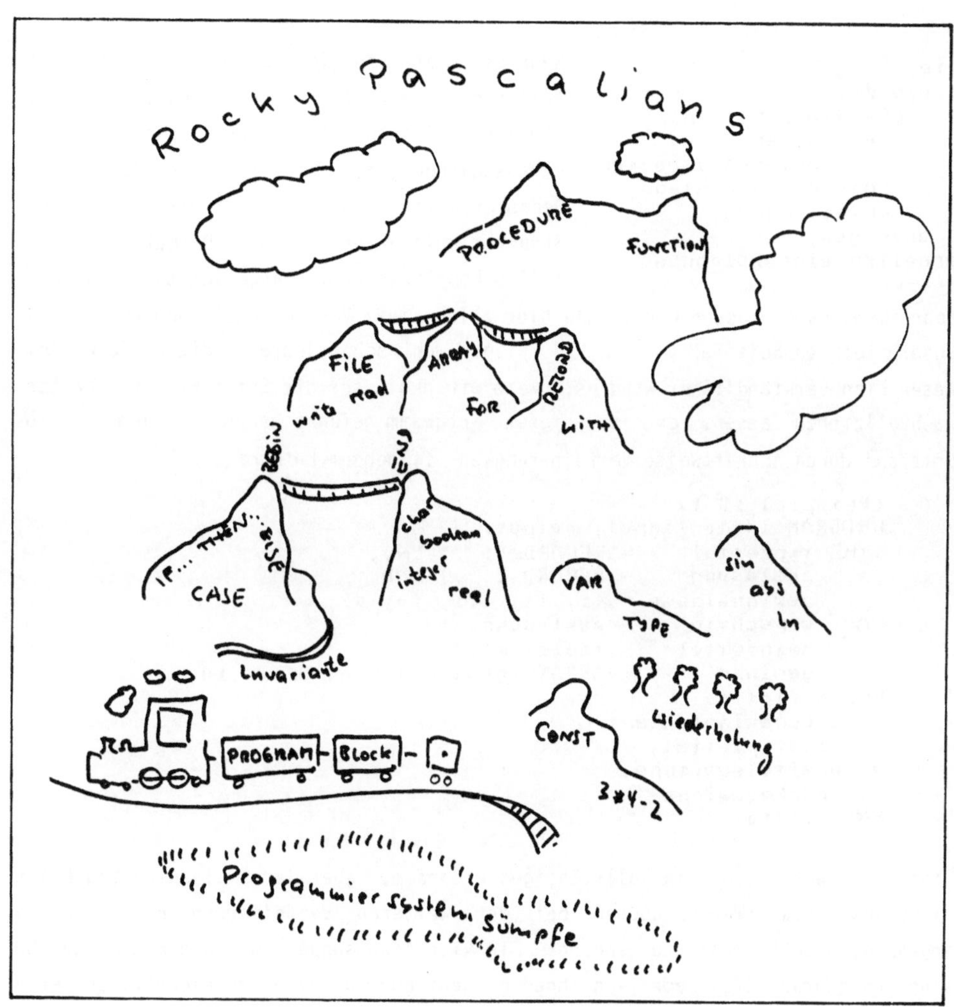

10 Mit vereinten Kräften

10.1 Prozeduren und lokale Deklarationen

```
Die,
  die die,
    die die Schilder,
      auf denen
         "Bekleben verboten"
        geschrieben stand,
      beklebt haben,
    anzeigen,
erhalten eine Belohnung.
```

Wenn ein Satz zu tief verschachtelt ist, so leidet darunter die Verständlichkeit. Durch Einrücken (siehe links) wird der Satz zwar verständlicher, aber besser wäre es doch, eine Gedanken-Kette statt dieser verschachtelten Struktur aufzubauen. Unsere Pascal-Programme sollen komplizierte Vorgänge verständlich beschreiben, daher müssen wir gerade hier allzu tiefe Verschachtelungen vermeiden. Unsere letzten Beispiele, etwa 9.4, lagen wohl schon jenseits dieser Schwelle. Wesentlich verständlicher wird es, wenn wir den Leser die Entwicklungs-Schritte nachvollziehen lassen, die zu diesem Programm geführt haben. Programm lotto entstand durch schrittweise Verfeinerung aus folgendem Entwurf:

```
(Beispiel 10.1)
PROGRAM lotto (input, output);
TYPE tipzettel    = RECORD (...) END;
     auslosung    = RECORD (...) END;
     gewinnklasse = (i, ii, iii, iv, v);
VAR  wunschtip    : auslosung;
     meinzettel   : tipzettel;
     gewinne      : ARRAY [gewinnklasse] OF 0..10;
BEGIN (lotto)
    liesgewinnzahlen;
    liestipzettel;
    ermittlegewinne;
    druckegewinne
END (lotto).
```

Dies ist zwar noch kein vollständiges Programm, aber jedes einzelne Stück ist richtiges Pascal. Wir brauchen bei der weiteren Verfeinerung nur noch zu ergänzen, nichts mehr zu ändern. Die vier Anweisungen zwischen BEGIN und END sind Prozeduraufrufe; jeder von ihnen besteht nur aus einem Bezeichner, dem Prozedur-Namen. Damit können wir der Pascal-Maschine sagen, was sie tun soll; aber um das Wie können wir uns letztlich doch nicht drücken. Die Pasacal-Maschine muß erfahren, wie sie beispielsweise die Anweisung "liestipzettel" auszuführen hat; der nächste Schritt der Programmentwicklung besteht also darin, die Prozedur liestipzettel zu deklarieren.

Eine Prozedur-Deklaration sieht einem Pascal-Programm zum Verwechseln ähnlich, lediglich in der Überschrift ist das Wort PROGRAM durch PROCEDURE ersetzt, und der schließende Punkt fehlt. Wir brauchen also eine Prozedur-Überschrift und einen Block, letzterer besteht aus Deklarationen (soweit erforderlich) und einem

Anweisungsteil, auch Prozedur-Rumpf genannt. Die Prozedur liestipzettel könnte
also folgendermaßen aussehen:

```
(Beispiel 10.1)
PROCEDURE liestipzettel;

VAR aktzahl: 1..49;

BEGIN (liestipzettel)
  meinzettel.spielzahl := 0;
  read (aktzahl);
  WHILE NOT eof  AND  (meinzettel.spielzahl <> 10)
  DO BEGIN
     meinzettel.spielzahl := succ (meinzettel.spielzahl);
     liesspiel;
     read (aktzahl)
  END (NOT eof  AND  (meinzettel.spielzahl <> 10))
END (liestipzettel);
```

Im Rumpf dieser Prozedur können wir Deklarationen aus zwei verschiedenen Blöcken
als bekannt voraussetzen: aktzahl ist in der Prozedur liestipzettel selbst lokal
deklariert, meinzettel und input (mit read und eof) stammen aus der Umgebung,
sind global. Die lokalen Größen sind nur in liestipzettel bekannt, während die
globalen auch den Prozeduren liesgewinnzahlen, ermittlegewinne und druckegewinne
zugänglich sind. (Diese drei Prozeduren haben natürlich wieder ihre eigenen
kleinen Geheimnisse, die liestipzettel nicht kennt.) Die lokalen Variablen sind
deswegen so ungeheuer nützlich, weil man sie nicht zu kennen braucht, um zu verstehen, was die Prozedur tut: die ganze Wirkung von liestipzettel besteht darin,
von input irgendwelche Zahlen zu lesen und sie in meinzettel unterzubringen.
Erst, wenn wir wissen wollen, wie liestipzettel funktioniert, brauchen wir uns
um die lokalen Deklarationen zu kümmern. Durch lokale Deklarationen werden
Programme nicht nur verständlicher, sondern auch pflegeleichter: eine lokale
Variable kann nicht in einem fremden Programmteil (etwa durch eine
Programmänderung) versehentlich mißbraucht werden, weil sie dort gar nicht
bekannt ist.

> Treten Sie dem V.z.B.g.V. (1) bei: deklarieren Sie alle Variablen so
> lokal wie möglich und nur so global wie nötig!

Wie ein guter Manager erledigt liestipzettel (fast) nichts selbst, sondern sorgt
nur dafür, daß sein Mitarbeiter liesspiel ungestört arbeiten kann; dazu klärt er
mit "read(aktzahl)" und "WHILE", ob und wieviel zu tun ist und setzt auch jeweils den richtigen Wert für meinzettel.spielzahl ein. liesspiel seinerseits ist

---

1) Verein zur Bekämpfung globaler Variabler

dafür zuständig, ein Spiel aus der laufenden Zeile zu Ende (2) zu lesen und die
Zeile dann mit readln zu verlassen:

```
   (Beispiel 10.1)
   PROCEDURE liesspiel;

   VAR aktpos: 1..6;

   BEGIN (liesspiel)
     WITH meinzettel
     DO BEGIN
        aktpos := 1;  spiele[spielzahl] := [aktzahl];
        suchezifferinderselbenzeile;
        WHILE NOT eoln   OR   (aktpos <> 6)
        DO BEGIN
           aktpos := aktpos+1;  read (aktzahl);
           spiele [spielzahl] := spiel[spielzahl] + [aktzahl];
           suchezifferinderselbenzeile
        END (NOT eoln   OR   (aktpos <> 6))
     END (meinzettel);
     readln
   END (liesspiel);
```

Auch liesspiel hat wieder einen Mitarbeiter, der gleich an zwei Stellen eingesetzt wird: suchezifferinderselbenzeile. Wir erkennen daraus einen weiteren
Vorteil der Prozeduren: sie können an mehreren Stellen des Programms aufgerufen
und müssen doch nur einmal aufgeschrieben werden.

Die ganze Aufruf-Hierarchie von Beispiel 10.1 können wir uns auch grafisch veranschaulichen; dabei bedeutet ein Pfeil von a nach b "a ruft b auf":

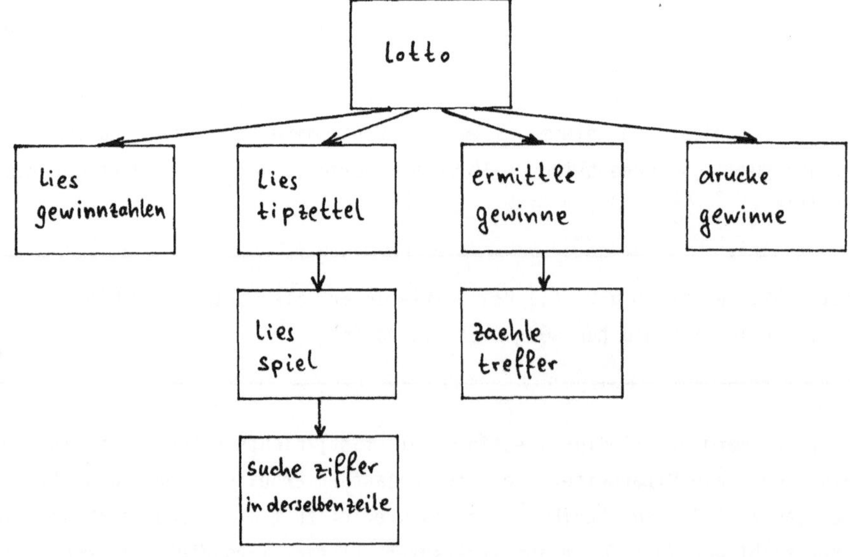

2) liestipzettel hat die erste Zahl schon gelesen und nach aktzahl gebracht.

Wie füttert man nun so eine Hierarchie der Pascal-Maschine ein, die ein Quell-Programm Zeile für Zeile liest? Prozedur-Deklarationen haben - wie jede Deklaration - ihren festen Platz in dem Block, für den sie gelten sollen. Wir deklarieren also liesgewinnzahlen, liestipzettel, ermittlegewinne und druckegewinne im Block lotto; liesspiel erklären wir im Block liestipzettel und so weiter. Das ganze Programm hat also folgende Gestalt:

```
PROGRAM lotto (input, output);
    PROCEDURE liesgewinnzahlen;
    BEGIN (liesgewinnzahlen)
    END   (liesgewinnzahlen);

    PROCEDURE liestipzettel;
        PROCEDURE liesspiel;
            PROCEDURE suchezifferinderselbenzeile;
            BEGIN (suchezifferinderselbenzeile)
            END   (suchezifferinderselbenzeile);
        BEGIN (liesspiel)
        END   (liesspiel);
    BEGIN (liestipzettel)
    END   (liestipzettel);

    PROCEDURE ermittlegewinne;
        PROCEDURE zaehletreffer;
        BEGIN (zaehletreffer)
        END   (zaehletreffer);
    BEGIN (ermittlegewinne)
    END   (ermittlegewinne);

    PROCEDURE druckegewinne;
    BEGIN (druckegewinne)
    END   (druckegewinne);
BEGIN (lotto)
END   (lotto).
```

Jetzt haben wir also Deklarationen geschachtelt, um allzu tiefe Schachtelung von Anweisungen zu vermeiden. Was haben wir dadurch gewonnen? Eine Prozedur kann an der Aufrufstelle als "schwarzer Kasten" angesehen werden, der einfach funktioniert und seine Arbeit tut, ohne daß man hineinschauen kann. Diese Arbeit muß natürlich genügend gut beschrieben sein, am besten in einem Kommentar gleich hinter der Prozedur-Überschrift. Die Sprachregeln von Pascal helfen auch mit, das Innere des schwarzen Kastens zu verbergen: alles, was lokal in der Prozedur deklariert ist, existiert draußen überhaupt nicht: die Variable aktspiel und die Prozedur liesspiel gibt es einfach nicht im Block lotto, und so müssen wir uns auch nicht darum kümmern, wenn wir diesen Block schreiben, verstehen oder ändern wollen. In der Prozedur liestipzettel gibt es diese Objekte, aber auch liesspiel hat wieder eigene lokale Deklarationen, nämlich suchezifferinderselbenzeile und aktpos. Die Begriffe "lokal" und "global" sind also immer relativ zu einem bestimmten Block zu verstehen: was lokal für liestipzettel ist, ist für liesspiel global. Dem ungestörten Ablauf der diversen Prozeduren dient eine weitere Regel: falls eine lokale Deklaration einem Bezeichner, der schon global bekannt war, eine neue Bedeutung gibt, wird die globale Größe in dem betreffenden Block unsichtbar. Beispiel:

```
(Mini-Beispiel 10.2)
PROGRAM bloecke (output);

VAR a, b: integer;        dies b ist in p unsichtbar.

PROCEDURE p;
   VAR b: integer;
   BEGIN (p)
     a := 1;  b := 1;                       in p
     writeln ('PROC p: ', a, b)             ist a global,
   END (p);                                    b lokal.

BEGIN (bloecke)
   a := 0; b := 0;
   writeln ('vorher: ', a, b);
   p;  ←——————————————————— dieser Prozeduraufruf
   writeln ('nachher:', a, b)               verändert a, aber b nicht.
END (bloecke).
```

Ergebnis:

```
vorher:          0          0
PROC p:          1          1
nachher:         1          0
```

10.2 Parameter

Bisher haben wir den Prozeduren ihre Arbeit über globale Variablen zugeteilt und
auch die Ergebnisse aus globalen Variablen wieder abgeholt. Dies Verfahren ist
noch viel zu fehleranfällig (wenn auch in Pascal erlaubt).
In Büros haben sich für solche Zwecke die Eingangs- und
Ausgangs-Körbchen bewährt. Jeder Mitarbeiter hat zwei
eigene Körbchen: im Eingangs-Körbchen wird die Arbeit
zugeteilt, aus dem Ausgangskörbchen wieder abgeholt. Will
er einem seiner Mitarbeiter einen (Teil-)Auftrag geben, so
legt er in dessen Eingangs-Körbchen einen Zettel mit der
Frage und holt sich später aus dessen Ausgangskörbchen die
Antwort ab.

Solch eine wohlorganisierte Schnittstelle zwischen Auftraggeber und Auf-
tragnehmer wünschen wir uns auch für unsere Prozeduraufrufe. Dazu versehen wir
die Prozedur-Überschrift mit einer formalen Parameterliste, ähnlich wie in der
Programmüberschrift, und die Prozeduraufrufe mit aktuellen Parameterlisten, wie
wir sie von der put-, get oder read-Anweisung kennen.

Dies wollen wir an einem neuen Beispiel verfolgen: ein Programm "blocksatz" soll
Texte fein säuberlich drucken und dabei alle Zeilen gleich lang machen - bis auf
die Zeilen am Absatzende, natürlich. Die Zeilen von input sollen in einzelne
Wörter zerlegt und diese zu neuen Zeilen zusammengestellt werden; Absätze werden
dadurch angezeigt, daß eine Zeile in der Eingabe mit Leerzeichen beginnt. Ohne
Prozeduren wäre dieses Projekt sicher zu ehrgeizig, aber mit Prozeduren geht's
ganz gut. Zuerst entwerfen wir Anweisungen und Deklarationen des äußersten
Blocks und legen damit den Ablauf im Groben fest. Die Feinheiten liefern wir
später nach, indem wir die Prozeduren deklarieren und die Datentypen genauer
ausgestalten. Wir brauchen eine Variable aktzeile (natürlich vom Datentyp zeile)
zum Aufsammeln der Zeile. Erst, wenn wir das nächste Wort gesehen haben, wissen
wir, ob es noch in die aktzeile paßt; darum muß eine Variable wort her. Unser
erster Entwurf sieht also so aus:

```
(Beispiel 10.3)
PROGRAM blocksatz (input, output);
   (Drucken mit Randausgleich)

CONST zeilenbreite = 65;
```

```
TYPE   zeile = RECORD
               END (zeile);

VAR    aktzeile, naechsteswort: zeile;
       absatzverlangt          : boolean;

BEGIN (blocksatz)
  initialisiere (aktzeile);
  suchewort (input, absatzverlangt);
  WHILE NOT eof (input)
  DO BEGIN
     IF    absatzverlangt
     THEN beendeabsatz (aktzeile, output);
     lieswort (input, naechsteswort);
     verarbeitewort (aktzeile, naechsteswort, output);
     suchewort (input, absatzverlangt)
  END (NOT eof (input));
  beendeabsatz (aktzeile, output)
END (blocksatz).
```

Nur suchewort kann eof(input) finden; die übrigen Prozeduren bleiben immer schön in der laufenden input-Zeile. Daher konnten wir unserem Entwurf das Programmschema "Folge kopieren (mit read)" zugrundelegen.

Im Anweisungsteil dieses Programms haben wir bereits alle Prozeduren-Aufrufe mit passenden aktuellen Parametern versehen: jede Prozedur, die etwas liest, hat die Folge input, jede die etwas schreibt, die Folge output als Parameter; außerdem haben alle Prozeduren diejenigen Größen als Parameter, die sie verändern sollen, oder die sie kennen müssen, um ihre Arbeit zu erledigen, aber sonst keine. Die Prozedur beendeabsatz soll beispielsweise den Inhalt der Variablen aktzeile (ohne Randausgleich) ausgeben und anschließend die aktzeile wieder initialisieren (d.h. zu einer leeren Zeile machen); die Prozedur verarbeitewort soll ein Wort an aktzeile anhängen, falls es noch paßt, sonst die aktzeile (mit Randausgleich) drucken und dann das naechste Wort (als einziges) in aktzeile hinterlassen. verarbeitewort verändert die Variable naechsteswort nicht, das ist allein der Job von lieswort. Wenn wir in dieser Art die Aufgabe jeder Prozedur beschrieben haben, ist die Funktionsweise des Programms blocksatz allein aus dem oben abgedruckten Programmstück klar ersichtlich, ohne daß man in weiteren Einzelheiten wühlen muß.

Nun müssen wir aber der Pascal-Maschine noch klarmachen, was wir mit allen diesen Prozedur-Aufrufen meinen, und diese Maschine fängt mit verbalen Beschreibungen (leider?) nichts an, sondern will Prozedur-Deklarationen. In der Prozedur brauchen wir für jeden aktuellen Parameter einen Bezeichner, damit wir in den Anweisungen des Prozedurrumpfs ausdrücken können, was wir mit welchem Parameter machen wollen. Die formale Parameterliste (Teil der Prozedurüberschrift) legt diese Bezeichner, die formalen Parameter, fest. Für jeden formalen Parameter muß außerdem ein Typ angegeben sein; die Pascal-Maschine prüft, ob der aktuelle Parameter (beim Aufruf) zu dem zugehörigen formalen Parameter (der Deklaration) paßt.

Im einfachsten Fall wirkt der formale Parameter wie eine lokale Variable der Prozedur, die beim Aufruf automatisch einen Wert zugewiesen bekommt. verarbeitewort hat so einen Parameter, er heißt wort. Beim Aufruf "verarbeitewort (..., naechsteswort,...)" passiert also automatisch die Zuweisung

```
wort :=  naechsteswort
```

formaler Parameter   (lokale) Variable oder Ausdruck
von "verarbeitewort"   von "blocksatz"

Danach kennt die Prozedur den Wert, den sie verarbeiten soll. Mit diesem Parameter kann sie übrigens nach Belieben verfahren, ohne daß das rufende Programm blocksatz davon etwas merkt - es ist ja schließlich eine lokale Variable, die der Prozedur ganz allein gehört. Das rufende Programm braucht als aktuellen Parameter nicht einmal (wie in unserem Beispiel) eine Variable zu verwenden, ein beliebiger Ausdruck vom passenden Typ tut's auch. Schließlich ist die Prozedur nur an einem Wert interessiert, und darum heißt diese Art von Parametern Wert-Parameter.

Mit Wert-Parametern kann eine Prozedur kein Ergebnis abliefern, dazu brauchen wir eine andere Parameter-Art, die Referenz-Parameter. Diese Art von Parametern funktioniert etwa so, wie wenn im Eingangskörbchen des Büro-Arbeiters ein Formular liegt, das er ausfüllen oder ergänzen soll: das rufende Programm stellt als aktuellen Parameter eine Variable zur Verfügung; der formale Parameter der Prozedur ist nur ein anderer Name für diese Variable des rufenden Programms. So kann eine Prozedur auch ohne globale Variablen direkt in das rufende Programm hineinfassen und dort Ergebnisse hinterlassen. Der Vorteil der Parameter gegenüber den globalen Variablen: man sieht dem Prozeduraufruf an, welche Variablen die Prozedur verändert, und erlebt daher weniger unangenehme Überraschungen.

Einige Hinweise des V.z.B.g.V. zum sicheren Programmieren:

- Verwenden Sie in Prozeduren keine globalen Variablen, sondern nur Parameter.
- Wo ein Wert-Parameter genügt, kommt auch einer hin.

Ausnahmen von der obigen Regel sind nur in drei Sonderfällen sinnvoll:
- die Standard-Folgen input und output könnten auch als globale Variable verwendet werden;
- Folgen müssen stets als Referenz-Parameter vereinbart werden, denn die implizite Zuweisung des Wert-Parameters ist für Folgen verboten (Lektion 6.2)
- größere Reihen und andere Datenstrukturen, die viel Speicherplatz benötigen, deklariert man oft als Referenz-Parameter, um Zeit und Speicherplatz für die automatische Zuweisung an den Wert-Parameter zu sparen.

Ja so, die Grammatik! In der Prozedur-Überschrift müssen wir Art, Bezeichnung und Typ der Parameter angeben. Obacht: in der Formalen Parameterliste werden die Parameter durch Strichpunkte getrennt!

```
PROCEDURE verarbeitewort (VAR puffer: zeile; wort: zeile;
                          VAR aus: text              )
    BEGIN (verarbeitewort)
    (...)
    END (verarbeitewort);
```

Beim Aufruf werden die aktuellen Paramter den formalen über die Reihenfolge in den beiden Parameterlisten zugeordnet. Also Obacht, damit es keine Verwechslungen gibt! Hier zahlt es sich aus, daß die Pascal-Maschine die Typen der aktuellen und der formalen Parameter kennt und so Verwechslungen aufdecken kann.

Noch ein Wort zur Programmentwicklung: schreibt man alle Prozedur-Überschriften auf und versieht jede Prozedur mit einem leeren Rumpf (wie verarbeitewort oben), so kann man die Pascal-Maschine schon mal diesen Entwurf begutachten lassen; Fehler in den Deklarationen können so frühzeitig entdeckt werden. Als Nächstes werden die globalen Typen (hier "zeile") verfeinert, Hand in Hand mit dem Entwurf der Prozeduren, die Variablen dieser Typen verarbeiten sollen. Beachten Sie, daß der äußere Block die Variablen nur im Ganzen verarbeitet, ohne sich um ihren inneren Aufbau zu kümmern. Das gilt allgemein als guter Programmierstil, wird aber von Pascal nicht genügend unterstützt; hier ist Programmier-Disziplin erforderlich.

In unserem Fall entwerfen wir den Typ zeile ganz ähnlich wie einen String (aus Lektion 9.3); für den Randausgleich ist es zusätzlich von Nutzen, die Zahl der Wörter mitzuführen, die in der Zeile stehen, einige Hilfs-Konstanten und Typen sorgen für bessere Übersicht:

```
CONST zeilenbreite = 65;
      maxdex       = 67;   { = succ(zeilenbreite)}
TYPE  anzahl  = 0..zeilenbreite;
      index   = 1..maxdex;
      zeile   = RECORD wortzahl, lng: anzahl;
                       txt              : ARRAY [index] OF char
              END (zeile);
```

Zu jedem Typ, mit dem man Variable deklarieren will, gehört eine passende Initialisierungsprozedur:

```
PROCEDURE initialisiere (VAR puffer: zeile);

  VAR aktpos: index;

  BEGIN (initialisiere)
    puffer.lng       := 0;
    puffer.wortzahl := 0;
    FOR aktpos := 1 TO maxdex
    DO  puffer.txt[aktpos] := '?'
  END (initialisiere);
```

Die übrigen Prozeduren sind leicht zu erfinden, lediglich verarbeitewort ist etwas heikler.

```
PROCEDURE suchewort (VAR ein: text; VAR absatz: boolean);

  PROCEDURE sucheinderselbenzeile (VAR e: text);
    BEGIN (sucheinderselbenzeile)
      WHILE NOT (eoln (e) OR (e↑ <> ' ')) DO get (e)
    END (sucheinderselbenzeile);

  BEGIN (suchewort)
    absatz := false;
    sucheinderselbenzeile (ein);
    WHILE eoln (ein)
    DO BEGIN
       readln (ein);
       IF   NOT eof (ein)
       THEN BEGIN
            IF ein↑ = ' ' THEN absatz := true;
            sucheinderselbenzeile (ein)
       END (NOT eof (ein))
    END (eoln (ein))
  END (suchewort);

PROCEDURE lieswort (VAR ein: text; VAR wort: zeile);

  BEGIN (lieswort)
    initialisiere (wort);
    WHILE (ein↑ <> ' ')  AND  (wort.lng < zeilenbreite)
    DO BEGIN
       wort.lng := succ (wort.lng);
       read (ein, wort.txt[wort.lng])
    END ((ein↑ <> ' ') etc.);
    wort.lng := succ (wort.lng);  wort.txt[wort.lng] := ' ';
    wort.wortzahl := 1
  END (lieswort);
```

```pascal
PROCEDURE beendeabsatz (VAR puffer: zeile; VAR aus: text);

  VAR aktpos: index;

  BEGIN (beendeabsatz)
    FOR aktpos := 1 TO puffer.lng
    DO  write (aus, puffer.txt[aktpos]);
    writeln (aus);
    initialisiere (puffer)
  END (beendeabsatz);

PROCEDURE verarbeitewort
  (VAR puffer: zeile; wort: zeile; VAR aus: text);

  VAR aktpos, aktwort                    : index;
      frei, luecken, breiteluecken, keil: anzahl;

  PROCEDURE schreibewort
    (zl: zeile; VAR pos: index; blanks: anzahl; VAR a: text);
    VAR aktspalte: index;
    BEGIN (schreibewort)
      WHILE zl.txt[pos] <> ' '
      DO BEGIN
        write (a, zl.txt[pos]); pos := succ (pos)
      END (zl.txt[pos] <> ' ');
      pos := succ (pos);
      FOR aktspalte := 1 TO blanks
      DO  write (a, ' ')
    END (schreibewort);

  BEGIN (verarbeitewort)
    IF   puffer.lng + wort.lng < zeilenbreite
    THEN BEGIN (Wort anhängen)
        FOR aktpos := 1 TO wort.lng
        DO BEGIN
          puffer.lng                := succ (puffer.lng);
          puffer.txt[puffer.lng] := wort.txt[aktpos]
        END (aktpos);
        puffer.wortzahl := puffer.wortzahl + wort.wortzahl
      END (Wort anhängen)
    ELSE BEGIN (Zeile ausgeben)
        IF   puffer.wortzahl < 2
        THEN BEGIN (Einzelwort)
            luecken := 0;  breiteluecken := 0
          END (Einzelwort)
        ELSE BEGIN (mehrere Wörter)
            frei          := zeilenbreite    - puffer.lng;
            luecken       := puffer.wortzahl - 1;
            keil          := frei DIV luecken + 1;
            breiteluecken := frei MOD luecken
          END (mehrere Wörter);
        aktpos := 1;
        FOR aktwort := 1 TO breiteluecken
        DO  schreibewort (puffer, aktpos, keil+1, aus);
        FOR aktwort := succ (breiteluecken) TO luecken
        DO  schreibewort (puffer, aktpos, keil, aus);
        schreibewort (puffer, aktpos, 0, aus);   writeln (aus);
        puffer := wort
      END (Zeile ausgeben)
  END (verarbeitewort);
```

10.3 Funktionen

Beim Schreiben von Ausdrücken wäre es lästig, wenn wir "schwierige" Werte nur durch Prozeduraufrufe beschaffen könnten, Funktionen sind da viel eleganter. Funktions-Aufrufe werden direkt in einen Ausdruck eingesetzt, wie wir das von den Standardfunktionen her kennen, etwa: 5*tan(x-2) + sqr (tan(x+2)). Bloß, wo kriegen wir den Tangens her?

Eine Funktion wird fast wie eine Prozedur deklariert, mit drei kleinen Unterschieden:

- die Deklaration wird mit dem Wort FUNCTION (statt PROCEDURE) eingeleitet;
- der Typ des Funktionswerts wird nach der formalen Parameterliste angegeben;
- der Funktionswert wird dadurch bekannt gemacht, daß im Anweisungsteil dem Bezeichner der Funktion ein Wert "zugewiesen" wird.

```
(Beispiel 10.4)
FUNCTION tan (x: real): real;          ← Typ des Funktionswerts

   BEGIN (tan)
     tan    :=   sin(x) / cos(x)        So soll der Funktionswert
   END (tan);                           aus den Parametern
                                        berechnet werden.
```

Jetzt können Sie sich alle Funktionen erfinden, die Sie bei den Standardfunktionen vermissen. Der Funktionswert muß stets einen Skalaren Typ (3), haben; als Parameter sind dagegen alle Typen erlaubt; Funktionen dürfen auch mehrere Parameter haben. Beispiel: eine Funktion die von zwei Werten den größeren heraussucht:

```
(Beispiel 10.5)
FUNCTION max (x, y: real): real;
   BEGIN (max)
     IF x > y  THEN max := x  ELSE max := y
   END (max);
```

(Aufrufe: max(a,b) oder max(0,x) oder max(max(a,b), max(c,d)))

Verändert eine Funktion eine globale Variable oder einen Referenz-Parameter, so nennt man dies Nebenwirkung der Funktion. Solche Nebenwirkungen machen ein Programm zum undurchdringlichen Dschungel und sind deshalb bei guten Programmierern strengstens verpönt. Wenn sich eine Nebenwirkung noch innerhalb des Ausdrucks auswirkt, in dem die Funktion aufgerufen wird, ist das Programm sowieso ganz falsch und kann auf jeder Pascal-Maschine anders ablaufen.

---

3) oder einen Zeiger-Typ, siehe Lektion 12

Gelegentlich braucht man eine Arbeits-Vorschrift als Prozedur- oder Funktionsparameter. Wollen wir beispielsweise eine Prozedur schreiben, die beliebige Funktionsverläufe graphisch darstellt, so brauchen wir unter anderem die darzustellende Funktion als Parameter. Aufrufe könnten etwa so aussehen:

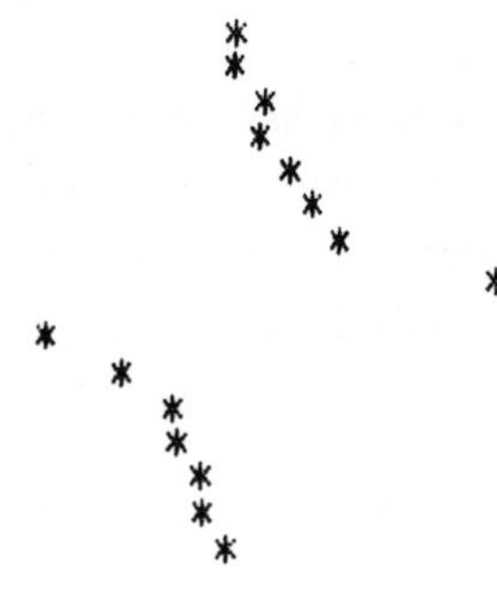

"zeichne (tan,0.0,3.0,-6.0,+6.0)" heißt "zeichne den Verlauf der Funktion y=tan(x) im Rechteck 0.0<=X<=3.0 & -6.0<=y<=+6.0" und erzeugt also nebenstehendes Bildchen. Auch der formale Funktions-Parameter (der aktuell mit der Funktion tan versorgt wird) braucht einen Bezeichner; ferner müssen wir in der Deklaration anzeigen, was für Funktionen (Parameter-Typen, Ergebnis-Typ) als aktuelle Parameter eingesetzt werden sollen:

```
(Beispiel 10.6)
PROCEDURE zeichne (FUNCTION f (x:real): real;
                  xmin, xmax, ymin, ymax: real);

CONST lng       = 16 (Zeilen);     ( = 2 Zoll )
      brt       = 20 (Spalten);    ( = 2 Zoll )

VAR   aktzeile  : 1..lng;
      y         : real;

BEGIN (zeichne)
  FOR aktzeile := 1 TO lng
  DO BEGIN
     y := f((xmin*(lng-aktzeile) + xmax*(aktzeile-1)) / (lng-1));
     IF   (y >= ymin)  AND  (y <= ymax)
     THEN writeln ('*': round ((y-ymin)/(ymax-ymin)*brt) + 1)
     ELSE writeln
  END (aktzeile)
END (zeichne);
```

"FUNCTION f(x:real):real" benennt den Formalparameter mit f und zeigt an, daß die korrespondierenden Aktual-Parameter real-Funktionen mit einem real-Wertparameter sein sollen. Das "x" hat dabei keinerlei Bedeutung und wurde von den Norm-Erfindern nur zur Bequemlichkeit der Pascal-Prozessoren hineingemogelt: diese Spezifikation des Formal-Parameters sieht jetzt nämlich genau wie eine Prozedur-Überschrift aus, obwohl sie in Wirklichkeit gar keine ist (vgl. Syntax-Diagramme im Anhang). Auch Prozeduren können Parameter von Funktionen oder anderen Prozeduren sein; die Schreibweise ist entsprechend. Prozeduren und Funktionen auf Parameterposition werden in Pascal unter dem Begriff Name-Parameter zusammengefaßt. Die Syntax für diese Parameter ist leider nicht einheitlich: bei älteren Pascal-Maschinen darf die Klammer mit den Parametertypen des Name-Parameters nicht geschrieben werden, neuere verlangen sie!

```
(alt:) PROCEDURE zeichne (FUNCTION f: real;
                          xmin, xmax, ymin, ymax: real);

(neu:) PROCEDURE zeichne (FUNCTION f (x:real): real;
                          xmin, xmax, ymin, ymax: real);
```

Hier noch eine kleine Übersicht über die diversen Parameter-Arten:

Art der Parameter	Kennzeichnung des Formal-Paramters	zulässige Aktual-Parameter
Wert	bezeichner: typ	Ausdruck
Referenz	VAR bezeichner: typ	Variablen-Name
Name	PROCEDURE bezeichner (...) FUNCTION bezeichner(...): typ	Prozedur-Name Funktion-Name

10.4 Ein Pascal-Programm als Taschenrechner

Prozeduren (und Funktionen) haben wir in dieser Lektion mit einer Hierarchie von Büro-Arbeitern verglichen, von denen jeder ein Spezialist auf seinem Gebiet ist. Jede Prozedur (bis auf die armen Kanalarbeiter im letzten Glied) vergibt dabei Teilaufträge an die zuständigen Spezialisten und fügt deren Ergebnisse zu ihrem eigenen Gesamt-Ergebnis zusammen. Nun gibt es aber oft Fälle, wo eine Teilaufgabe der Gesamtaufgabe so sehr ähnelt, daß der beste Spezialist dafür die Prozedur selbst ist! Folglich muß diese Prozedur sich selbst Teilaufträge geben und anschließend ihre eigenen Ergebnisse zu einem Gesamtergebnis zusammenfassen. Im ersten Moment klingt das paradox, aber ähnliche Situationen kennen Sie genügend aus dem täglichen Leben. Sie sind auf der Fahrt in den Urlaub, da erfahren Sie von einem lohnenden Abstecher. Daraufhin suchen Sie Ihren Weg aus der Karte - genau so, wie Sie auch Ihre Fahrtroute an's Urlaubsziel ausgewählt haben. Während des Abstechers kann Sie etwa ein **Verkehrs-Hindernis** veranlassen, einen weiteren Umweg einzuschieben. Am Ende jeder Extra-Tour setzten Sie jeweils den unterbrochenen Weg fort.

Solch einen Vorgang nennt man rekursiv. Die Programmentwicklung selbst ist eine rekursive Tätigkeit: um das Programm blocksatz zu erfinden, wird eine Prozedur verarbeitewort erfunden; dazu wiederum wird (nach dem selben Verfahren, wohlgemerkt!) eine Prozedur schreibewort erfunden. Sie sehen: das Ergebnis von Rekursion sind oft Schachtel- oder Klammerstrukturen. Auch der berühmte Deutsche Schachtelsatz, über den Geschichten von geistesabwesenden Professoren, die einen Satz anfangen und dann eine ganze Vorlesungsstunde lang fortspinnen, um schließlich eine Reihe von Verben, die ihre Hörer, die längst den Faden verloren haben, total durcheinander bringen, herunterzurasseln, umgehen, ist ein typisches Beispiel für eine rekursive Struktur.

Damit man sich beim Verstehen einer rekursiven Struktur oder beim Abarbeiten einer rekursiven Vorschrift keinen rekursiven Knoten ins Gehirn knüpft, muß eine Rekursion irgendwann abbrechen. Andernfalls entstehen unendliche Gebilde wie das berühmte Lied "Ein Mops kam in die Küche..", das noch niemand zu Ende singen konnte.

Um eine rekursive Vorschrift zu befolgen, muß man nur im Auge behalten, an welcher Stelle die übergeordnete Tätigkeit fortgesetzt werden muß und welche Teilergebnisse bis dahin schon erarbeitet waren. Dies braucht der Programmierer in Pascal-Prozeduren und -Funktionen gar nicht besonders zu berücksichtigen, weil die Pascal-Maschine das sowieso für alle Prozeduren regelt. Wir können einfach die Prozedur, die wir gerade entwerfen, rekursiv aufrufen, als ob sie schon fertig wäre! Damit die Rekursion abbrechen kann, muß die Prozedur Auswahl-Anweisungen oder Schleifen enthalten, die in bestimmten Fällen die Prozedur ohne rekursiven Aufruf beenden.

Wir wollen mit rekursiven Prozeduren einen Tischrechner bauen, der einfache arithmetische Ausdrücke versteht, die aus Zahlen, Klammern und den Operations-Zeichen "+", "-", "*" und "/" aufgebaut sind. Wegen der möglicherweise geschachtelten Klammern sind Ausdrücke rekursive Strukturen; dies wird auch in der Syntax (siehe Anhang dieses Buchs) deutlich. Rekursive Prozeduren sind also bestens geeignet, diese Ausdrücke zu verarbeiten. Das Prinzip ist ganz einfach: für jede Syntaxregel (Faktor, Term, Ausdruck) schreiben wir eine Funktion, die die betreffenden Gebilde erkennt, vom Text input abholt und ihren Wert berechnet und abliefert. An der passenden Stelle rufen diese Funktionen jeweils den zuständigen Kollegen zu Hilfe: ausdruck ruft (nach jedem abgeholten "+" oder "-") die Funktion term; term ruft (nach jedem abgeholten "*" oder "/") die Funktion faktor; faktor schließlich entscheidet ob es (mit read) eine Zahl abholt und so die Rekursion abbricht, oder ob es eine Klammer abholen und für deren Innereien erneut ausdruck (indirekt rekursiv) bemühen muß. Ein- und Ausgabe unseres Beispiels sind nicht besonders ausgefeilt; das Prinzip so einer Syntax-Analyse sieht man umso besser.

```pascal
(Beispiel 10.7)
PROGRAM tischrechner (input, output);
    (Liest arithmetische Ausdrücke (einen pro Zeile)     )
    (und gibt sie zusammen mit ihren Werten aus.         )
    (Leerzeichen werden im allgemeinen nicht beachtet,   )
    (schließen aber Zahlen ab!                           )
    (Falsche Eingabe-Zeichen bewirken Ende der Ausdrucks)

TYPE zeichenklasse = SET OF char;

VAR  addop, multop, ziffer,
     klammerauf, klammerzu, weglassen:    zeichenklasse;
     wert                              :  real;

PROCEDURE initialisierung;
    BEGIN (initialisierung)
        weglassen  := [' '];           ziffer     := ['0'..'9'];
        addop      := ['+', '-'];      multop     := ['*', '/'];
        klammerauf := ['('];           klammerzu  := [')']
    END (initialisierung);

FUNCTION sichtbar (VAR ein : text             ;
                        erwartet: zeichenklasse): boolean;
    BEGIN (sichtbar)
        WHILE (ein↑ IN weglassen)  AND  NOT eoln(ein)
        DO     get (ein);
        sichtbar := (ein↑ IN erwartet)  AND  NOT eoln(ein)
    END (sichtbar);

FUNCTION ausdruck (VAR ein, aus: text): real;
    forward;

FUNCTION zahl (VAR ein, aus: text): real;
    VAR wert: real;
    BEGIN (zahl)
        read (ein, wert);  write (aus, wert: 5: 2);
        zahl := wert
    END (zahl);

FUNCTION faktor (VAR ein, aus: text): real;
    BEGIN (faktor)
        IF      sichtbar (ein, ziffer)
        THEN    faktor := zahl (ein, aus)
        ELSE IF sichtbar (ein, klammerauf)
        THEN BEGIN
                write (aus, '('); get (ein);
                faktor := ausdruck (ein, aus);
                write (aus, ')');
                IF sichtbar (ein, klammerzu)  THEN get (ein)
            END (klammerauf)
        ELSE BEGIN
                faktor := 1;    write (aus, '1')
            END (NOT (ziffer+klammerauf))
    END (faktor);

FUNCTION term (VAR ein, aus: text): real;
    VAR produkt: real;
        aktop  : char;
```

Durch diese
Pseudo-Deklaration
ist "ausdruck" bekannt,
ehe es deklariert wird.
So gelingt die
indirekte Rekursion.

```
    BEGIN (term)
       produkt := faktor (ein, aus);
       WHILE sichtbar (ein, multop)
       DO BEGIN
          read (ein, aktop);  write (aus, aktop);
          CASE aktop
          OF '*': produkt := produkt * faktor (ein, aus);
             '/': produkt := produkt / faktor (ein, aus)
          END (aktop)
       END (multop);
       term := produkt
    END (term);

FUNCTION ausdruck ((VAR ein, aus: text): real);
    VAR summe: real;
        aktop: char;
    BEGIN (ausdruck)
       IF   sichtbar (ein, addop)
       THEN summe := 0
       ELSE summe := term (ein, aus);
       WHILE sichtbar (ein, addop)
       DO BEGIN
          read (ein, aktop);  write (aus, aktop);
          CASE aktop
          OF '+': summe := summe + term (ein, aus);
             '-': summe := summe - term (ein, aus)
          END (aktop)
       END (addop);
       ausdruck := summe
    END (ausdruck);

BEGIN (tischrechner)
    initialisierung;
    WHILE NOT eof(INPUT)
    DO BEGIN
       wert := ausdruck (input, output);
       readln (input);
       writeln (output, ' = ', wert)
    END (NOT eof(input))
END (tischrechner).
```

10.5 Übungsaufgaben

10.1 Was kann man alles in Pascal deklarieren?

10.2 Eine Prozedur soll mitzählen, wie oft sie im Programmlauf aufgerufen wurde;
im Rumpf der Prozedur steht also die Anweisung "aufrufzaehler := succ
(aufrufzaehler)". An welcher Stelle des Programms muß die Variable aufrufzaehler deklariert und an welcher Stelle initialisiert werden?

10.3 Schreiben Sie das lotto-Programm mit Prozeduren zu Ende. Falls Sie selbst
Lotto spielen, ergänzen Sie es noch um die Auswertung von System-Tips.

11 Wer Ordnung hält, ist nur zu faul zum Suchen

11.1 Sortieren von Tabellen

Der Umgang mit umfangreichen Tabellen (etwa einem Telefonbuch) wird erheblich erleichtert, wenn die Einträge sortiert sind. Die ermüdende Arbeit, die gewünschte Reihenfolge herzustellen, wollen wir lieber dem Computer überlassen.

Tabellen haben wir bereits in Lektion 9 als Reihen von Verbunden kennengelernt. Einige der Felder dieser Verbunde, die Schlüsselfelder, werden für die Sortierung ausgewertet, andere "fahren" beim Sortieren nur so mit, sozusagen als Nutzlast. Beispiel: das Telefonbuch ist nach den Namen der Teilnehmer sortiert; der Name ist also das Schlüsselfeld. Falls zwei Teilnehmer gleich heißen, wird nach der Adresse geordnet; also haben wir hier ein zweites Schlüsselfeld. Die Telefonnummer ist aber kein Schlüsselfeld.

Die Schlüsselfelder (und damit die Sortierung) werden nach den jeweiligen Erfordernissen ausgewählt, dabei entstehen aus denselben Komponenten ganz verschiedene Tabellen, etwa ein deutsch-englisches und ein englisch-deutsches Wörterbuch. Meist will man Tabellen aufsteigend sortiert, d.h. größere Index-Werte gehören zu größeren Schlüsselwerten. Manche Tabellen will man aber lieber absteigend sortiert, etwa eine Fußball-Tabelle, wo zu größeren Punktzahlen kleinere Platznummern gehören.

Die verwendeten Sortierverfahren hängen überhaupt nicht von solchen Einzelheiten ab, daher werden wir diese in einem Datentyp und einer Funktion verstecken:

```
(Schema 11.1)
TYPE objekt  = RECORD (Schlüsselfelder und andere Felder) END;
     index   = 1..maxdex;
     tabelle = ARRAY [index] OF objekt;   ← Die Tabelle wollen wir sortieren
FUNCTION vor (a, b: objekt): boolean;     ← Danach wird sortiert.
     (true, wenn a in der Tabelle vor b stehen soll)
```

Diese Deklaration können wir ganz nach Belieben mit Inhalt füllen und so die abwegigsten Objekte nach den unterschiedlichsten Kriterien sortieren. Noch ein Hinweis: von den Aussagen "vor(x,y)" und "vor(y,x)" kann höchstens eine zutreffen, dagegen vertragen sich "NOT vor(x,y)" und "NOT vor(y,x)" durchaus! (In diesem Fall sind die Objekte x und y gleichrangig in der gewählten Sortierfolge.)

Oft weiß man beim Programmieren noch nicht, wieviele Objekte zu sortieren sein werden. Wir schreiben daher unsere Sortier-Prozeduren so, daß sie auch Teile von Tabellen sortieren. Dazu bekommen sie zwei zusätzliche Parameter lwbd (wie "lo-

wer bound") und upbd (wie "upper bound"). Nur der Tabellen-Teil mit Indizes aus
dem Bereich lwbd..upbd geht unsere Prozeduren etwas an; den Rest lassen sie unverändert.

Eine Tabelle wird durch Vertauschen ihrer Komponenten sortiert. Wer schon Dias
in einem Magazin geordnet hat, kennt die Tücken dieser Technik: um ein Dia ein-
zufügen, müssen alle Dias, die danach kommen, auf den Nachbarplatz gehoben werden. Um diesen Aufwand zu vermeiden, sortiert man die Tabelle vom einen Ende her
und fügt immer wieder das kleinste (1) Element des unsortierten Restes an den
sortierten Teil an.

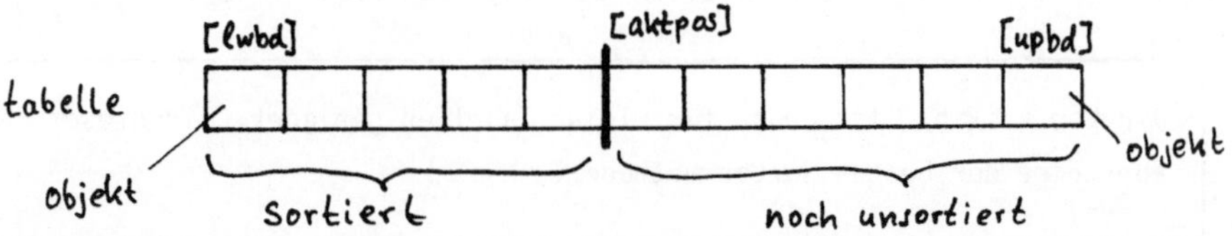

Dieses Verfahren heißt direkte Auswahl. Mit der oben bildlich dargestellten
Schleifeninvariante im Sinn schreiben wir es ohne Schwierigkeiten:

```
        FOR aktpos := lwbd TO upbd-1
        DO BEGIN
            {suche das kleinste Objekt in tab[aktpos..upbd]};
            {vertausche dieses Objekt mit tab[aktpos]        }
        END {aktpos}
```

Das kleinste Objekt zu finden, ist auch nicht schwer, und so ist unsere erste
Sortier-Prozedur schon fertig:

```
        {Beispiel 11.2: direkte Auswahl}
        PROCEDURE sortiere (VAT tab: tabelle; lwbd, upbd: index);

        VAR tauschobjekt              : objekt;
            aktpos, posmin, suchpos: index;

        BEGIN {sortiere}
          FOR aktpos := lwbd TO upbd-1
          DO BEGIN
            posmin := aktpos;
            FOR suchpos := aktpos+1 TO upbd
            DO IF   vor (tab[suchpos], tab[posmin])
                THEN posmin := suchpos;
            tauschobjekt := tab[aktpos];
            tab[aktpos]  := tab[posmin];
            tab[posmin]  := tauschobjekt
          END {aktpos}
        END {sortiere};
```

____

1) hier im übertragenen Sinne: das Element, das vor allen anderen kommen soll.

Mit diesem Verfahren wollen wir uns noch nicht zufrieden geben. Es braucht zwar nur wenig zusätzlichen Speicherplatz (ein Objekt und drei Indizes), aber bei der Rechenzeit kommt der Haken! Schauen wir mal nach, wie viele Vergleiche die direkte Auswahl erfordert, wie oft also die Funktion "vor" aufgerufen wird: die äußere Schleife wird (N-1)mal durchlaufen, wobei N=upbd-lwbd+1 die Zahl der zu sortierenden Objekte ist. Die innere Schleife (Laufvariable suchpos) wird für aktpos=lwbd (N-1)mal, für aktpos=lwbd+1 (N-2)mal durchlaufen, usw., insgesamt also ((N-1) + (N-2) + ... +1) mal. Jeder besseren Formelsammlung entnimmt man damit die Gesamtzahl der Schleifendurchläufe zu (N²-3*N+3)/2. Schlimm ist dabei der Term N², der bei großen Tabellen gewaltig Rechenzeit frißt.

Direkte Auswahl ist nur für kleine Tabellen geeignet, in diesem Fall aber eine der besten Sortiermethoden.

Teile und Herrsche
{divide et impera}

zerlege das Problem in einfachere Teil-Probleme

löse die Teil-Probleme einzeln

Füge die Lösungen der Teilprobleme zur Gesamt-lösung zusammen

Komplexe Probleme werden oft nach der Methode "Teile und Herrsche" bequem geknackt, siehe nebenstehendes Programmschema. Man muß "nur" eine geschickte Aufteilung des Problems finden. Das Sortier-Problem kann beispielsweise auf folgende Art in zwei kleinere Teilprobleme aufgespalten werden: Man wählt ein Objekt aus der Tabelle als "Vergleichsmaßstab" aus, vergleicht alle übrigen Objekte damit und verschiebt alle Objekte in der Tabelle so, daß die kleineren, größeren und gleichrangigen jeweils beisammen sind:

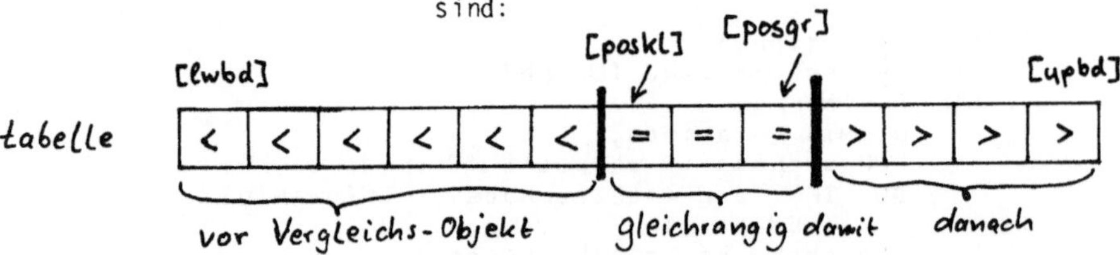

Der Mittelteil (poskl..posgr) ist jetzt schon fertig sortiert, die Bereiche lwbd ..poskl-1 und posgr+1..upbd sind zwei kleinere Sortierprobleme, die wir einfach durch rekursiven Aufrufe der Sortier-Prozedur erledigen. Danach liegt auch schon die Gesamtlösung vor; wir brauchen nicht einmal mehr Teillösungen zusammenzufügen. Die Indizes poskl und posgr zeigen auf die beiden Enden des Bereichs gleichrangiger Objekte; so vermeiden wir Bereichs-Überschreitungen, falls wir einmal das "kleinste" oder "größte" Objekt zum Vergleichsmaßstab wählen. Die

Grundidee für dieses Verfahren stammt von Hoare (2), doch teilt er die Tabelle nur in zwei Bereiche; sein Verfahren wurde unter dem Namen Quicksort berühmt.

Wie wir die Tabelle in die drei Bereiche zerlegen, hat Dijkstra (3) in seinem Buch "A discipline of Programming" an einem anderen Beispiel vorgemacht. Wir brauchen natürlich eine Schleife; ihre Invariante kann man (passend zum obigen Bild) so aufzeichnen:

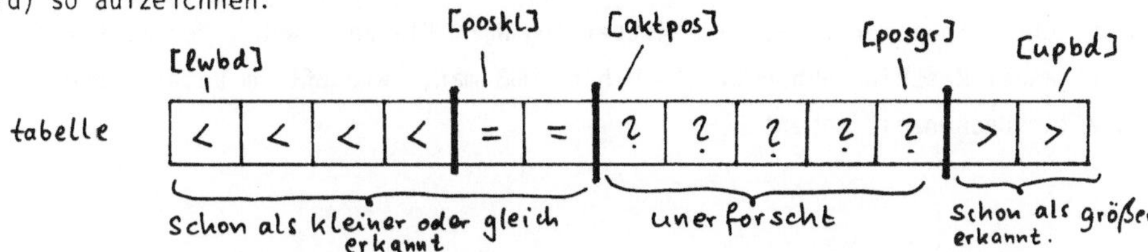

Die Tabelle besteht (vorübergehend) aus vier Bereichen: Ein Teil der Tabelle ist unerforscht, der Rest wurde bereits in die drei Bereiche aus dem oberen Bild eingeteilt. Wie es sich für eine richtige Schleifen-Invariante gehört, sind Anfangs- und Endzustand Sonderfälle davon. Die Prozedur lautet also:

```
(Beispiel 11.3: abgewandeltes Quicksort)
PROCEDURE sortiere (VAR tab: tabelle; lwbd, upbd: index);

  VAR aktpos, poskl, posgr: index;

  PROCEDURE tausche (p1, p2: index);
    VAR h: objekt;
    BEGIN h := tab[p1]; tab[p1] := tab[p2]; tab[p2] := h END;

  BEGIN (sortiere)
    IF    lwbd < upbd          { Diese Auswahl schützt uns davor,
    THEN BEGIN                    ┌hier "succ(upbd)" zu bilden. }
      poskl := lwbd; aktpos := succ(lwbd); posgr := upbd;
      WHILE aktpos <= posgr
      DO IF      vor (tab[aktpos], tab[poskl])
         THEN BEGIN
                tausche (aktpos, poskl);
                poskl := succ(poskl); aktpos := succ(aktpos)
              END (tab[aktpos] vor tab[poskl])
         ELSE IF vor (tab[poskl], tab[aktpos])
         THEN BEGIN
                tausche (aktpos, posgr);
                posgr := pred(posgr)
              END (tab[poskl] vor tab[aktpos])
         ELSE (gleichrangig)
                aktpos := succ(aktpos);
      IF poskl > lwbd+1  THEN sortiere (tab, lwbd, pred(poskl));
      IF posgr < upbd-1  THEN sortiere (tab, succ(posgr), upbd)
    END (lwbd<upbd)
  END (sortiere);
```

2) Charles Antony Richard Hoare, Professor in Oxford, bekannt durch seine Arbeiten zur Axiomatischen Definition von Programmiersprachen
3) Edsger Wybe Dijkstra, bekannt durch seine Beiträge zur Strukturierten Programmierung.

Diese Prozedur sieht zwar ein bißchen länger aus als die direkte Auswahl, ist aber bei großen Tabellen viel schneller. Stehen die Objekte vor dem Sortieren in ganz zufälliger Reihenfolge in der Tabelle, so ist die mittlere Rechenzeit für das Sortieren proportional zu N*log(N). Ab wieviel Tabellenplätzen sich Quicksort lohnt, müssen Sie mit Ihren Objekten und Ihrer Pascal-Maschine selbst ausprobieren. Allerdings braucht Quicksort (für die rekursiven Prozeduraufrufe) **zusätzlichen** Speicherplatz, im Mittel log(N)*x Plätze, wobei der Faktor X von Ihrer Pascal-Maschine abhängt. Auch hier muß man, wie oft im Leben, Speicherplatz für Rechenzeit geben!

11.2 Sortieren von Folgen

Externe Folgen bieten mehr Speicherplatz als lokale Variablen (Reihen, Folgen oder Ketten (4)), und sie können Daten von einem Programmlauf zu einem anderen übermitteln - gute Gründe, Daten in Folgen zu halten. Folglich muß man auch gelegentlich Folgen sortieren. Die beiden Methoden aus Lektion 11.1 passen nur schlecht zum Sortieren von Folgen, weil sie die Möglichkeiten des wahlfreien Zugriffs konsequent nutzen. Auf die Komponenten einer Folge kann man dagegen nur sequentiell zugreifen. Wir sind also hier in derselben Lage wie beim Patience-Legen: nur am Ende können die sortierten Folgen weiterwachsen - und die Pascal-Maschine läßt uns nicht mogeln!

Um zu einigermaßen akzeptablen Sortier-Zeiten zu kommen, teilt man also die gesamte Folge in (meist gleichgroße) Stücke, kopiert diese nacheinander in eine Hilfs-Tabelle und sortiert die Information in dieser Tabelle. Die so gewonnenen sortierten Teilstücke der Folge heißen Stränge; sie werden jeweils sofort auf eine andere Folge geschrieben, um die Tabelle für den nächsten Strang frei zu machen. Sind alle Komponenten in Strängen untergebracht, vereinigt man sooft mehrere Stränge zu einem längeren, bis die ganze Information in einem einzigen Strang versammelt ist: schon fertig. Die verschiedenen Sortier-Verfahren für Folgen unterscheiden sich nur darin, wo die einzelnen Stränge gespeichert werden und ob ein zusätzlicher Strang in der Hilfs-Tabelle gehalten wird.

---

4) siehe Lektion 12.2

Zwei Stränge werden durch Mischen vereinigt; das wollen wir uns näher ansehen.

11.4 Mischen

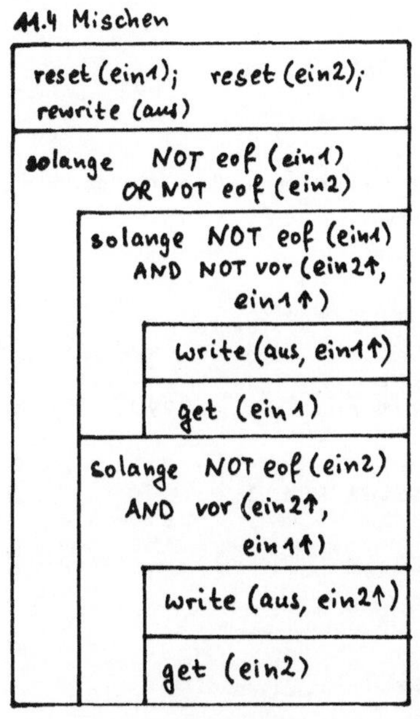

Wir können zwei (nach demselben Schlüssel) sortierte Folgen zu einer sortierten Folge oder den Inhalt einer sortierten Tabelle mit einer Folge mischen. Das Programmschema links ist für das Mischen zweier Folgen notiert, kann aber leicht für die anderen Anwendungen oder für mehrere Eingabe-Folgen abgewandelt werden. vor ist unsere Funktion aus Schema 11.1. Die Bedingungen sind in Schema 11.4 nicht ganz "pascalesisch": falls eof(ein2), darf ein2↑ nicht mehr angeschaut werden, also darf man "NOT eof(ein2) AND vor (ein2↑, ein1↑)" in Pascal nicht hinschreiben. Wir können uns auf zwei Arten helfen: statt der Booleschen Ausdrücke in den Bedingungen verwenden wir eine Funktion, die ganz korrekt mit "wenn" und "aber" (verzeihung: mit IF und ELSE) formuliert ist; oder wir hängen an jeden Strang als Wachtposten eine Komponente mit einem speziellen Schlüssel an, der sonst nie vorkommt und statt eof abgefragt werden kann.

In unseren nächsten Beispiel werden wir einen Strang in einer Tabelle aus der Eingabe erzeugen und mit einer vorhandenen Folge zu einer neuen (sortierten) Folge mischen. Sie sehen dabei, wie Schema 11.4 auf Tabellen angewandt wird und wie ein Wachtposten die Bedingungen vereinfacht. Das Programm führt eine Termin-Liste. Sie müssen es regelmäßig laufen lassen, und es wird Sie an alle Termine erinnern, die Sie ihm anvertraut haben. Ein- und Ausgabe könnten noch etwas komfortabler gestaltet werden, hier kam es uns ja in erster Linie auf das Sortieren und Mischen an.

```
{Beispiel 11.5}
PROGRAM terminkalender (input    {neue Termine}            ,
                        output   {bevorstehende Termine},
                        bestand  {Stamm-Datei}           );
CONST wortlng    = 20;
      maxdex     = 20;

TYPE externdatum = RECORD d:1..31; m:1..12; a:1982..9999 END;
     interndatum = 0..maxint; {Nummer des Tags ab 1.1.1982}
     index       = 0..maxdex;
     wort        = PACKED ARRAY [1..wortlng] OF char;
     objekt      = RECORD termin, melden: interndatum;
                          etermin          : externdatum;
                          anlass           : wort
                   END {objekt};
     tabelle     = ARRAY [index] OF objekt;
     folge       = FILE            OF objekt;
```

```
VAR   aktdex             : index;
      bestand, ergaenzt: folge;
      zugang             : tabelle;
      spaet, heute       : objekt;
      seitmrz            : ARRAY [1..12] OF 0..365;

FUNCTION vor (a, b: objekt): boolean;
   BEGIN vor :=     (a.melden < b.melden)
                OR (a.melden = b melden) AND (a.termin < b.termin)
   END (vor);


PROCEDURE initialisiere;
   BEGIN
     WITH spaet (das ist unser Wachtposten)
     DO BEGIN
         melden := maxint;  termin := maxint;
         etermin.d := 31; etermin.m := 12; etermin.a := 9999;
         anlass  := '********************'
     END (spaet);
     seitmrz[ 3] := 0;  { u.s.w. wie in Beispiel 8.1 }
     heute.anlass := '                        '
   END (initialisiere);


PROCEDURE liesdatum (VAR dt: objekt);
   BEGIN
     WITH dt.etermin
     DO BEGIN
        read (d);
        IF NOT eof  THEN get (input);
        IF NOT eof  THEN read (m);
        IF NOT eof  THEN get (input);
        IF NOT eof  THEN read (a);
        IF NOT eof
        THEN BEGIN get (input);
                   (Berechne dt.termin wie in Beispiel 8.1)
             END (NOT eof)
     END (dt.extern)
   END (liesdatum);

PROCEDURE mische (    ein1: tabelle; VAR ein2, aus: folge);
   VAR aktdex : index;
   BEGIN (mische)
     aktdex := 0;  reset (ein2);  rewrite (aus);
     WHILE vor (ein1[aktdex], spaet)  OR  vor (ein2↑, spaet)
     DO BEGIN
        WHILE           vor (ein1[aktdex], spaet)
             AND NOT vor (ein1[aktdex], ein2↑)
        DO BEGIN
           write (aus, ein1[aktdex]); aktdex := succ(aktdex)
        END (.. NOT vor (ein1[], ein2↑));
        WHILE vor (ein1[aktdex], ein2↑)
        DO BEGIN write (aus, ein2↑); get (ein2) END
     END (ein1[] oder ein2↑ vor spaet);
     write (aus, spaet)
   END (mische);
```

```pascal
PROCEDURE liestermin (VAR te: objekt);
   VAR vorwarnzeit : 0..maxint;
       aktpos      : 0..wortlng;
       puffer      : ARRAY [1..wortlng] OF char;
   BEGIN {liestermin}
     liesdatum (te);
     IF NOT eof  THEN read (vorwarnzeit);
     IF NOT eof  THEN get (input);
     IF NOT eof
     THEN BEGIN
          vorwarnzeit := abs (vorwarnzeit);
          IF   vorwarnzeit < te.termin
          THEN te.melden := te.termin - vorwarnzeit
          ELSE te.melden := 0;
          aktpos := 0;
          WHILE (aktpos < wortlng) AND NOT eoln
          DO BEGIN aktpos := aktpos+1; read (puffer[aktpos]) END;
          FOR aktpos := aktpos+1 TO wortlng
          DO  puffer[aktpos] := ' ';
          pack (puffer, 1, te.anlass);
          WHILE NOT eoln  DO get (input)
     END {NOT eof}
   END {liestermin};

PROCEDURE schreibetermin (te: objekt);
   BEGIN
     WITH te.etermin
     DO writeln (d:2, '.', m:2, '.', a:4, te.anlass: wortlng+1)
   END {schreibetermin};
BEGIN {terminkalender}
   initialisiere;
   liesdatum (heute);  IF eof THEN heute := spaet;
   heute.melden := heute.termin;

   liestermin (zugang[0]);    aktdex := 1;
   WHILE NOT eof AND (aktdex < maxdex)
   DO BEGIN
      liestermin (zugang[aktdex]); aktdex := succ(aktdex)
   END {NOT eof & aktdex < maxdex};
   sortiere (zugang, 0, aktdex-1);   zugang [aktdex] := spaet;

   reset (bestand);
   IF   eof (bestand)
   THEN BEGIN
        rewrite (bestand); write (bestand, spaet); reset (bestand)
   END {eof (bestand)};
   mische (zugang, bestand, ergaenzt);

   write ('Terminliste vom ');  schreibetermin (heute);
   reset (ergaenzt); rewrite (bestand);
   WHILE NOT eof (ergaenzt)
   DO BEGIN
      IF   ergaenzt↑.melden <= heute.melden
      THEN schreibetermin (ergaenzt↑);
      IF   ergaenzt↑.termin >= heute.termin
      THEN write (bestand, ergaenzt↑);
      get (ergaenzt)
   END {NOT eof(ergaenzt)};
   writeln ('----- Ende der Terminliste -----')
END {terminkalender}.
```

11.3 Suchverfahren

Eine Tabelle ordnet einem Wert, dem Argument, einen anderen Wert, das Resultat,
zu. Beispiel: ein Stundenplan ordnet jeder Zeit (bestehend aus Tag und Stunde)
ein Unterrichtsfach zu. Auf den nächsten Seiten wollen wir einige Methoden
(Datenstrukturen + Algorithmen) untersuchen, um solche Zuordnungen zu programmieren. Mit Hilfe von Tabellen werden auch Aufzählungswerte eingelesen: man
liest ein Wort (ARRAY ... OF char) und verwendet es als Argument einer Tabelle,
die als Resultat den zugehörigen Aufzählungs-Wert liefert.

Im einfachsten Fall kann man eine Zuordnung mit Hilfe einer Reihe realisieren:
der Index ist das Argument, die zugehörige Reihen-Komponente das Resultat. Diese
Methode, den direkten Zugriff, benützen wir schon seit Lektion 7 (typisches
Beispiel: 7.5), so daß wir hier nicht mehr viel darüber nachdenken werden.

Der direkte Zugriff ist nur dann sinnvoll, wenn die Argumente ohne große Lücken
einen Bereich umfassen, der sich als Index eignet. In allen übrigen Fällen verwendet man Typen wie in Lektion 9.2 (ARRAY...OF RECORD...) zur Darstellung.
Argument und Resultat stehen in verschiedenen Feldern desselben Verbunds und
sind einander dadurch zugeordnet. Das Argumenten-Feld wird auch in diesem
Zusammenhang gelegentlich als Schlüsselfeld bezeichnet. Tabellen könnten auch
durch andere Datenstrukturen (etwa FILE OF RECORD ...) dargestellt werden, doch
eignen sich die meisten Tabellensuchverfahren nur für Reihen.

Ein gesuchtes Argument muß nicht unbedingt in der Tabelle enthalten sein. Wir
brauchen daher (neben der Funktion "vor") noch eine Funktion "treffer", die an-
zeigt, ob zwei Objekte in ihren Schlüsselfeldern übereinstimmen. Wir werden die
diversen Tabellensuch-Methoden als Funktion vom Typ index formulieren; der
Funktionswert zeigt auf die Fundstelle. Falls das Argument in der Tabelle fehlt,
zeigt der Funktionswert irgendwo in die Tabelle; mit "treffer (tabelle[ergeb-
nis])" sieht das rufende Programm, ob die Suche erfolgreich war. Unsere
Suchmethoden greifen also auf folgende Deklaration zurück:

```
(Schema 11.6)
TYPE objekt  = RECORD (Argumenten- und Resultat-Felder)
               END (objekt);
     index   = 1..maxdex;
     tabelle = ARRAY [index] OF objekt;
FUNCTION treffer (a, b: objekt): boolean;
     (true, wenn a und b in den Argumenten-Feldern übereinstimmen)
```

Nun gut, das erste Suchverfahren, die Sequentielle Suche haben Sie sicher schon selbst verwendet, etwa um herauszufinden, auf welchem Tabellenplatz die F-Jugend des FC Konstanz gerade (5) steht. Man schaut einfach die Objekte der Reihe nach an, bis zum Treffer oder zum Tabellenende:

```
(Beispiel 11.7)
FUNCTION (lineare) suche (argument: objekt; t: tabelle): index;
  VAR aktdex: index;
  BEGIN (suche)
    aktdex := 1;
    WHILE (aktdex<maxdex)  AND  NOT treffer (argument, t[aktdex])
    DO    aktdex := succ (aktdex);
    suche := aktdex
  END (suche);
```

Dieses Verfahren vergleicht im Mittel N/2 Objekte mit dem Argument und ist daher für große Tabellen sehr zeitraubend. Andererseits kann es auf alle Arten von Datenbeständen angewandt werden, etwa auf Folgen (abgewandelt natürlich), auf unsortierte oder falsch (d.h. nach anderen Schlüsseln) sortierte Tabellen (6).

Schneller geht's mit der Binären Suche. Dabei nutzt man eine vorgegebene Sortierung der Tabelle aus: man schaut zunächst in die Mitte der Tabelle und entscheidet nach dem dort vorgefundenen Objekt, ob die Suche in der unteren oder oberen Hälfte der Tabelle fortgesetzt werden muß. Das klingt nach rekursivem Aufruf, geht aber auch iterativ, weil die Suche nur in einem Teil der Tabelle fortgesetzt wird (bei Quicksort bringen wir höchstens einen der beiden rekursiven Aufrufe weg, siehe Aufgabe 11.4):

```
(Beispiel 11.8)
FUNCTION (Binäre) suche (argument: objekt; t: tabelle): index;
  VAR lwbd, upbd, aktdex: index;
  BEGIN (suche)
    lwbd := 1;  upbd := maxdex;
    WHILE lwbd < upbd
    DO BEGIN
        aktdex := (lwbd+upbd) DIV 2;
        IF   vor (t[aktdex], argument)
        THEN lwbd := succ (aktdex)
        ELSE upbd :=        aktdex
      END (lwbd < upbd);
    suche := lwbd
  END (suche);
```

Dank der Sortierung (Funktion "vor" muß dazu passen!) geht diese Suche wesentlich schneller: wir brauchen log(N) bis log(N)+1 Vergleiche (7) zwischen Objekten. Bei Anfängern (und leider auch in Büchern) sieht man oft den Versuch, die

---

5) Seit Lektion 9.2 hat sie übrigens 10:0 gegen Dettingen-Wallhausen gewonnen.
6) sogar auf Ketten, siehe Lektion 12.2
7) Gemeint ist der Logarithmus dualis; eine ganze Zahl wird sich in diesem Bereich wohl finden lassen.

Suche noch mehr zu beschleunigen, indem sie bei einem Treffer vorzeitig abgebrochen wird, etwa mit:

    WHILE (lwbd < upbd) AND NOT treffer (argument, t[aktdex])

Dadurch spart man zwar in Einzelfällen einige Vergleiche, aber im statistischen
Mittel braucht man mehr Vergleiche als nötig!

Die Binäre Suche ist die schnellstmögliche Suchmethode für sortierte Tabellen.
Schneller können wir nur werden, wenn wir den richtigen Index erraten! Genau auf
dieser Idee beruht die Gestreute Ablage (auch "Hash-Code-Technik" genannt). Aus
dem Argument der Suche berechnet eine Funktion, die Schlüssel-Tranformation (o-
der "Hash-Funktion"), den Index, unter dem das gesuchte Objekt in der Tabelle
stehen sollte. Nur dort gucken wir nach - Treffer oder nicht, das geht wie der
Blitz. Natürlich darf die Tabelle jetzt nicht mehr sortiert sein, sondern die
Einträge müssen mit derselben Schlüssel-Transformation an ihre Plätze gekommen
sein. Ein klitzekleines Häkchen ist noch dabei: die Transformation bildet viele
verschiedene Schlüssel auf den gleichen Index ab (wenn das unnötig ist, nehmen
wir nämlich den direkten Zugriff). Darum können auch mal zwei verschiedene
Objekte unserer Tabelle denselben Platz beanspruchen - und was dann? Bei festen
Tabellen (etwa die zwölf Monate oder die sieben Wochentage) suchen wir einfach
eine bessere Transformation, die alle Schlüssel auf verschiedene Indizes abbil-
det, und ändern Programm und Tabelle. Wird die Tabelle aber aus Eingabe-Daten
aufgebaut (englische Vokabeln, Telefon-Teilnehmer oder Fußballvereine), so
müssen wir mit den Kollisionen leben. Dazu erfindet man zunächst ein spezielles
Objekt namens "frei", mit dem man alle freien Tabellenplätze kennzeichnet. Soll
ein Objekt auf einen freien Tabellenplatz eingetragen werden, tut man's. Ist der
Wunschplatz aber besetzt, muß man ausweichen, entweder auf einen anderen Platz
der Tabelle oder in eine eigene Überlauf-Tabelle. Auch der Ausweichplatz wird
nach festgelegten Regeln ausgewählt, damit man ihn bei der Tabellensuche
wiederfindet. Die verschiedenen Methoden der Gestreuten Ablage unterscheiden
sich nur durch die Ausweichregeln. Auf diesem Gebiet wurde schon viel
Forscherschweiß vergossen, weil durch schlechte Ausweichregeln und eine
ungeschickte Schlüssel-Transformation die Gestreute Ablage zur Linearen Suche
entarten kann! Behandelt man aber die Kollisionen richtig, so ist die Hash-
Methode die schnellste Art, eine Tabelle zu benützen.

```
(Beispiel 11.9)
FUNCTION (Hash-) suche (argument: objekt; t: tabelle): index;
  VAR aktdex : index;
      versuche: 0..maxdex;
```

```
BEGIN (suche)
  aktdex   := trafo (argument);
  versuche := 0;
  WHILE NOT ( treffer (argument, t[aktdex])   (gefunden)
          OR treffer (frei     , t[aktdex])   (nicht da)
          OR versuche = maxdex                 (Tabelle voll))
    DO BEGIN
        aktdex   := ausweichplatz (aktdex);
        versuche := succ          (versuche)
      END (NOT (gefunden OR nicht da OR Tabelle voll));
  suche := aktdex
END (suche);
```

Die einfachste (aber nicht die beste) Art auszuweichen geht so:

```
IF    aktdex = maxdex
THEN ausweichplatz := 1
ELSE ausweichplatz := succ (aktdex)
```

Das geht schneller als
succ(aktdex) MOD maxdex + 1

Man sollte darauf achten, daß die Schlüssel-Transformation gut streut und die
Tabelle höchstens dreiviertelvoll wird, dann kommt man auch mit dieser einfachen
Ausweich-Regel zu guten Laufzeiten.

Damit füllt man die Tabelle:

```
(Beispiel 11.9)
PROCEDURE (Hash-) eintrag (neu: objekt; VAR t: tabelle);
VAR aktdex  : index;
BEGIN (eintrag)
  aktdex   := suche (neu);
  IF       treffer (frei, t[aktdex])
  THEN     t[aktdex] := neu
  ELSE IF  treffer (neu, t[aktdex])
  THEN     (war's schon drin)
  ELSE     (Tabelle ist leider voll)
END (eintrag);
```

Die Schlüsseltransformation hängt natürlich von der Art der Schlüsselfelder ab.
Hier zwei Beispiele:

```
(Beispiel 11.9)
FUNCTION trafo (a: objekt): index;
BEGIN (trafo)
  trafo := a.argumentenfeld MOD maxdex + 1
END (trafo);
```

Argumentenfeld:
integer
(weitere Anregungen in
Beispiel 9.3)

```
(Beispiel 11.9)
FUNCTION trafo (a: objekt): index;
CONST c1 = 65536;
      c2 =   256;
      c3 =     1;
BEGIN (trafo)
  WITH a.argumentenfeld
  DO IF   lng = 0
     THEN trafo := 1
     ELSE trafo :=  (lng*c1 + ord(txt[1])*c2 + ord(txt[lng])*c3)
                    MOD maxdex    + 1
END (trafo);
```

Argumentenfeld: string
(siehe Beispiel 9.3)

11.4 Übungsaufgaben

11.1 Geben Sie weitere Beispiele von sortierten Tabellen aus dem Alltag und identifizieren Sie deren Schlüsselfelder.

11.2 Deklarieren Sie den Datentyp objekt aus Schema 11.1 so, daß tabelle eine Fußball-Tabelle wird. Schreiben sie dazu die passende Funktion "vor". Ergänzen Sie Beispiel 9.2 um eine Sortierung (nach den Spielen; vor der Ausgabe).

11.3 Wodurch ist garantiert, daß Quicksort (Beispiel 11.3) abbricht?

11.4 Im ungünstigsten Fall (selten!) braucht unsere Quicksort-Variante sogar x*N Speicherplätze. Dies läßt sich vermeiden, indem sortiere nur den kleineren der beiden unsortierten Brocken rekursiv, den größeren aber direkt (iterativ) sortiert. Bauen Sie diese Verbesserung in Beispiel 11.3 ein.

11.5 Wieso sortiert man nur Teile einer Folge in der Hilfstabelle und nicht eine Kopie der ganzen Folge?

11.6 Schreiben Sie zwei Prozeduren, eine, die ein Kalenerdatum liest, und eine, die eines ausgibt. Beide sollen dieselbe Monatstabelle benützen. Folgende Deklaration seien gültig:

```
    TYPE    monat        = (jan, feb, mrz, apr, mai, jun,
                            jul, aug, sep, okt, nov, dez);
            kalenderdatum = RECORD d: 1..31;  m: monat;
                                   a: 1582..9999        END;
    VAR    monatsname    : ARRAY [monat] OF wort;
```

Verwenden Sie diese beiden Prozeduren, um allen bisherigen Programmen, die mit Kalenderdaten hantieren, eine ordentliche Ein- und Ausgabe beizubringen.

12 Von Ketten und Bäumen

12.1 Selbstgestrickte Datenstrukturen

Mengen, Folgen, Reihen und ihre Kombinationen bieten zwar für viele Anwendungen die passende Datenstruktur, aber manchmal langt's halt doch nicht ganz. Wer hat sich nicht schon eine Folge gewünscht, in die man nachträglich eine Komponente einfügen kann? Oder: einen Ausdruck können wir zwar (mit rekursiven Prozeduren) verarbeiten, aber gescheit speichern, so daß die Zusammenhänge direkt in der Datenstruktur zum Ausdruck kommen, können wir ihn nicht. Mit den Zeigertypen kann man sich Datenstrukturen für jeden Zweck selbst schaffen. Der Preis für diese Flexibilität ist höherer Programmieraufwand und größere Fehleranfälligkeit der Programme, wenn man nicht haarscharf aufpaßt.

Zum Selbstbau von Datenstrukturen benützen wir ganz einfaches Handwerkzeug. Die Beziehungen zwischen den Komponenten werden durch Zeiger hergestellt. Bei der Deklaration eines Zeigers wird immer der Datentyp mit angegeben, auf den er zeigen soll:

```
TYPE zeiger = ↑objekt;
VAR  aktobj : zeiger;
```

Mit diesen Deklarationen (objekt muß zusätzlich deklariert sein), haben wir zwar einen Zeiger, aber noch keine Variable vom Typ objekt. Die wird ausnahmsweise nicht deklariert, sondern durch eine Anweisung erzeugt! Dadurch kann das Programm selbst berechnen und entscheiden, wieviele Komponenten eine Datenstruktur, die mit Zeigern aufgebaut wird, haben soll. Man kann also die Größe und Struktur dieser Datenstrukturen im allgemeinen nicht aus dem Programmtext alleine sehen, sondern braucht die Eingabedaten noch dazu; daher spricht man hier auch von dynamischen Datenstrukturen. Die Anweisung

```
new (aktobj)
```

bewirkt Zweierlei: eine Variable vom Typ objekt (1) wird erzeugt und mit der Variablen aktobj verbunden; fortan bezeichnet

```
aktobj↑
```

die neu geschaffene Variable.

Die Verhältnisse werden durch eine bildliche Darstellung etwas übersichtlicher. Dabei bezeichnen wir jede Variable durch ein Rechteck, in das wir den momentanen Wert eintragen. Zeiger-Werte werden dabei durch einen Pfeil dargestellt, der auf die verbundene Variable zeigt.

---

1) Aus den Deklarationen geht hervor, daß aktobj den Typ ↑objekt hat, die erzeugte Variable hat daher den Typ objekt (ein Pfeil weniger).

```
VAR z1, z2: zeiger;
  (z1 und z2 sind undefiniert)

new (z1);  new (z2);
  (z1 und z2 sind zwar definiert,
   aber z1↑ und z2↑ undefiniert  )

z1↑ := igel;  z2↑ := seegeist;
  (normale Zuweisung an Variablen)

z2↑ := z1↑;
  (normale Zuweisung an Variablen)


z1↑ := seegeist;
  (normale Zuweisung an Variablen)

z2  := z1;
  (Zeiger-Zuweisung! z2 zeigt auf
   eine andere Variable als vorher)

z1↑ := igel;
  (normale Zuweisung - aber:
   z2↑ ist dieselbe Variable wie z1↑
   und ändert sich daher mit       )
```

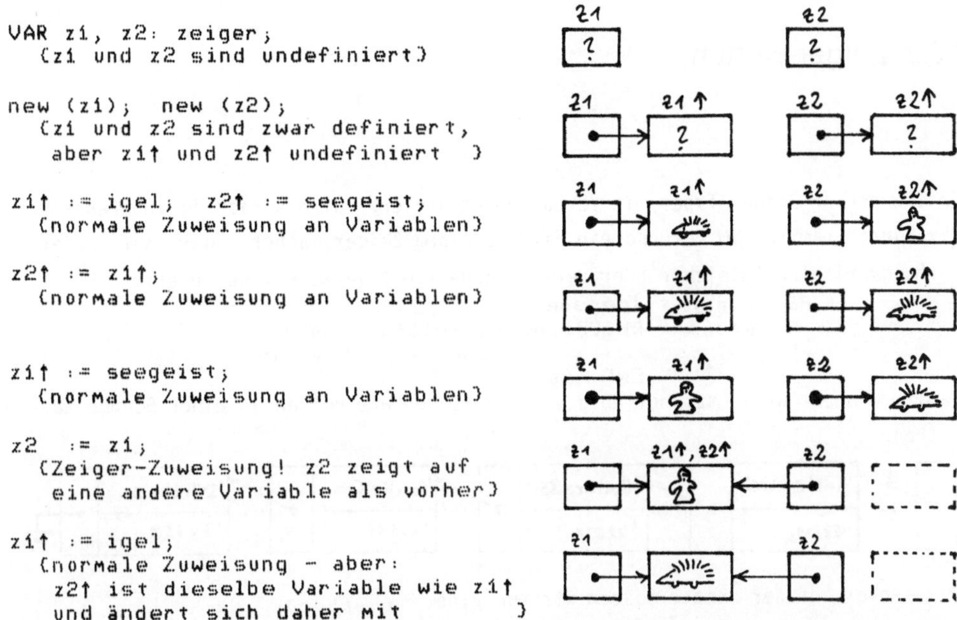

Bei der Zuweisung z2:=z1 vergaß z2 die Variable, die den Igel enthielt. Wenn nur
z2 auf diese Variable gezeigt hat, so ist sie damit unerreichbar geworden. Eine
gute Pascal-Maschine sollte das bemerken und den Speicherplatz, den diese Variable beansprucht hat, bei späteren new-Anweisungen wieder verwenden - aber die
meisten Pascal-Maschinen sind nicht so sparsam! Wir vermeiden also lieber, daß
unsere Variablen unerreichbar werden, verwenden unnütz gewordene Variablen
selbst für andere Zwecke und ersparen uns so unnötige new-Anweisungen und damit
unnötigen Speicherverbrauch.

Für Variablen, die mit new erzeugt wurden, gilt die normale Blockstruktur nicht;
sie "leben", solange noch irgend ein Zeiger an ihnen interessiert ist. Damit
kann man also in einer Prozedur eine Variable erzeugen und den Zeigerwert (und
damit den Zugriff auf die Variable) als Ergebnis aus der Prozedur herausgeben.
Zeiger sind sogar als Funktionswerte zugelassen.

Für die Erzeugung von Verbund-Variablen gibt es eine Variante der new-Anweisung:
man kann (aber soll nicht!) Varianten-Schlüssel angeben. Beispiel:
```
        VAR akttermin: ↑termin (siehe Lektion 8.3)
        (...)
            new (akt, geburtstag);
```
So erzeugte Variablen unterliegen diversen Einschränkungen: die Unterscheidungs-
Felder dürfen nicht verändert werden, und man darf die Variable akttermin↑
nur komponentenweise (nicht im Ganzen) verwenden.

12.2 Zeiger-Ketten

Erst wenn man Zeiger-Typen mit Verbunden kombiniert, wird's richtig interessant.
Wir können nämlich im Verbund ein Feld zu einem Zeiger machen, der auf andere
Verbundvariablen (gleichen oder verschiedene Typs) verweist. Beispiel:

```
TYPE zeiger = ↑person;
     person = RECORD name, telefon: wort;
                     nachbar       : zeiger
              END (person);
```

Damit können wir jetzt beliebig viele Personen wie Perlen an einer Schnur auf-
reihen:

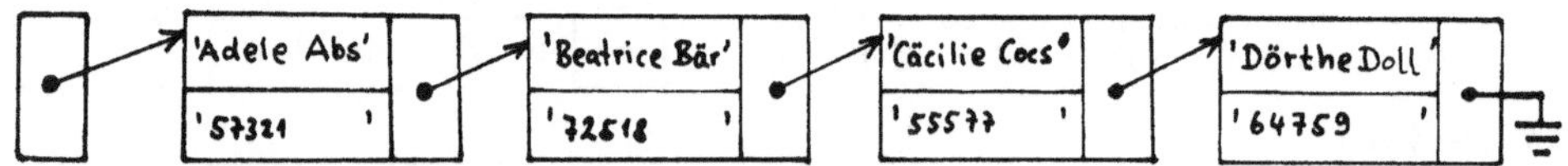

Als Anker dieser Kette müssen wir nur eine
einzige Variable vom Typ zeiger deklarieren,
alle übrigen Kettenglieder werden (mit new)
dynamisch erzeugt und angehängt. Das Ende
solch einer Liste lassen wir nicht einfach
undefiniert in der Luft hängen, sondern wir
"erden" es (siehe Bild oben), indem wir dem
nachbar-Feld den speziellen Wert NIL zuweisen. Obacht: Wenn p=NIL, darf man nicht p↑
sagen. Klinken wir einmal beim Aufbau einer
Kette alle neuen Glieder am Anfang, unmittelbar hinter dem Kopf ein. Dadurch hängt
nachher das jüngste Kettenglied vorn in der
Kette, das älteste hinten. Das folgende Programm druckt also die Eingabezeichen in um-
gekehrter Reihenfolge wieder aus.

```
(Beispiel 12.1)
PROGRAM umkehr (input, output);
   (druckt den gelesenen Text rückwärts)

TYPE zeiger = ↑glied;
     glied  = RECORD wert   : char;
                     nachbar: zeiger
              END (glied);

VAR  anker, aktuell: zeiger;
```

(vorher)

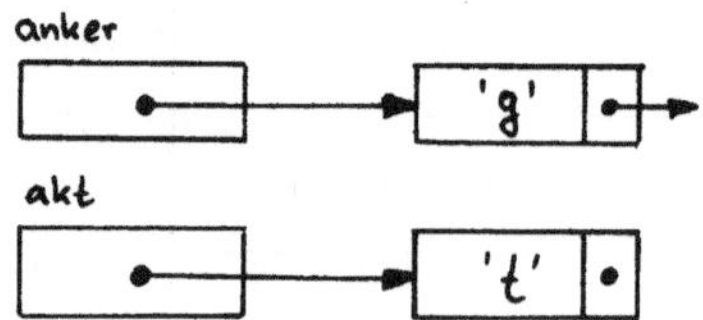

akt↑.nachbar := anker;

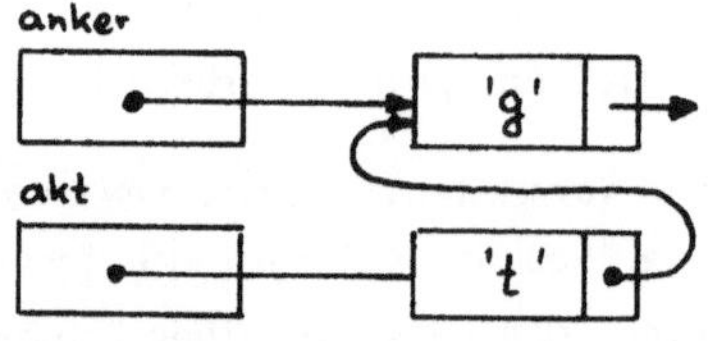

anker := akt;

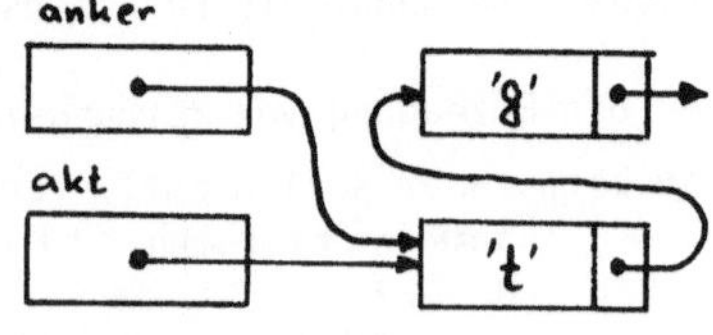

```
BEGIN (umkehr)
   anker := NIL;
   new (aktuell);  read (aktuell↑.wert);
   WHILE NOT eof
   DO BEGIN
      aktuell↑.nachbar := anker;  anker := aktuell;
      new (aktuell);  read (aktuell↑.wert)
   END (NOT eof);

   WHILE anker <> NIL
   DO BEGIN write(anker↑.wert); anker := anker↑.nachbar END;
   writeln
END (umkehr).
```

Ergebnis: !ein negeR mi tgaz ellezaG tim regeN niE

Wir können auch leicht ein Glied aus der Kette herauslösen, etwa das vorderste
(diesmal ohne Bild); dabei müssen wir nur aufpassen, daß nie ein Zeiger NIL ausgewertet wird.

```
   aktuell := anker;
   IF   anker <> NIL
   THEN BEGIN anker := aktuell↑.nachbar; aktuell↑.nachbar := NIL END
```

Die letzte Wertzuweisung ist eine Vorsichtsmaßnahme: alle Zeiger, die gerade
nicht gebraucht werden, erden wir sofort, damit Programmierfehler nicht zu
unübersichtlichen Schmutzeffekten führen. Noch zeigt "aktuell" auf das aus-
gekettete Glied. Wir können es mit

```
        dispose (aktuell); aktuell := NIL
```

an die Pascal-Maschine zurückgeben und hoffen, daß der freigewordene Speicher
gelegentlich bei einer new-Anweisung wieder verwendet wird (2). Wir können es
stattdessen auch in eine andere Kette einfügen (mit denselben Anweisungen wie in
Beispiel 12.1). Statt dispose zu verwenden, können wir auch alle momentan nicht
benötigten Kettenglieder in eine spezielle Freispeicher-Kette einhängen und -
statt new aufzurufen - bei Bedarf dort wieder herausholen.

Wenn wir - wie bisher - Glieder stets am Anfang einer Kette ein- und ausketten,
wird das Glied, das zuletzt eingekettet wurde, zuerst wieder entfernt; ein
Speicher, in dem diese LIFO-Disziplin (3) gilt, heißt Keller (englisch "stack").
Genausogut können wir in einer Kette eine FIFO-Disziplin (4) befolgen und
dadurch eine Warteschlange (englisch "queue") erzeugen: wir brauchen nur neue
Glieder immer am Ende anzuhängen und - wie beim Keller - verarbeitete Glieder
vorn auszuketten. Dazu führen wir (zusätzlich zum Anker) einen Zeiger auf's Ende
der Kette ein, er heißt üblicherweise "fuss" (und der Anker heißt dann
entsprechend 'kopf"). Wir müssen den Fuß beim Ein- und Ausketten auf dem Laufen-

---

2) Bei den meisten Pascal-Maschinen ist dispose allerdings wirkungslos!
3) Last In - First Out
4) First In - First Out

den halten, dafür erleichtert er uns dann das Einketten am Ende; die folgenden
drei Prozeduren zeigen es:

```
{Beispiel 12.2}
  PROCEDURE leerekette (VAR kopf, fuss: zeiger);
    BEGIN kopf := NIL;  fuss := NIL  END;

  PROCEDURE hintenanketten (VAR kopf, fuss: zeiger;
                                aktuell   : zeiger);
    BEGIN
       aktuell↑.nachbar := NIL;
       IF   fuss = NIL
       THEN kopf := aktuell
       ELSE fuss↑.nachbar := aktuell;
       fuss := aktuell
    END {hintenanketten};

  PROCEDURE vornabketten (VAR kopf, fuss, aktuell: zeiger);
    BEGIN
       aktuell := kopf;
       IF   aktuell <> NIL
       THEN BEGIN
            kopf := aktuell↑.nachbar; aktuell↑.nachbar := NIL;
            IF kopf = NIL   THEN fuss := NIL
       END {aktuell <> NIL}
    END {vornabketten};
```

Schließlich kann man in einer Kette auch an beliebiger Stelle Glieder einfügen
oder ausketten. Dazu braucht man nur einen zweiten Zeiger "links", der auf die
Stelle der Kette zeigt, <u>hinter</u> der sich was ändern soll.

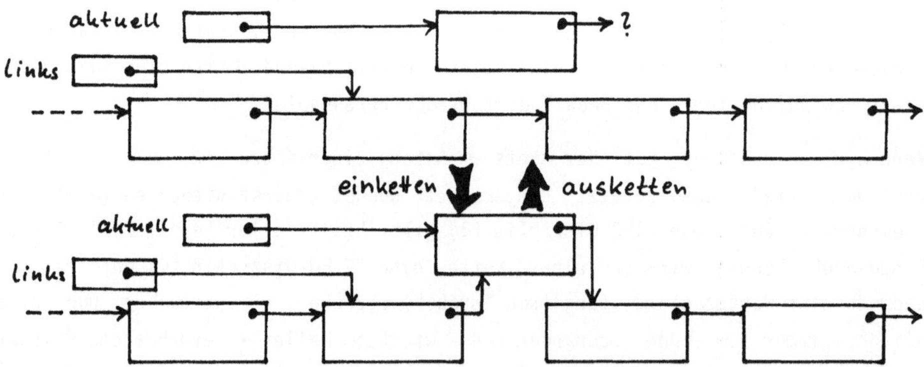

Auch das geht mit zwei Zeiger-Änderungen, nur müssen wir zahlreiche Sonderfälle
berücksichtigen. Verabreden wir, daß bei links=NIL am Anfang der Kette aus- oder
eingekettet wird, so können wir die beiden Operationen mit folgenden Prozeduren
bewerkstelligen:

```
(Beispiel 12.3)
  PROCEDURE einketten (VAR kopf,    fuss      : zeiger;
                           l(inks), a(ktuell): zeiger);
    BEGIN
    IF   l = NIL
    THEN BEGIN
         a↑.nachbar := kopf;                 kopf := a  END
    ELSE BEGIN
         a↑.nachbar := l↑.nachbar; l↑.nachbar := a  END;
    IF fuss = l         THEN                 fuss := a
    END (einketten);


  PROCEDURE ausketten (VAR kopf, fuss, a(ktuell): zeiger;
                           l(inks)            : zeiger);
    BEGIN
    IF   kopf = NIL
    THEN a   := NIL (Leere Kette, nichts auszuketten)
    ELSE BEGIN
         IF   l = NIL
         THEN BEGIN
              a := kopf;             kopf := a↑.nachbar END
         ELSE BEGIN
              a := l↑.nachbar; l↑.nachbar := a↑.nachbar END;
         IF   a↑.nachbar = NIL
         THEN fuss := NIL
         ELSE a↑.nachbar := NIL
    END (aktuell <> NIL)
  END (ausketten);
```

Damit können wir eine Kette wie eine Folge benützen, in der jederzeit Glieder an beliebiger Stelle eingefügt und gelöscht werden können. Wie man alle Glieder einer Folge nacheinander anschaut, haben wir im Ausgaben-Teil von Beispiel 12.1 gesehen. Ketten können also Folgen ersetzen, und der Programmierer muß in jedem Einzelfall entscheiden, wie er die benötigten Datenstrukturen mit den Sprachmitteln von Pascal realisiert. Hier einige Tips: wo es auf bequemes Einfügen und Entfernen von Komponenten ankommt, bieten sich Ketten an. Schneller (und direkter) Zugriff auf Einzelkomponenten ist die Domäne der Reihen. Folgen sind tüchtig im Aufbewahren großer Datenmengen, eventuell sogar für einen anderen Programmlauf. Übrigens: unsere Kettenglieder kann man auch in einen FILE OF glied schreiben, aber betrachten Sie jeden von der Folge wieder eingelesenen Zeiger als undefiniert!

12.3 Binäre Bäume

Ein Binärer Baum (im Sinne der Informatik) ist eine Datenstruktur, deren
Komponenten als Knoten bezeichnet werden und nach folgender rekursiven Regel
durch Kanten verbunden sind: ein Baum besteht entweder aus gar keinem Knoten
oder aus einem Knoten (namens Wurzel), dem höchstens zwei Bäume nachgeordnet
sind. Solche Bäume zeichnet man üblicherweise mit der Wurzel oben und den
Blättern unten, womit wir einen wichtigen Unterschied zur Forstwirtschaft gefunden hätten:

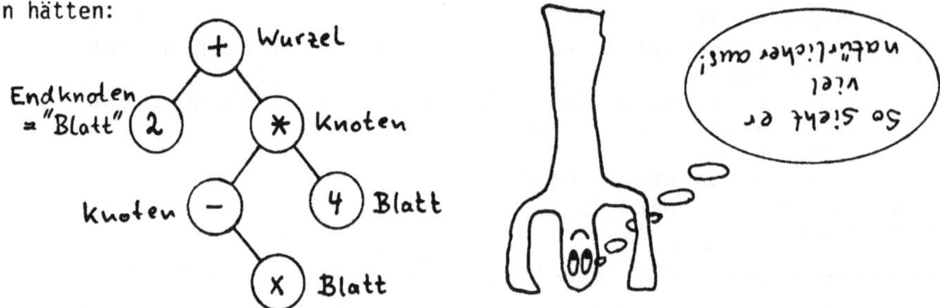

Mit ihrer rekursiven Definition eignen sich diese Bäume ganz prächtig, diverse
rekursive Strukturen darzustellen, etwa einen arithmetischen Ausdruck.
Tatsächlich ist der oben gezeichnete Baum eine sehr praktische Darstellung für
den Ausdruck

$$2 + ((-X) * 4)$$

In Pascal können wir Bäume ganz leicht mit Verbunden realisieren, die zwei
Zeiger enthalten:

```
(Beispiel 12.4)
TYPE knotenart = (formel, variable, zahl);
     zeiger = ↑knoten;
     knoten = RECORD CASE art: knotenart
                   OF  formel : (op            : char ;
                                 links, rechts: zeiger);
                       variable: (name          : char );
                       zahl    : (wert          : real )
              END (knoten)
```

Damit wird unser Bäumchen zu einer Pascal-Datenstruktur:

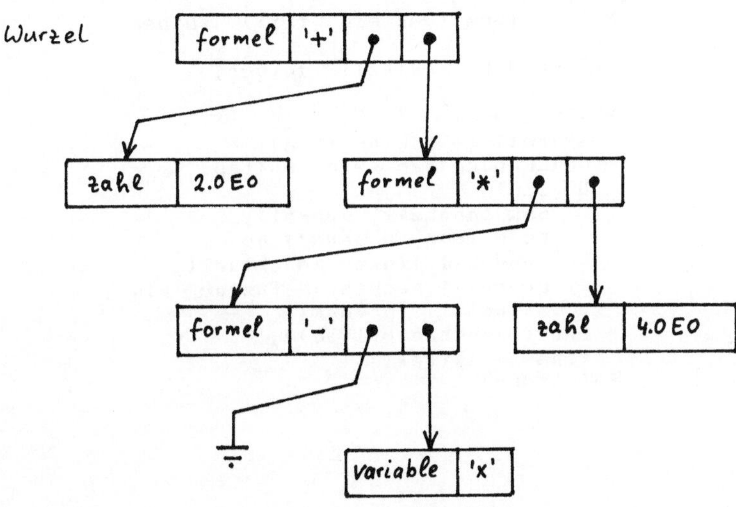

Solche Datenstrukturen baut und verarbeitet man (selbstverständlich) mit rekursiven Prozeduren. So kann man etwa einen Ausdruck ganz einfach in einen "lesbaren" String zurückverwandeln:

```
(Beispiel 12.4)
PROCEDURE gibaus (wurzel: zeiger);

BEGIN (gibaus)
   IF   wurzel <> NIL
   THEN CASE wurzel↑.art
        OF   zahl     : write (wurzel↑.wert: 1: 2);
             variable: write (wurzel↑.name: 1    );
             formel   : BEGIN
                         write  ('('          : 1);
                         gibaus (wurzel↑.links );
                         write  (wurzel↑.op : 1);
                         gibaus (wurzel↑.rechts);
                         write  (')'          : 1)
                        END (formel)
        END (wurzel↑.art)
END (gibaus);
```

Wie man Ausdrücke einliest und versteht, haben wir im Beispiel 10.7 gesehen. Statt den Ausdruck auszurechnen, kann man den Baum aufbauen. Die Funktion term müßte dazu so aussehen:

```
(Beispiel 12.4)
FUNCTION term (VAR ein: text): zeiger;

   VAR produkt, aktuell: zeiger;

   BEGIN (term)
     aktuell := faktor (ein);
     WHILE sichtbar (ein, multop)
     DO BEGIN
        new (produkt, formel);
        read (ein, produkt↑.op);
        produkt↑.links  := aktuell;
        produkt↑.rechts := faktor (ein);
        aktuell := produkt
     END (sichtbar(multop));
     term := aktuell
   END (term);
```

Wenn Sie die übrigen Funktionen entsprechend abändern, entsteht aus Beispiel 10.7 ein Programm, das Ausdrücke versteht und "im Kopf behält". Mit Prozedur gibaus kann man den Kontrolldruck vornehmen, ganz ähnlich kann eine Funktion aufgebaut sein, die den Wert von Ausdrücken berechnet. Ausdrücke, die als binärer Baum gespeichert sind, kann man aber auch anders behandeln, etwa vereinfachen. Programmieren Sie einmal folgende Vereinfachungs-Regeln und sehen Sie nach, wie sie unserem Ausdruck "2+(-X)*4" bekommen:

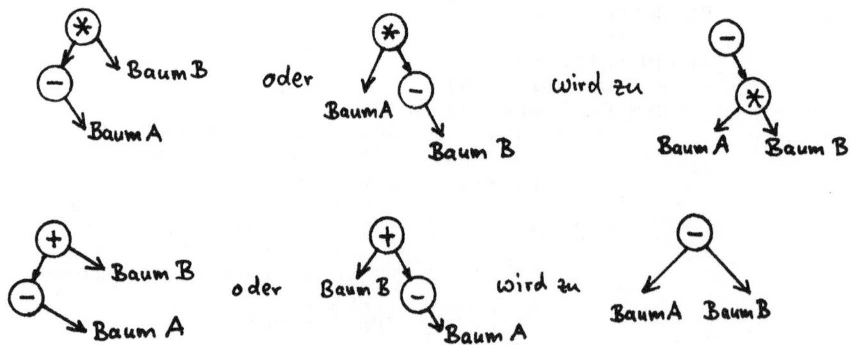

Das ist bereits der Grundstock zu einem Formelmanipulations-Programm; weitere Regeln müssen Sie allerdings selber finden, weil wir uns noch eine weniger mathematische Anwendung binärer Bäume ansehen wollen.

Binäre Bäume können auch das Sortieren und Wiederfinden erleichtern und so als alternative Realisierung von Tabellen dienen. Die Komponenten dieses Baumes enthalten Schlüssel- und Resultatfelder der Tabelle und dazu noch Zeiger wie in Beispiel 12.4. Ein Telefonbuch (Schlüsselfeld: Name, Resultatfeld: Nummer) sieht dann beispielsweise so aus:

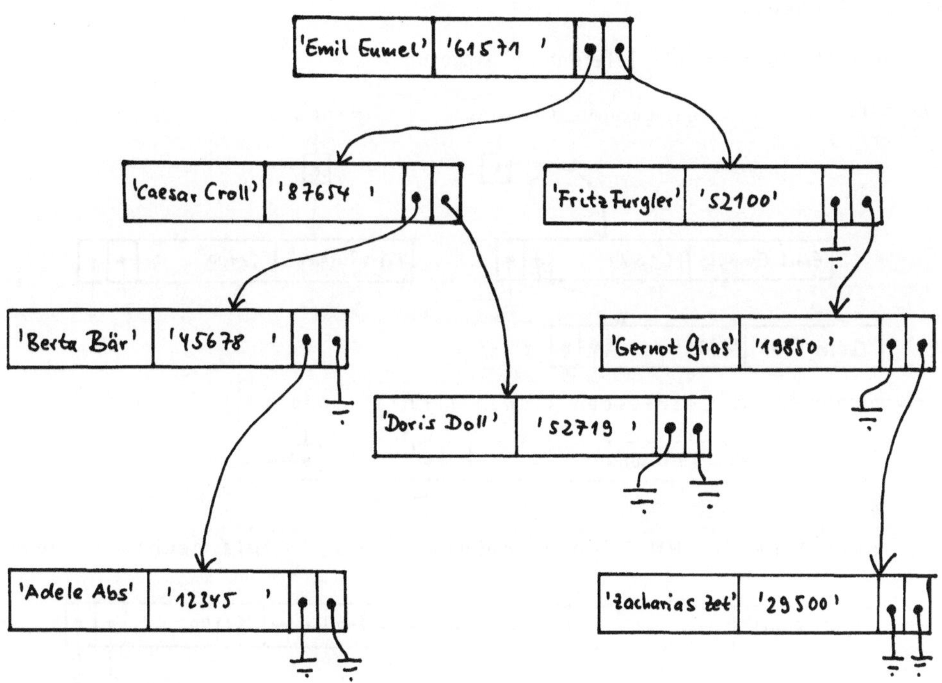

Die Wurzel dieses Baumes verweist mit ihrem Zeiger "links" auf einen Teilbaum aus lauter Komponenten, die in der Sortierfolge vor der Wurzel liegen, mit ihrem Zeiger "rechts" verweist sie auf einen Teilbaum aus lauter Knoten, die nicht vor die Wurzel sortiert werden. Für jeden Teilbaum gilt wieder dasselbe. Solch ein sortierter Baum wird durch wiederholten Aufruf der Prozedur einfuegen aufgebaut; "vor" gibt die Sortierfolge wie in Lektion 11:

```
(Beispiel 12.5)
PROCEDURE einfuegen (VAR wurzel: zeiger; zweig: zeiger);
   {fügt zweig↑ in den Baum wurzel↑ sortiert ein}

BEGIN (einfuegen}
   IF    wurzel = NIL
   THEN BEGIN
           zweig↑.links := NIL;  zweig↑.rechts := NIL;
           wurzel := zweig
        END {wurzel=NIL}
   ELSE IF   vor (zweig↑, wurzel↑)
        THEN einfuegen (wurzel↑.links,  zweig)
        ELSE einfuegen (wurzel↑.rechts, zweig)
END (einfuegen};
```

So wurde Fritz Furgler in's Telefonbuch eingefügt:

Aufruf: einfuegen (tel,   neu)

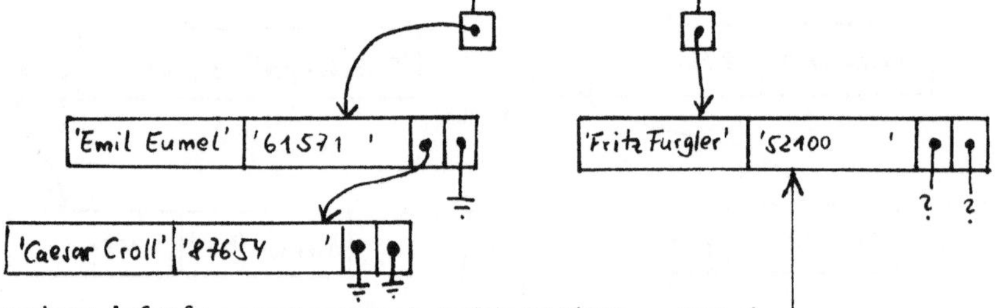

'Emil Eumel' '61571 '

'Caesar Croll' '87654 '

'Fritz Furgler' '52100   '

rekursiver Aufruf: einfuegen (tel↑.rechts, neu)

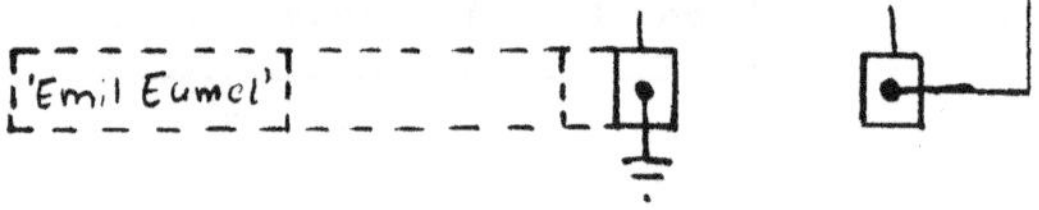

'Emil Eumel'

neu↑.links := NIL;   neu↑.rechts := NIL;   tel↑.rechts := neu;

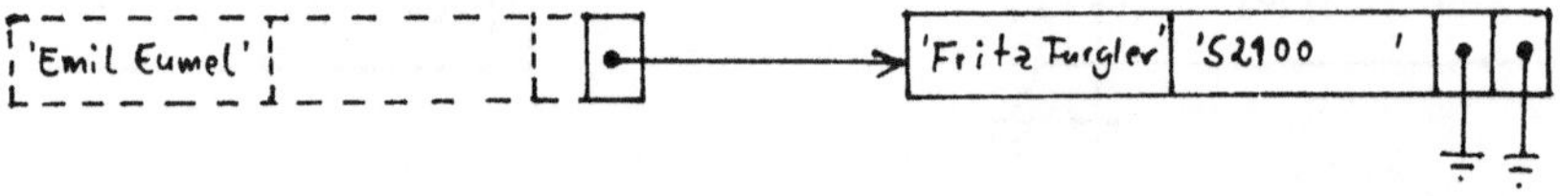

'Emil Eumel'   'Fritz Furgler' '52100   '

Wirkung im gesamten Baum: tel   neu

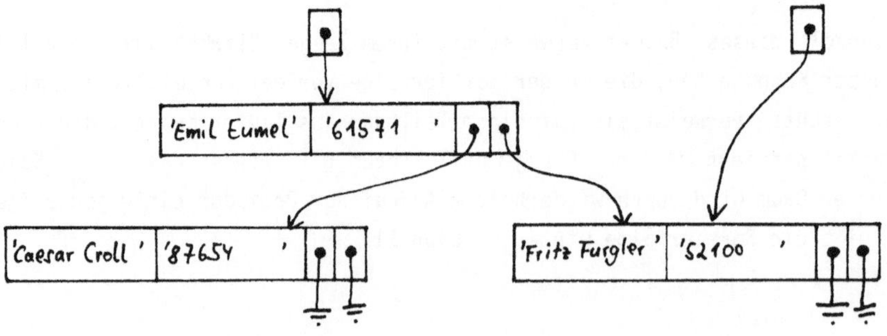

'Emil Eumel' '61571   '

'Caesar Croll ' '87654   '   'Fritz Furgler ' '52100   '

Die Ausgabe des sortierten Telefonbuches geht ganz ähnlich wie in Prozedur "gibaus" von Beispiel 12.4; einzelne Einträge werden mit demselben Fallunterscheidungen wie beim Einfügen auch wieder aufgesucht.

Beispiele 12.4 und 12.5 haben - obwohl unvollständig - wohl zur Genüge gezeigt, wie vielseitig anwendbar der Binäre Baum ist. Die Beschränkung auf zwei Teilbäume pro Knoten ist keine echte Einschränkung: F.L. Bauer (5) hat schon vor vielen Jahren gezeigt, wie drei- und vierzinkige Informatiker-Gabeln aus Binären Gabeln entstehen (siehe Bild). In der Tat ist der Binäre Baum so vielseitig, daß die Programmiersprache LISP mit einem einzigen Datentyp auskommt, den wir in Pascal so deklarieren würden:

```
TYPE atomoderknoten = (atom, knoten);
     objekt = RECORD CASE art: atomoderknoten
                  OF  atom : (wert    : char   );
                      knoten: (car, cdr: ↑objekt)
              END {objekt}
```

Ketten (etwa Strings) kann man daraus so aufbauen:

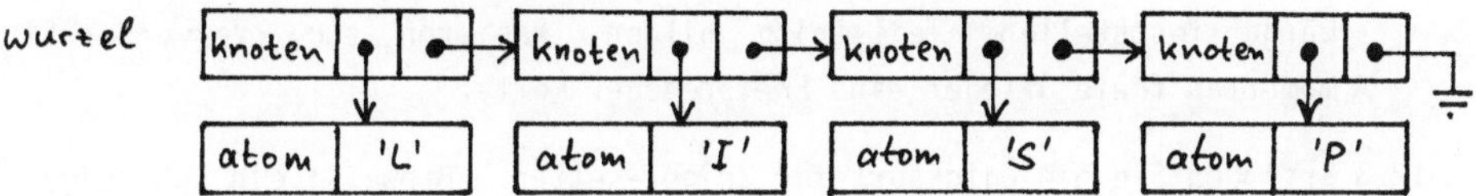

Auch Bäume, Tabellen und alle übrigen Datenstrukturen können aus diesen einfachen Bausteinen zusammengestellt werden. In Pascal geht alles etwas direkter und weniger fehleranfällig, weil für jeden Bedarf die passenden Zeigerfelder und Datenfelder deklariert werden können.

---

5) Friedrich Ludwig Bauer (*10.6.1924), Professor für Informatik in München

12.4 Übungsaufgaben

12.1 Erfinden Sie eine ringförmige Datenstruktur, zum Beispiel für Wochentage: die Anweisung "morgen := heute↑.succ" soll für jeden Tag den richtigen Nachfolger finden.

12.2 Strings beliebiger Länge kann man mit Hilfe einer Zeiger-Kette realisieren. Man wird dazu - anders als in Beispiel 12.1 - mehrere (etwa 10..20) Zeichen in jedem Kettenglied speichern. Entwerfen Sie eine geeignete Datenstruktur und schreiben Sie Prozeduren für einige String-Operationen, wie anhängen, Länge feststellen, Teilstring bilden, kopieren etc. Verwenden Sie für momentan freie Glieder eine Freispeicher-Kette.

12.3 Erfinden Sie ein Quicksort für Zeiger-Ketten. Hinweis: ein Fuß-Zeiger (wie in Beispiel 12.2) erleichtert das Zusammenfügen der Teilergebnisse.

12.4 Erfinden Sie Ihr eigenes Formel-Manipulations-System. Mögliche Vereinfachungen von Ausdrücken: Teilausdrücke, die keine Variablen enthalten, können berechnet und folglich durch einen Knoten (art=zahl) ersetzt werden, "0+", "+0", "1*", "*1" und "/1" können wegfallen; "a-a" kann durch 0, "a/a" durch 1 ersetzt werden, wobei a einen beliebigen Ausdruck darstellt. (Problem: wie erkennt man, daß zwei Ausdrücke identisch sind?).

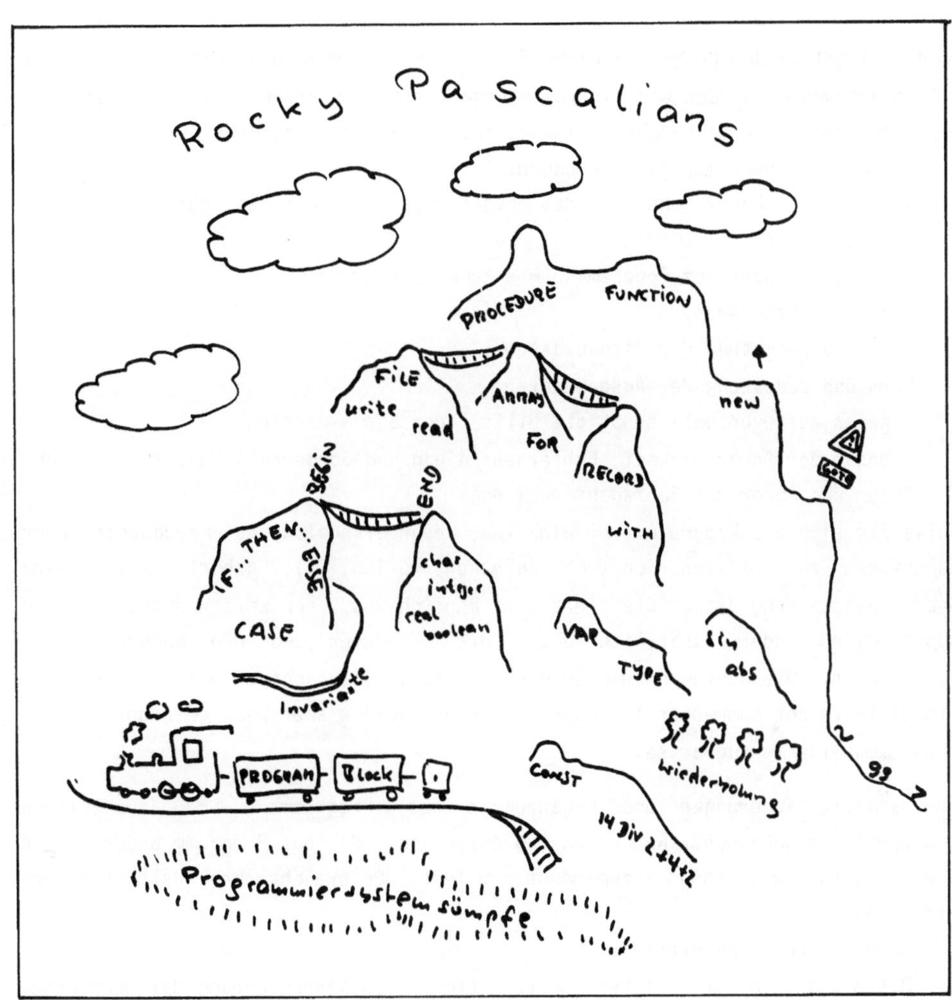

13 Was sonst noch zu sagen ist

13.1 Programm-Dokumentation

In der Regel werden Programme nicht für den Papierkorb produziert, sondern sie sollen angewendet werden und sinnvolle Ergebnisse produzieren. Daher gehört zu jedem Programm eine Gebrauchsanweisung, aus der alles hervorgeht, was der Anwender wissen muß. Hier einige Anregungen:

- eindeutige Kennzeichnung des beschriebenen Programms durch Name und Änderungsstand,
- Aufbewahrungsort des Programms (wie komme ich dran?),
- Zweck des Programms,
- Form und Bedeutung der Eingabedaten,
- Form und Bedeutung der Ausgabedaten,
- Hinweis auf eventuell benötigte Hilfs- oder Stamm-Dateien,
- Grenzen der Anwendbarkeit, Fehlerbehandlung und Sonderfälle und schließlich
- Datum und Autor der Gebrauchsanweisung.

Falls Sie sich als Programmierer einzelne, besonders gelungene Prozeduren oder Funktionen zu späteren Gebrauch aufheben wollen (1), gehört da auch eine Gebrauchsanweisung dazu. Die sieht ganz ähnlich aus, nur werden statt Ein- und Ausgabedaten (oder zusätzlich dazu) die Parameter und die Nebenwirkungen beschrieben. Die Gebrauchsanweisung kann - falls sie nicht zu umfangreich ist - als einleitender Kommentar im Programm stehen, sollte aber auch getrennt von der Programmquelle verfügbar sein.

Für spätere Änderungen und Ergänzungen des Programms wird zusätzliche Dokumentation gebraucht. Natürlich muß derjenige, der das Programm ändert, die Gebrauchsanweisung kennen - zumindest zum Test. Er braucht aber zusätzlich noch diese Angaben:

- Name des Programmierers
- Datum und Grund der letzten Änderung (am besten Kennzeichnung der geänderten Stellen im Programm selbst),
- Beschreibung der verwendeten Verfahren (sofern nicht allgemein üblich oder leicht aus der Quelle zu entnehmen) oder Verweis auf entsprechende Literatur,
- Kurzbeschreibung der Aufgabe jedes einzelnen Unterprogramms,
- Konsistenzbedingungen der verwendeten Datentypen und Konstanten.

Da man zum Ändern stets die Programmquelle braucht, ist dort auch der beste Platz für diese Zusatz-Informationen. Die Gebrauchsanweisung (oder einen Verweis

____

1) siehe auch Lektion 13.3

darauf), den Namen des Erfinders und die Änderungsgeschichte wird man unmittelbar hinter der Programmüberschrift unterbringen; bei bedeutenderen Werken wird man hier auch einen Copyright-Vermerk anbringen. Die übrigen Informationen wird man dort unterbringen, wo man sie am ehesten sucht: Hinweise zu den Datentypen bei ihrer Deklaration, Kurzbeschreibung der Unterprogramme unmittelbar hinter der Prozedur- oder Funktions-Oberschrift. Verwendete Verfahren beschreibt man entweder bei der Prozedur, die sie verwendet, oder im einleitenden Kommentar - je nach der Bedeutung, die das Verfahren für das ganze Programm hat.

In den Beispielen dieses Buches finden Sie nur stark gekürzte Hinweise der eben besprochenen Art, weil diese Beispiele ja vor Ihren Augen entwickelt wurden. Bei Ihren eigenen Programmen sollten Sie da schon etwas mehr tun; die stehen nämlich nachher nicht mitten in einer Lektion, in der alles Nötige erklärt wird. Auch wenn Sie voraussichtlich der einzige Anwender und Änderer Ihrer Programme sein werden, sollten Sie diese Pflicht nicht vernachlässigen. Man vergißt nämlich sehr rasch die Einzelheiten eines Programms und muß schon nach 14 Tagen mühsam herausfinden, was sich der Programm-Autor bei dieser Anweisung oder jener Deklaration gedacht hat.

Im Übrigen soll ein Programm so klar aufgebaut sein und so sinnvolle Bezeichner verwenden, daß sich weitergehende Kommentare erübrigen. (Die Kurz-Kommentare hinter jedem END brauchen wir allerdings als Lesehilfe.) Alle Kommentare in einem Programm müssen zutreffend sein, also beim Ändern des Quell-Textes nie die alten Kommentare stehen lassen! Kommentare sollten auch nichts Offensichtliches "erläutern", sonst fühlt sich der Leser veräppelt, etwa durch

```
        i := succ (i)   {i um 1 erhöhen}
```
und liest die restlichen Kommentare nicht mehr.

13.2 Das Programm zum Vorzeigen

Ein ordentlicher und einheitlicher Programmierstil erspart viele Kommentare und macht das Programm lesbar. Das müssen Programme auch sein, damit man sich jederzeit von ihrer Zuverlässigkeit überzeugen kann und damit sie leicht und gefahrlos zu ändern sind. Die wichtigsten Elemente eines guten Programmierstils:
  - Bezeichner sollen aussagekräftig sein,
  - Konstanten sollen deklariert, nicht ihre Werte im ganzen Programm verstreut werden,
  - alle Prozeduren und Funktionen sollen klar umrissene Aufgaben erledigen - was zufällig zusammen im Programm steht, ist deshalb noch lange nicht zur Prozedur geeignet,
  - Parameterlisten verwandter Prozeduren sollen nach Möglichkeit gleichen Aufbau haben,
  - globale Variablen sind vom Übel, globale Konstanten, Prozeduren und Funktionen kann man in Erwägung ziehen, globale Typ-Vereinbarungen sind im allgemeinen sinnvoll.

Das Lesen von Programmen wird durch eine ordentliche Platzaufteilung wesentlich erleichtert. Der Programmtext kann mit Leerzeilen und durch Einrücken gegliedert werden. Leerzeilen wird man beispielsweise vor CONST-, TYPE-, und VAR-Deklarationsteilen, vor jeder PROCEDURE- oder FUNCTION-Deklaration und vor jedem Anweisungsteil einfügen. Auch innerhalb eines Anweisungsteils (siehe etwa Beispiel 2.2) oder eines Deklarationsteils kann man durch zusätzliche Leerzeilen eine Gliederung hervorheben.

Über das Einrücken ist schon viel geschrieben worden, und jeder Autor schwört auf seine spezielle Methode. Wir wollen uns hier kurz die wichtigsten Modeströmungen anschauen. Sie können sich daraus Ihre persönliche Art einzurücken heraussuchen oder eine neue erfinden - Hauptsache, in jedem Programm halten Sie eine einheitliche Technik durch. In Pascal haben viele Konstrukte einen Aufbau wie eine Parameterliste: außenherum Klammern, dazwischen Trennzeichen und zwischen den Trennzeichen Satzteile unterschiedlicher Länge. Beispiele:
  - Aktuelle Parameterliste: (... , ... , ...)
  - Zusammengesetzte Anweisung: BEGIN ... ; ... ; ... END
  - Mehrseitige Auswahl: CASE ... OF ... ; ... END
  - Verbund-Typ: RECORD ... ; ... ; ... END

- Bei manchen Konstrukten fehlt leider die schließende Klammer,
  etwa bei: FOR ... DO ...

Alle Pascal-Stilisten sind sich einig, daß man neue Zeilen am besten bei den Trennzeichen der Sätze und Satzteile anfängt, und daß Satzteile, die auf einer neuen Zeile beginnen, gegenüber dem Anfang des Satzes eingerückt sein sollten. Dann aber hört die Einigkeit auf!

Man kann alle Trennzeichen aus Zeilenende schreiben, das sieht dann so aus:

```
WHILE x < u DO                        IF x = u                THEN
  BEGIN                                 BEGIN
    x := succ (x);                        verarbeite (u);
    verarbeite (x)                        x := succ (x) END ELSE
  END (x < u);                          verarbeite (x);
```

Nachteil dieser Methode: die Trenner sind nicht genügend hervorgehoben, etwa DO oder THEN zwischen einer langen (mehrzeiligen) Bedingung und der folgenden Anweisung.

Man kann auch die Trennzeichen grundsätzlich vorn auf die neue Zeile schreiben. Wie R.M. Bates (2) gezeigt hat, ergibt das eine recht konsequente und übersichtliche Schreibweise, wenn die Trenner und Schlußzeichen jeweils unter die zugehörige öffnende Klammer geschrieben werden:

```
PROGRAM kopie (in, out)
; TYPE satz    = RECORD a, b: integer
                      ;     c   :    real
                 END (satz)
;     folge = FILE OF satz
; VAR in, out: folge
; BEGIN (kopie)
      reset (in); rewrite (out)
;     WHILE NOT eof (in)
      DO BEGIN
          write (out, in↑)
        ; get   (in     )
          END (NOT eof (in))
END (kopie)
```

→ konsequenter Punkt

Diese Schreibweise hat zwei Vorteile: sie ist klar, übersichtlich und einheitlich für Blöcke, Deklarationen und Anweisungen; vor einem END läßt sich leicht eine Zeile einfügen oder löschen, ohne andere Zeilen ändern zu müssen.

2) Rodney M. Bates "A Pascal Prettyprinter with a Different Purpose", SIGPLAN Notices, vol.16 (1981), nr.3, p.10..17

Die meisten Schreibweisen gehen einen Mittelweg zwischen "Trenner links" und "Trenner rechts". So werden beispielsweise in diesem Buch alle Trenner, die Wortsymbole sind, auf die neue Zeile geschrieben und alle Trenner, die normalen Satzzeichen ähneln, auf die alte. Auch mit diesem Prinzip gibt es noch unterschiedliche Einrück-Techniken. So findet man in vielen Büchern THEN und ELSE gegenüber IF eingerückt, während in diesem Buch IF, THEN und ELSE gleichberechtigt untereinanderstehen. Die Geschmäcker sind halt verschieden!

Wer es selbst nicht schafft, konsequent abzutrennen und einzurücken, kann ein Einrück- oder Formatier-Programm benützen. Diese Programme lesen eine Pascal-Quelle und versuchen, sie schöner aufzuschreiben. Das Einrück-Programm läßt die Zeilen-Einteilung, wie sie ist, und rückt nur entsprechend der syntaktischen Verschachtelung ein. Das Formatier-Programm teilt von sich aus nach festen Regeln die Quelle in Zeilen auf und rückt natürlich auch passend ein. Solche Programme gehen im allgemeinen recht schematisch vor und können die Darstellung durchaus "verschlimmbessern". In Beispiel 12.3 würde wohl jedes Formatierprogramm die Anweisungen

```
    a↑.nachbar :=      kopf; kopf        := a
```
auf zwei Zeilen verteilen, wodurch die Ähnlichkeit mit

```
    a↑.nachbar := l↑.nachbar; l↑.nachbar := a
```
verschleiert würde. Mit dem Programmtext will der Programmierer dem Leser eine Gedanken-Struktur übermitteln, und dieses Vorhaben sollte er sich nicht durch ein Formatier-Programm verwässern lassen.

13.3 Eingemachtes

Gelungene Typen-, Prozedur- und Funktionsdeklarationen (garniert mit einigen Konstanten-Deklarationen) könnten als Bausteine für mehrere Programme verwendet werden; eine Sammlung solcher Bausteine heißt Programm-Bibliothek.

Die einfachste Form, Bausteine aufzuheben, ist der Quell-Text in einer Datei. Bei Bedarf kopiert man die nötigen Deklarationen in die Datei, in der das neue Programm entsteht. (Falls Ihr Programmiersystem das nicht kann, programmieren Sie's ganz leicht selbst in Pascal, siehe Beispiel 6.2 und Aufgabe 6.5.)

In vielen Programmiersystemen gibt's noch bessere Methoden, Programmbibliotheken zu bilden - leider wieder sehr systemabhängig. Je nach Programmiersystem werden einzelne Prozeduren und Funktionen oder ganze Module (im UCSD-Pascal: Units) in den Programmbibliotheken verwaltet. Ein Modul besteht dabei aus Typdeklarationen und den zugehörigen Prozeduren und Funktionen, eventuell auch globalen (Hilfs-)Variablen. Will ein Programm Objekte aus einer Bibliothek verwenden, so werden sie durch eine Pseudo-Deklaration angeschlossen, die Wörter wie EXTERNAL oder USE enthält. Die meisten Pascal-Prozessoren arbeiten schneller, wenn ein Objekt aus einer Bibliothek durch solch eine Pseudo-Deklaration angeschlossen wird, als wenn man den Quelltext in die eigene Quelle kopiert.

Eine Programmbibliothek kann das Leben des Programmierers sehr erleichtern, aber nur, wenn die Bausteine gut dokumentiert sind und ein Inhaltsverzeichnis das Auffinden der jeweils benötigten Bausteine ermöglicht.

13.4 Was bringen uns die Reihenschemata?

Eine Eigenschaft von Pascal behindert den flotten Programmierer wohl am meisten: die statische Reihen-Dimensionierung. Der Indextyp ist in dieser Sprache Bestandteil des Reihentyps, und damit stehen Unter- und Obergrenze jeder Reihe eisern fest. Will man mit verschieden großen Reihen Gleichartiges treiben, so muß man die betreffenden Anweisungen mehrfach - fast identisch - ins Programm schreiben, und da helfen alle Prozedur- und Parameterkünste aus Lektion 10 nichts.

Ein Beispiel: unser nächstes Programm soll alle interessanten Fußball-Punktespiele auswerten. Nun spielen aber in der ersten Bundesliga achtzehn, in der zweiten zwanzig und, wie wir seit Lektion 9.2 wissen, in der Beziksstaffel Bodensee (F-Jugend) nur acht Vereine mit. Also deklarieren wir für die Fußballtabellen Variablen mit drei verschiedenen Datentypen:

```
TYPE tabelle1 = ARRAY [1..18] OF verein;
     tabelle2 = ARRAY [1..20] OF verein;
     tabelleF = ARRAY [1.. 8] OF verein;
VAR  erstebundesliga : tabelle1;
     zweitebundesliga: tabelle2;
     bodenseestaffel : tabelleF;
```

In "klassischem" Pascal können wir keine Prozedur formulieren, die wahlweise eine dieser Tabellen verarbeitet (beispielsweise sortiert)!

Bisher half man sich, wohl oder übel, durch Überdimensionieren der Reihen (die größte war gerade recht ...) und Einführen besonderer Längenanzeiger. Wir haben das in Lektion 9.3 anhand unserer Strings gesehen, die ja im Grunde nichts anderes sind als Zeichen-Reihen (ARRAY [...] OF char) unterschiedlicher Länge. Spätestens bei Programm-Bibliotheken (vgl. Lektion 13.3) ist aber die Schmerzgrenze erreicht! Oder wie würden Sie den Gebrauchswert einer Prozedur beurteilen, die beispielsweise brav den Mittelwert von 1 bis 37 Werten ausrechnet, aber unter keinen Umständen mit 38 oder mehr Werten versorgt werden darf?

Die Norm-Erfinder (ISO/DIS 7185; DIN 66 256) haben die Gelegenheit genützt und einen Mechanismus erfunden, der uns aus dieser Lage helfen soll: eine neue Art von formalem Prozedurparameter, das Reihen-Schema, kann aktuell mit diversen konformen (d.h. ähnlich aufgebauten) Reihen versorgt werden. Am besten schauen wir uns das mal in voller Aktion an.

```
( Beispiel 13.1)
TYPE index = 1 .. 20;
     tabelle1 = ARRAY [1..18] OF verein;
     tabelle2 = ARRAY [1..20] OF verein;
     tabelleF = ARRAY [1.. 8] OF verein;


VAR   erstebundesliga : tabelle1;
      zweitebundesliga: tabelle2;
      bodenseestaffel : tabelleF;

  PROCEDURE sortiere ( VAR liga: ARRAY [mindex .. maxdex: index]
                                 OF verein);
     VAR tauschplatz              : verein;
         aktdex, suchdex, posmin: index;
     BEGIN (sortiere)
        FOR aktdex := mindex TO maxdex - 1
        DO BEGIN
           posmin := aktdex;
           FOR suchdex := aktdex + 1  TO  maxdex
           DO  IF    vor (liga[suchdex], liga[posmin])
               THEN posmin := suchdex;
           IF   posmin <> aktdex
           THEN BEGIN
                tauschplatz  := liga[aktdex];
                liga[aktdex] := liga[posmin];
                liga[posmin] := tauschplatz
           END  ( posmin <> aktdex )
        END (aktdex)
     END ( sortiere )
```

Und diese Prozedur tut nun dreimal das Gleiche mit drei verschieden dimensio-
nierten Reihen:

```
        sortiere (erstebundesliga );
        sortiere (zweitebundesliga);
        sortiere (bodenseestaffel )
```

Nun ist es Zeit für einen prüfenden Blick auf Syntax und Bedeutung dieser neuen
Konstruktion (vgl. Syntaxdiagramme im Anhang). In der formalen Parameterliste
kann man statt eines Referenzparameters (wie "VAR liga: tabelle1") im neuen
Norm-Pascal auch das Reihen-Schema "VAR liga: ARRAY [mindex .. maxdex: index] OF
verein" angeben. Das geht natürlich - ohne VAR - auch mit Wertparametern; das
Wörtchen PACKED kann nach Belieben zugefügt werden. Neu dabei sind die formalen
Indexgrenzen (im Beispiel "mindex..maxdex") mit ihrem verallgemeinerten Indextyp
(hier "index") und dem fixierten Komponententyp (hier "verein"). Der ver-
allgemeinerte Indextyp und der fixierte Komponententyp müssen außerhalb der Prozedur vereinbart sein; sie beschreiben, welche Reihen zu dem betreffenden Schema
konform sind. Dagegen werden die formalen Indexgrenzen genau wie der formale
Parameter selbst (hier "liga") durch die Prozedur-Überschrift neu eingeführt;
man wird ihnen also tunlichst Namen geben, die außerhalb der Prozedur nicht vorkommen. Braucht das Reihen-Schema mehrere Indizes, so sind entsprechend mehrere
Grenzen-Paare und formale Indextypen anzugeben; sie werden in der eckigen
Klammer durch Semikolon(!) getrennt.

Als aktueller Parameter paßt zu so einem Schema jede Reihe mit folgenden Eigenschaften:

- ihr Komponententyp ist der fixierte Komponententyp des Schemas (logo!),
- sie hat gleich viele Indizes wie das Schema,
- jeder ihrer Indextypen paßt zum verallgemeinerten Indextyp in der entsprechenden Position des Schemas (ist also identisch oder oben oder unten "kürzer"), und
- sie ist ebenso PACKED oder ungePACKED wie das Schema.

Nun wollen wir ja im Innern der Prozedur mit den formalen Parametern auf die aktuellen zugreifen. Auch dafür muß es Regeln geben, doch sind die weit weniger einleuchtend ausgefallen als die vier obengenannten. Natürlich wird der formale Parameter in der Prozedur wie eine tatsächlich deklarierte Reihe verwendet, aber schon dabei gibt es Einschränkungen. Die braucht man sich aber nicht bis in alle Verästelungen einzuprägen; solange man den Formalparameter nur komponentenweise (nie "im Ganzen") behandelt, ist jedenfalls alles in Ordnung. Soll ein als Reihen-Schema deklarierter Parameter an ein anderes Unterprogramm durchgereicht werden, so muß er im rufenden Unterpogramm als Referenz-Parameter deklariert sein.

Noch überraschender muten die Regeln zur Verwendung der formalen Indexgrenzen an: die sind - so die Norm! - weder Konstanten noch Variablen. Was sind sie dann? Formale Indexgrenzen dürfen nur in Ausdrücken vorkommen; sie sind, syntaktisch gesehen, Faktoren. Sie stehen für die tatsächlich deklarierten Indexgrenzen des jeweiligen aktuellen Parameters.

Was bringen uns also die Reihen-Schemata? Sie erlauben sicherlich nicht, Reihen dynamisch zu dimensionieren (3): eine "unbeschränkte" Anzahl von Komponenten sammelt der Pascal-Programmierer nach wie vor in Folgen (vgl. Lektion 6) oder Ketten (Lektion 12.2); eine beschränkte Anzahl kann er auch in einer überdimensionierten Reihe mit Längenanzeiger unterbringen (vgl. Lektion 9.3). Die Reihen-Schemata sind lediglich dazu da, Prozeduren und Funktionen so zu formulieren, daß sie beliebig dimensionierte Reihen verarbeiten. Aber dem sind enge Grenzen gesetzt: auch im neuen Norm-Pascal kann sich keine Prozedur lokal eine Reihe passender Größe deklarieren, etwa um darin Zwischenergebnisse zu notieren. Programmbibliotheks-Erfindern sind also nur die schlimmsten Schmerzen genommen.

Ein Gag am Rande: endlich brauchen wir Norm-Pascal-Programmierer keine Zeichen in String-Konstanten mehr zu zählen (4). Eine String-Konstante ist nämlich dem

---

3) wie in ALGOL 60, SIMULA 67, ALGOL 68, PL/I, Ada, ...
4) Im UCSD-Dialekt längst eine Selbverständlichkeit.

Schema "PACKED ARRAY [lwb .. upb: integer] OF char" konform (vgl. Lektion 7.3).
Daher können wir leicht eine Prozedur schreiben, die String-Konstanten beliebiger Länge in unseren String-Variablen aus Lektion 9.3 ablegt:

```
( Beispiel 13.2 )
TYPE index = 1 .. maxstrlng ( das trifft's genauer als "integer" );
PROCEDURE wandle ( VAR ziel: string ( vgl. Lektion 9.3 );
                        quelle: PACKED ARRAY [lwb..upb: index] OF char);
   VAR aktdex: index;
   BEGIN ( wandle )
      WITH ziel
      DO BEGIN
         lng := upb - lwb + 1;
         FOR aktdex := 1 TO lng
         DO  txt [aktdex] := quelle [aktdex + lwb - 1];
      END ( ziel )
   END ( wandle )
```

Damit können wir jetzt die Reihe "links" aus Beispiel 9.3 ganz bequem mit Werten besetzen - ohne dabei jemals auf zwanzig zu zählen:

```
        wandle (links[0], 'Erfolgreiche');
        wandle (links[1], 'Einführung in die');
        wandle (links[2], 'Fröhliche');
        wandle (links[3], 'Strukturierte')
```

Werden nun alle Pascal-Maschinen Reihen-Schemata verarbeiten? Leider nicht!
Selbst diese zage Sprach-Erweiterung erschien den Norm-Vätern wohl zu gewagt.
Sie haben daher verfügt, daß es in Zukunft zwei Klassen von Pascal-Maschinen geben soll: erstklassige (Norm-Jargon: "Prozessoren, die DIN 66 256 auf Stufe 1 erfüllen") können die Reihen-Schemata, zweitklassige ("Stufe 0") kennen sie nicht. Warten wir also ab, welche Prozessoren sich zu "erstklassigen" mausern!

13.5 Das leidige GOTO

Mehr aus Tradition als wegen seiner Nützlichkeit enthält Pascal ein recht
archaisches Sprachmittel: die GOTO-Anweisung. Die Anweisung

        GOTO 4711

bewirkt, daß der Programmlauf bei derjenigen Anweisung des eigenen oder eines
übergeordneten Blockes fortgesetzt wird, die mit

            4711 :

markiert ist. Das Gebilde "4711" heißt in diesem Zusammenhang Marke und muß
zusätzlich durch

            LABEL 4711

deklariert werden. In älteren Programmiersprachen (und auch heute noch in vielen
maschinen-orientierten Sprachen) muß man mit der Einseitigen Auswahl, GOTO und
Prozeduraufrufen auskommen, um alle Abläufe darzustellen, in Pascal haben wir
aber unsere Schleifen, die mehrseitige Auswahl und Zusammengesetzte Anweisungen,
die viel übersichtlicher sind. GOTO ist heute deswegen verpönt, weil unbedachte
Verwendung dieses Sprachmittels leicht zu sogenannten Spaghetti-Programmen
führt: zupfe ich an einem Spaghetti aus der großen Schüssel, so weiß ich genau,
daß sich woanders etwas regen wird - ich kann nur nicht voraussagen, wo!
Übertragen Sie dieses Bild auf das Ändern von Programmen, so sehen Sie, wo die
Gefahr steckt. Wenn wir unsere Programme stets durch Schrittweise Verfeinerung
entwickeln, so brauchen wir kein GOTO.

Natürlich gibt es auch ohne GOTO in Pascal Möglichkeiten, Spag-
hetti-Programme zu schreiben, etwa durch unbedachte Verwendung
globaler Variabler, unvorsichtige Verwendung von Zeigern, Nebenwirkungen von Funktionen oder schlechte Abgrenzung der Aufgaben
einer Prozedur. Alle diese Gefahren lassen sich nicht so leicht
aus der Welt schaffen wie das GOTO, weil globale Variable, Zeiger
und Prozeduren auch nützliche Zwecke erfüllen.

14 UCSD-Pascal mit dem Personal-Computer apple II

14.1 So fällt der erste Schritt nicht schwer

Nehmen wir einmal an, Sie sind glücklicher Besitzer einer Pascal-Maschine vom
Typ apple II (1) geworden - wie werden Sie nun mit den Besonderheiten dieses
Rechners fertig?

Die umfangreiche Betriebsanleitung (2) vollständig durchzulesen ist ein guter
Ratschlag, nur befolgt ihn niemand. Und alles auszuprobieren, ist gerade am
Anfang nicht sinnvoll; man kommt einfach nicht von der Stelle. Darum sollen in
diesem Kapitel einige Hinweise gegeben werden, wie man die ersten Hürden nimmt
(mehr aber auch nicht, denn mit einiger Erfahrung kann man auch mit der
Bedienungsanleitung umgehen).

1. Alle Netzstecker (von der Zentraleinheit, dem Monitor und dem Drucker) in die
   Steckdose stecken. Die Verbindungen zwischen den Geräten überprüfen.

2. Disketten mit dem UCSD-Pascal-System in die Laufwerke einschieben (in das
   Laufwerk #4 'apple1' und in das Laufwerk #5 'apple2'). Achten Sie dabei
   darauf, daß die Beschriftung nach oben und der Schlitz nach hinten zeigt.

3. Geräte einschalten (zuerst den Drucker, da er beim Systemstart bereit sein
   muß!). UCSD-Pascal wird automatisch von der System-Diskette geladen- also
   heißt es nun solange warten, bis folgende Meldung auf dem Bildschirm
   erscheint:

```
Command: E(dit,R(un,F(ile,c(omp,L(ink,X(ecute,?[1.1]

Welcome APPLE1, to Apple II Pascal 1.1
Based on UCSD Pascal II.1
Current date is 9-Apr-82
```

---

1) Die Autoren gehen dabei von folgender (Grund-) Konfiguration aus: Zentraleinheit mit Tastatur, Monitor, 2 (!) Disketten-Laufwerke, Drucker und 80-
   Zeichen-Karte.
2) Apple Pascal Language Reference Manual
   Apple Pascal Operating System Reference Manual

4. In der ersten Zeile erkennt man eine Liste aller (in dieser Stufe) möglichen
   Eingaben, z.B. <E> (für Edit). Tippt man die Taste <E>, wird man augen-
   blicklich in den Teil des UCSD-Pascal-Systems befördert, der Programme
   ediert. Auch hier gibt es wieder eine Auswahl von Eingabemöglichkeiten:

```
>Edit: A(djust,C(opy,D(lete,F(ind,I(nsert,...,Z(ap[1.1]
```

So kann man nach der Eingabe von <I> (für 'Insert') beliebig viel Text an die
Stelle einfügen, an der die Schreibmarke gerade steht (und damit auch neu-
eintragen). Zeilennummern kennt dieser Editor nicht, er orientiert sich aus-
schließlich an der Position dieser Schreibmarke. Ist der Text vollständig
eingegeben, so teilt man dies dem Editor durch gleichzeitiges Drücken der
Tasten <CTRL> und <C> mit. Soll die gesamte Eingabe zurückgenommen werden, so
genügt das Drücken von <ESC>. Jetzt kann an anderer (oder an derselben)
Stelle etwas eingefügt, gelöscht, ... werden.

Hat man nichts mehr zu edieren, genügt die Eingabe <Q> (für Quit) und der
Editor wird verlassen. Doch halt - erst räumt das System noch auf: man wird
gefragt, was mit all' den Einträgen passieren soll - sollen sie in der
Arbeitsdatei (3) gesichert werden (Eingabe <U>) oder nicht (Eingabe <E>).
Soll sich eine Übersetzung anschließen, so ist ein Updating unbedingt
erforderlich (der Compiler bezieht das Quellprogramm nur aus der Arbeitsdatei). Nach 'E(xit' dagegen sind alle Änderungen unwiderruflich verschwunden.

```
>Quit:
     U(pdate the workfile and leave
     E(xit without updating

Writing........
```

5. Jetzt soll das Programm übersetzt werden und ablaufen - Eingabe <R> für RUN.

```
Compiling...


Apple Pascal Compiler[1.1]
<     0>...........
line 13, error 104 <sp>(continue), <esc>(terminate),E(dit)
```

Während der Übersetzung bleibt der Compiler bei jedem entdeckten Fehler
stehen und fragt, was er nun tun soll: weiter übersetzen <sp> oder abbrechen
<esc> (und automatisch in den Editor übergehen <E>). Wählt man die letztere
Möglichkeit, so entschlüsselt der Editor die Fehlernummer und positioniert

---

3) Die Arbeitsdatei wird unter dem Namen SYSTEM.WRK.TEXT auf der Diskette
   'apple1' angelegt.

die Schreibmarke an die (von ihm vermutete) fehlerhafte Stelle im Programm.
Und dort kann nun direkt korrigiert werden.

Geht bei der Übersetzung alles gut, läuft das Programm ab:

     Running.....

Nun werden (sofern dies im Programm vorgesehen ist) Daten von der Tastatur
verlangt und Resultate auf dem Monitor ausgegeben.

6. Solange man von einer eigenen Programmbibliothek auf dem apple II nichts
wissen will, genügen diese Hinweise. Will man jedoch einmal ein Programm aufbewahren und gleichzeitig ein anderes entwickeln, so klappt das bisher
kennengelernte Verfahren nicht mehr. Hierzu muß man Programme sichern und laden können.

Retten eines Programms: Der Inhalt der Arbeitsdatei   und   (evtl.)   das
ablauffähige Programm (4) können vom Dateiverwaltungssystem (beim apple II
Filer genannt; Eingabe <F>) auf eine beliebige Diskette (5) geschrieben werden, die Dateien bekommen dabei einen neuen Namen(6) (z.B. 'SEGELN1',bzw. mit
Laufwerksangabe: '#5:SEGELN1'). Zweckmäßigerweise nutzt man für den Transport
das Laufwerk, das zu Beginn die Diskette 'apple2' enthielt.

Laden eines Programms: Soll ein derart gesichertes Programm wieder einmal
übersetzt werden (weil es geändert werden mußte), oder unverändert
ablaufen(7), so lädt man es wieder ('Eingaben: <F> für Filer und <G> für
GET). Nun kann man z.B. den Editor in Anspruch nehmen und dieses Programm
verändern. Achtung Falle: Trauen Sie der Meldung 'SEGELN1 loaded' auf keinen
Fall! Zu diesem Zeitpunkt ist die Datei noch nicht geladen worden, es wurde
lediglich "der Fuß in die Tür gestellt", d.h. eine Vormerkung auf diese
Datei(en) vorgenommen. Das "Laden" des Programms in den Arbeitsspeicher der
Zentraleinheit erfolgt erst mit dem Aufruf des Editors und der Übertrag in
die Arbeitsdatei (der Systemdiskette) noch viel später: nämlich erst nach dem
"Updating".

---

4) Das ablauffähige Programm liegt in der Datei SYSTEM.WRK.CODE auf der System-
   Diskette (doch das kann man auch wieder vergessen...).
5) Die Nummer des Laufwerks muß dabei vor dem Namen angegeben und durch
   Doppelpunkt getrennt werden (also z.B. '#5:').
6) Die Datei mit dem Quellprogramm erhält automatisch den Zusatz '.TEXT', die
   mit dem ablauffähigen Programm '.CODE'.
7) Noch einfacher geht das Starten von lauffähigen, gesicherten Programmen mit
   <X> (von X(ecute).

14.2 Unterschiede zwischen der Norm und UCSD-Pascal

UCSD-Pascal als eine "Quasi-Norm" für kleine Pascal-Maschinen (wie apple II)
sieht zwar an den meisten Stellen genauso aus wie die ISO-Norm, aber eben doch
nicht überall: in einem Punkt ist UCSD-Pascal etwas ärmlicher ausgefallen, in
anderen Punkten jedoch komfortabler als die Norm. Es fehlt - natürlich, möchte
man fast sagen - an einer Implementation der Reihen-Schemata; als UCSD-Pascal
entwickelt wurde, wäre der Gedanke an solch ein Sprachmittel schon äußerst ver-
wegen gewesen. Die Erweiterungen und Abweichnungen (neben dem vollständigen Pro-
gramm-Entwicklungssystem) sind dafür recht zahlreich:

- Die Ein- und Ausgabe ist interaktiv, mit Hilfe der Anweisungsfolge write/read
  ist ein "Prompting" möglich: der Cursor bleibt direkt hinter dem ausgegebenen
  Text stehen und erwartet dort die Eingabe. Außerdem ist der Ablauf der Anweisung read "der Terminal-Eingabe angepaßt worden" (so die UCSD-Erfinder):
  "read (input, variable)" bedeutet

```
        in Norm-Pascal:             in UCSD-Pascal:
        variable := input↑;         get (input);
        get (input)                 variable := input↑
```

Gewisse Ungereimtheiten, die mit Dialogprogrammen in Norm-Pascal auftreten
können, gibt's zwar in UCSD-Pascal nicht, doch hat das im Gegensatz zur allgemeinen Folklore nichts mit der oben gezeigten Umdeutung von read zu tun. Die
Pascal-Norm macht vielmehr den Fehler, die Wechselwirkung zwischen den Folgen
input und output, die beim Dialog am Terminal wichtig ist, völlig außer acht
zu lassen. Ein normgerechter Pascal-Prozessor darf das nächste Zeichen
frühestens beim "get(input)" vom Terminal holen; er muß das spätestens beim
ersten Zugriff auf input↑ oder bei der ersten Abfrage von eoln(input) tun. Bei
den üblichen Dialog-Programmen wird zwischen diesen beiden Momenten die Anweisung "write(output,frage)" ausgeführt. Je nach Implementation des "get"
kann also die Frage zu spät oder rechtzeitig auf dem Bildschirm erscheinen.
Wenn Sie Wert auf Dialog-Programme legen - und wer würde das heutzutage
nicht - so bitten Sie also Ihren Pascal-Prozessor-Lieferanten um verzögerte
Auswertung ("lazy evaluation") der get-Anweisung.

- In der Textverarbeitung (welches ernstzunehmende Programm kommt eigentlich
  ganz ohne sie aus?) erweist sich das Fehlen eines vordefinierten String-Daten-
  typs (als Zeichenkette von beliebiger und variierender Länge) mit den dazu
  gehörenden Operationen (Verkettung, Vergleich, Teilstring, Ein- und Ausgabe)

als arge Belastung; UCSD-Pascal sieht diesen Datentyp (eingeschränkt auf 255 Zeichen Länge) samt einigen Prozeduren für die wichtigsten Operationen vor.

- Die Dateiverarbeitung vollzieht sich in UCSD-Pascal - was die Initialisierung angeht - anders als in der Norm: die Prozeduren reset und rewrite haben in UCSD-Pascal einen Parameter mehr, mit dem (bereits im Quellprogramm und nicht nur für externe Folgen!) der externe Dateiname und -träger (z.B. eine Floppy Disk) festgelegt werden (vgl. "reset (alte, '#5:max')" in Beispiel 6.2-UCSD). Meist will man die Zuordnung einer Folgen-Variablen zu einer programm-externen Datei erst zur Laufzeit festlegen; darüber schweigt sich die Norm vornehm aus (es geht aber in allen normgerechten Implementierungen irgendwie und fast immer außerhalb der Pascal-Quelle). In UCSD-Pascal benützt man einfach die String-Operationen, um eine passende Datei- und Träger-Bezeichnung zusammenzu- basteln; Einzelheiten dazu kann das Programm von input erfragen. Darüber hinaus wird noch eine Prozedur "close" zum expliziten Schließen einer Datei geboten. Diese Erweiterung findet man übrigens nicht nur im UCSD-Pascal, sondern auf den meisten Pascal-Maschinen im Minirechner-Format.

- Während Norm-Pascal beim Angebot an Standardfunktionen nur schwach bestückt ist (vgl. Lektion 5.2) und in der Ecke Zufallszahlen gar nichts zu bieten hat, kennt UCSD-Pascal dazu die Prozeduren RANDOM (Pseudo-Zufallszahlengenerator) und RANDOMIZE (zufällige Initialisierung dieses Generators).

- Norm-Pascal weist (natürlich?) keine Funktion zum Positionieren des Cursors auf dem Bildschirm auf. Diese Leistung benötigt man aber gerade in solchen Programmen, die "Action" bieten wollen - etwa in Video-Spielprogrammen. UCSD-Pascal bietet hierfür die Prozedur GOTOXY an.

- Diese und einige andere Funktionen werden in besonderen Bibliotheken (applestuff, transcend, turtlegraphics) gehalten, die bei Bedarf über die USES-Deklaration angeschlossen werden (vgl. Lektion 13.3). Solche Bibliotheken kann man in UCSD-Pascal auch selbst einrichten.

Soweit diese kurze Einführung; die vielfältigen Leistungen, die UCSD-Pascal bie- tet, sind den bereits genannten Beschreibungen zu entnehmen - schließlich woll- ten wir uns in diesem Lehrbuch nur am Rande mit apple-Pascal beschäftigen. Lediglich eine Beispielanwendung sei hier noch gestattet; in ihr sollen nun gerade Spezialitäten dieses Pascal-"Dialektes" genutzt werden (so der Datentyp "string" und die Dateiverarbeitung).

14.3 Eine Anwendung: Auswertung einer Segelregatta

Neben vielen - eher stationären - Einsatzzwecken für Personal Computer (wie z.B.
Buchhaltung, Einkommensteuerberechnung etc.) eignet sich der apple II ausge-
zeichnet für "mobile EDV" wie die Auswertung einer Segelregatta (vor Ort
natürlich!). Als ein Anwendungsbeispiel soll daher ein solches Auswertungssystem
(8) vorgestellt werden. Es besteht aus folgenden Einzelprogrammen:

    o "UPDATING" (zur Wartung des Datenbestandes) und

    o "DRUCKEN" (zur Bestimmmung der Reihenfolge und Formatierung der Ausgabe).

Das Organisationsdiagramm zeigt das Zusammenspiel der Systemkomponenten:

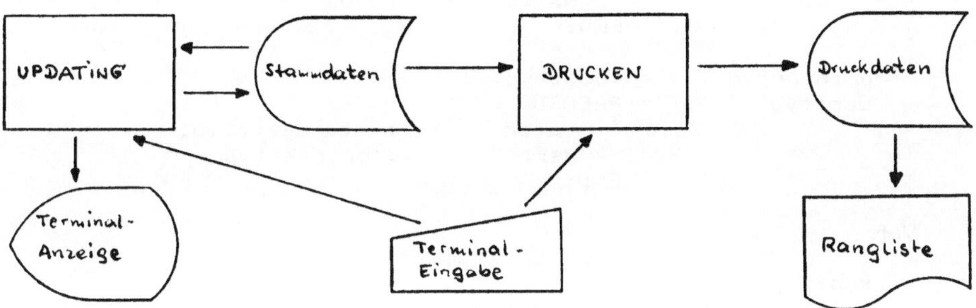

Das dargestellte Programm "UPDATING" (auf die Wiedergabe von "DRUCKEN" müssen
wir hier leider verzichten) ist speziell für den apple II entwickelt worden und
weist daher Abweichungen vom Standard-Pascal auf. Der aufmerksame Leser wird sie
sicherlich schnell entdecken.

```
(* Beispiel 14.1 *)

PROGRAM updating;

(*         Auswertung Segelregatta      U P D A T I N G     *)
(*                                                           *)
(*                    Stand: 16/04/84                        *)
(*        Copyright (c) 1984   A. Burkhardt/H.E. Erbs        *)
```

---

8) Wer auf seiner eigene Regatta diese Programme einsetzen möchte, der braucht
nicht die folgenden Seiten abzutippen und "DRUCKEN" selbst zu erfinden. Es
genügt, wenn er den Autoren eine geeignete Diskette (nach apple-Norm)
zuschickt (Rückporto nicht vergessen!).

```pascal
CONST
   fd_praefix      = '#5:';
   son             = -5;
   vorbelegung     = -1;
   maxzahllaeufe   = 7;
   menuline        = 'Gib Kommando (#E,#L,#S,#V,#W,*): ';
   nvz_fehler      = 'Segelnummer nicht verzeichnet: ';

TYPE
   postyp          = son .. maxint;
   lauftyp         = ARRAY [1..maxzahllaeufe] OF postyp;

   stammsatztyp    = RECORD
                        position    : postyp;
                        segelnummer : string [5];
                        steuermann  : string [20];
                        einlauf     : lauftyp;
                        punktetotal : real;
                        nettopos    : postyp;
                        nettopunkte : real
                     END;

   pointertyp      = ^boottyp;
   boottyp         = RECORD
                        daten       : stammsatztyp;
                        next        : pointertyp
                     END;

VAR
   f               : FILE OF stammsatztyp;
   kopf,
   fuss, aktptr    : pointertyp;
   dateiname       : string [20];
   teilnehmerzahl  : postyp;
   eingabe5        : string [5];


PROCEDURE boot_einfuegen ;
(* Einfuegen eines Bootes (nach Segelnummer sortiert)
   in die Lineare Liste                                    *)
VAR
   lauf    : 1 .. maxzahllaeufe;
   hilfsptr,
   vorher : pointertyp;

BEGIN
   write ('Gib Segelnummer: ');
   readln (eingabe5);
   WHILE NOT (eingabe5 [1] IN ['*','#']) DO
   BEGIN
      (* Einfuegestelle ermitteln *)
      hilfsptr := kopf;
      WHILE (hilfsptr <> NIL) AND
            (hilfsptr^.daten.segelnummer<eingabe5) DO
      BEGIN
         vorher   := hilfsptr;
         hilfsptr := hilfsptr^.next
      END;
```

```pascal
            IF (hilfsptr <> NIL) AND
                (hilfsptr^.daten.segelnummer = eingabe5)
            THEN writeln ('Fehler: Segelnummer bereits',
                          ' verzeichnet')
            ELSE
            BEGIN
                (* in Liste einfuegen *)
                new (aktptr);
                WITH aktptr^.daten DO
                BEGIN
                    position := vorbelegung;
                    segelnummer := eingabe5;
                    write (' Gib Name des Steuermanns: ');
                    readln (steuermann);

                    FOR lauf := 1 to maxzahllaeufe DO
                        einlauf [lauf] := vorbelegung;
                    punktetotal := vorbelegung;
                    nettopos    := vorbelegung;
                    nettopunkte := vorbelegung;
                END;

                aktptr^.next := hilfsptr;
                IF kopf = hilfsptr
                    THEN kopf           := aktptr
                    ELSE vorher^.next := aktptr
            END;

            write ('Gib weitere Segelnummer: ');
            readln (eingabe5)
      END
END (* Boot_Einfuegen *);


PROCEDURE boot_loeschen;
(* Ein Boot in Liste loeschen *)
VAR
    aktptr, vorher : pointertyp;

BEGIN
    write ('Gib Segelnummer: ');
    readln (eingabe5);
    WHILE NOT (eingabe5[1] IN ['#','*']) DO
    BEGIN
        aktptr := kopf;
        vorher := kopf;
        WHILE (aktptr <> NIL) AND
              (aktptr^.daten.segelnummer <> eingabe5) DO
            BEGIN
                vorher := aktptr;
                aktptr := aktptr^.next
            END;

        IF aktptr = NIL
            THEN writeln (nvz_fehler,eingabe5)
            ELSE
              IF aktptr = kopf
                  THEN
                      kopf := kopf^.next
```

```pascal
                ELSE (* nicht erstes Boot der Liste *)
                    vorher^.next := aktptr^.next;

        write ('Gib weitere Segelnummer: ');
        readln (eingabe5)
    END
END (* Boot_loeschen *);



PROCEDURE steuermann_aendern;
(* Name des Steuermanns aendern *)
VAR
    aktptr : pointertyp;

BEGIN
    write ('Gib Segelnummer: ');
    readln (eingabe5);
    WHILE NOT (eingabe5[1] IN ['#','*']) DO
    BEGIN
        aktptr := kopf;
        WHILE (aktptr <> NIL) AND
              (aktptr^.daten.segelnummer <> eingabe5) DO
            aktptr := aktptr^.next;

        IF aktptr = NIL
            THEN writeln (nvz_fehler,eingabe5)
            ELSE BEGIN
                    writeln('alter Steuermann:',
                            aktptr^.daten.steuermann);
                    write ('Gib neuen Steuermann: ');
                    readln (aktptr^.daten.steuermann);
                    writeln ('Steuermann geaendert')
                END;

        write ('Gib weitere Segelnummer: ');
        readln (eingabe5)
    END
END (* Steuermann_aendern *);



PROCEDURE wettfahrteneintragen;
(* Wettfahrtergebnisse eintragen *)
VAR
    aktptr : pointertyp;
    lauf   : 1 .. maxzahllaeufe;
    antwort: char;
    pos    : postyp;
    posset : SET OF 1..200;

BEGIN
    write ('Gib Lauf Nr.: ');
    readln (lauf);
    writeln (' ':40,'Lauf ',lauf);
    writeln;

    write ('Gib Segelnummer: ');
    readln (eingabe5);
    WHILE NOT (eingabe5[1] IN ['#','*']) DO
```

```pascal
BEGIN
    aktptr := kopf;
    WHILE (aktptr <> NIL) AND
          (aktptr^.daten.segelnummer <> eingabe5) DO
      aktptr := aktptr^.next;

    IF aktptr = NIL
      THEN writeln (nvz_fehler,eingabe5)
      ELSE BEGIN
             write ('Gib Position: ');
             readln (aktptr^.daten.einlauf[lauf]);
           END;

    write ('Gib weitere Segelnummer: ');
    readln (eingabe5)
END (* While *);

(* Plausibilitaetskontrolle der Eingabedaten *)
write ('Kontrolle der Daten (j/n)? ');
readln (antwort);
IF antwort IN ['J','j']
    THEN BEGIN
           posset := [ ];
           (* Positionen doppelt vergeben oder
              Boote nicht erfasst?            *)
           aktptr := kopf;
           WHILE (aktptr <> NIL) AND
                 (aktptr^.daten.segelnummer
                    <> eingabe5)              DO
           BEGIN
             WITH aktptr^.daten DO
             BEGIN
               pos := einlauf [lauf];
               IF (pos IN posset)
                 THEN writeln ('+++ Position ',pos,
                        ' doppelt ','bei ',segelnummer)
                 ELSE
                   IF pos = vorbelegung
                     THEN writeln ('+++ Segelnummer ',
                            segelnummer,' nicht ',
                            'erfasst')
                     ELSE
                       IF pos > 0
                         THEN posset := posset + [pos]
             END;
             aktptr := aktptr^.next
           END;

           (* gibt's Luecken in der Positionsvergabe? *)
           pos := 1;
           WHILE posset <> [ ] DO
           BEGIN
             IF pos IN posset
               THEN posset := posset - [pos]
               ELSE writeln ('+++ Position ',pos,
                               ' nicht vergeben');
             pos := pos + 1
           END;
           writeln ('hoechste entdeckte Position: ',
```

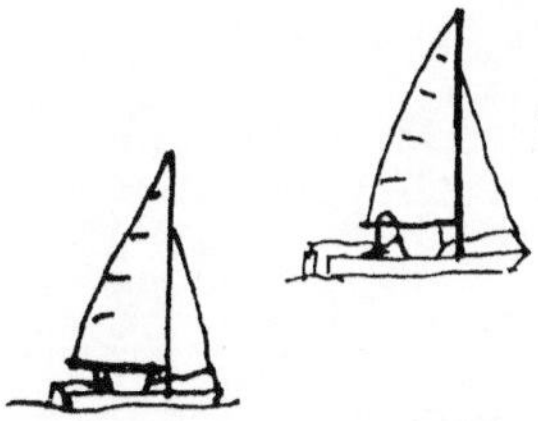

```pascal
                          pos-1)
                END
END (* Wettfahrten_Eintragen *);



PROCEDURE verzeichnis_ausgeben;
(* Terminaluebersicht aller verzeichneten Boote *)
VAR
    aktptr : pointertyp;
    lauf   : 1 .. maxzahllaeufe;
    i,segel: postyp;
BEGIN
    write ('Gib Anzahl Boote pro Sendung: ');
    readln (segel);
    i := 0;

    aktptr := kopf;
    WHILE (aktptr <> NIL) DO
        WITH aktptr^.daten DO
          BEGIN
            i := i + 1;
            write (i:3,'   ',segelnummer,'    ');
            write (steuermann,'    ');
            FOR lauf := 1 TO maxzahllaeufe DO
              IF einlauf [lauf] = vorbelegung
                 THEN write ('  ':4)
                 ELSE write (einlauf [lauf]:4);
            writeln;
            IF i MOD segel = 0
               THEN readln (eingabe5);
            aktptr := aktptr^.next
          END (* With und While *);

    writeln;
    write (menuline);
    readln (eingabe5)
END (* Verzeichnis_ausgeben *);



BEGIN (* Updating *)
    write ('+++++ Gib Dateiname: ');
    readln  (dateiname);
    dateiname := concat (fd_praefix,dateiname);

    (*$I-*)
    reset (f,dateiname);
    IF ioresult <> 0
       THEN (* Datei nicht vorhanden -> wird erzeugt *)
         BEGIN
           rewrite (f,dateiname);
           writeln ('File: ',dateiname,' erzeugt');
           close (f,lock);
           reset (f,dateiname)
         END;
    (*$I+*)

    (* Stammdaten von Diskette einlesen *)
    kopf := NIL;
    fuss := NIL;
```

```pascal
      teilnehmerzahl := 0;

      WHILE NOT eof (f) DO
      BEGIN
         new (aktptr);
         aktptr^.daten := f^;
         aktptr^.next  := NIL;
         IF kopf = NIL
         THEN
            kopf := aktptr
         ELSE
            fuss^.next := aktptr;
         fuss := aktptr;
         teilnehmerzahl := teilnehmerzahl + 1;
         get (f)
      END; (* While *)

      (* Zentrale Steuerung *)
      write (menuline);
      readln (eingabe5);
      WHILE eingabe5[1] <> '*' DO
         IF eingabe5[2] IN ['E','e','L','l','S','s',
                            'V','v','W','w']

            THEN
            CASE eingabe5[2] OF
               'E','e' : boot_einfuegen;
               'L','l' : boot_loeschen;
               'S','s' : steuermann_aendern;
               'V','v' : verzeichnis_ausgeben;
               'W','w' : wettfahrten_eingeben
            END
            ELSE BEGIN
                   write (menuline);
                   readln (eingabe5)
                 END;

      (* Datensaetze auf Diskette zurueckschreiben *)
      seek (f,0);
      aktptr := kopf;

      WHILE aktptr <> NIL DO
         BEGIN
            f^ := aktptr^.daten;
            put (f);
            aktptr := aktptr^.next
         END;

      close (f,lock);

      writeln;
      writeln ('********** Ende Updating ***********');
      writeln
END (* Updating *).
```

Die folgende Abbildung zeigt eine Rangliste, wie sie vom Programm "DRUCKEN"
erstellt wird:

```
*********************** IDHM Surfen 83 ***************************

        Class:  Folke
         Date:  19/05/83
     Entries:   40
Participants:   40

Pos  Sail   Helmsman              H e a t              Pts    Pts
     No.    Crew          1    2    3    4    5    6    7   tot    net
     --------------------------------------------------------------------
  1  G 299       Muhs      1    1    1    5    5             10.0    5.0
  2  G 273    Blencker      3    3    3    6    6             20.7   14.7
  3  G 436     Hustan     15   11    2    3    1             30.5   15.5
  4  G 466       Hahn      8   15    8    1    2             32.6   17.6
  5  G 479  H. Dittrich    2    8    5    4   11             29.6   18.6
  6  G 303     Kipcke     12    2    6  DNF    4             67.1   23.6
  7  G 468     Ricken      9    4    9    2   13             36.6   23.6
  8  G 461   R. Huber     33    5   16    7    3             63.9   30.9
  9  Z  26      Begre     23   12    4   10    7             56.0   33.0
 10  G 404    Liebmann     5   10    7   13   12             47.0   34.0
 11  G 338  Dr. Krickhahn 17    6   13   11    8             55.0   38.0
 12  G 400      Binek      6    9   30    8   16             69.0   39.0
 13  G 421   Broesemann    7   22   17   12   10             68.0   46.0
 14  G 379      Schmid    28    7   12   19    9             75.0   47.0
 15  G 155    Schultze     4  DIS   11   14   19             94.0   48.0
 16  G 104   Sauermann    11   20   15    9   14             69.0   49.0
 17  G 352     Dittmar    20   13   10   15  DNF            100.0   58.0
 18  G 213      Lorenz    19   16   14   22   18             89.0   67.0
 19  Z  20     Schmitt    10   31   32   17   15            105.0   73.0
 20  Z  19     Ziegler    13   17   25   25   36            116.0   80.0
 21  G 307      Krause    14   34   19   20   28            115.0   81.0
 22  G 304    Bilgorei    16   23   18   29   37            123.0   86.0
 23  G 476     Krusche    39   18   29   18   22            126.0   87.0
 24  G 287    Kraeling    32   38   26   16   17            129.0   91.0
 25  G 322     Kiefert    34   29   22   21   21            127.0   93.0
 26  G 181     Hermann    24   27   23   24   26            124.0   97.0
 27  G 270       Mahrt    35   32   24   23   23            137.0  102.0
 28  G 219       Huber    26   14   36   32   31            139.0  103.0
 29  G 313       Muhs     18   24   31   34  DNS            152.0  107.0
 30  D 640  Christiansen  22   25   27   36   39            149.0  110.0
 31  G 189     Deschle    31   30   35   26   25            147.0  112.0
 32  F 111     Canonne    37   21   28   31   32            149.0  112.0
 33  G 298       Wolff    25   36   33   28   27            149.0  113.0
 34  G 131       Huhn     29   33   34   35   24            155.0  120.0
 35  G 205     Mueller    44   19   37   30   34            164.0  120.0
 36  G 330    Liesegang   36   26  DNF  DNF   20            170.5  125.5
 37  G 426       Motz     30   44   41   27   29            171.0  127.0
 38  G 197  Staudenmaier  27   35   38   38   30            168.0  130.0
 39  G 390    Loeffler    38   28   21  DNF  DNS            175.5  130.5
 40  G 175   Zimmermann   40   41   20   33   40            174.0  133.0

************************ b&e data service **********************
```

Das also war des Pudels Kern

<u>1.1</u> Die Pascal-Maschine ist Teil eines Programmiersystems. Daneben gibt es mindestens noch einen Editor und ein Dateiverwaltungssystem.

<u>1.5</u> Problem in Teilaufgaben zerlegen, Teilaufgaben durch Pascal-Anweisungen lösen, Anweisungen (mit den benötigten Deklarationen und sinnvollen Kommentaren) zu einem Programm zusammenfügen.

<u>1.6</u> string

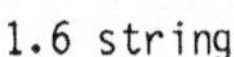

<u>1.7</u> 5 + 5 DIV 5 = 5 + (5 DIV 5) = 5 + 1 = 6;
    5 DIV 5 DIV 5 = (5 DIV 5) DIV 5 = 1 DIV 5 = 0;
  123 DIV 10 = 12;
  123 MOD 10 = 3;
  123 DIV 10 * 10 = (123 DIV 10) * 10 =   12 * 10 = 120;
  123 * 10 DIV 10 = (123 * 10) DIV 10 = 1230 DIV 10 = 123;

<u>1.8</u> Mit den (unvollständigen) Syntax-Diagrammen aus Lektion 1:
    PROGRAM a (output); BEGIN writeln END.
Mit den (vollständigen) Syntaxdiagrammen aus dem Anhang:
    PROGRAM l; BEGIN END.
l ist das ist das "leere Programm" und tut garnix!

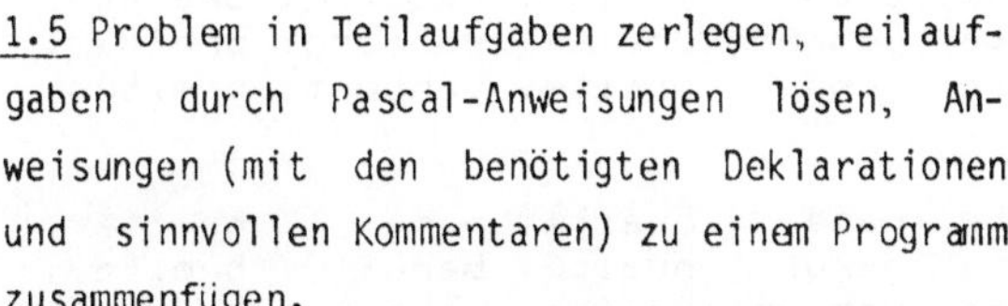

<u>1.11</u>

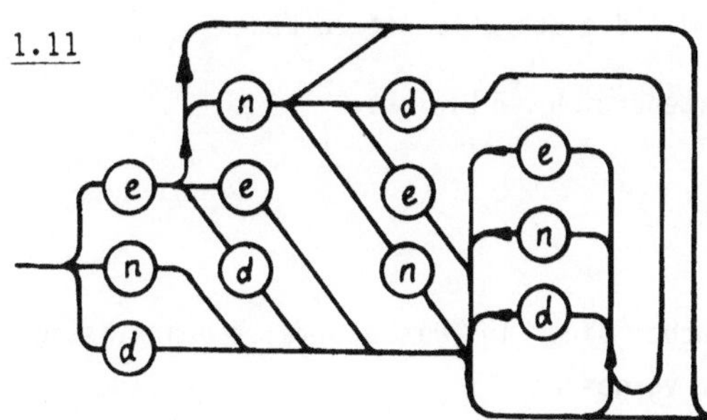

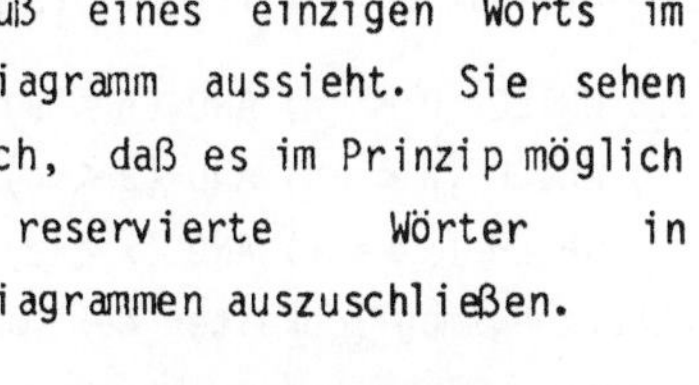

Sie sehen, wie kompliziert schon der Ausschluß eines einzigen Worts im Syntaxdiagramm aussieht. Sie sehen aber auch, daß es im Prinzip möglich ist, reservierte Wörter in Syntaxdiagrammen auszuschließen.

```
1.12 PROGRAM visitenkarte (output);
     (druckt mehrere Visitenkarten nebeneinander)

    CONST
        name    = 'Nereus Stadelhofer';
        beruf   = '    - Seegeist -    ';
        wohnung = '    Seestraße 22    ';
        wohnort = '   7750 Konstanz 1  ';
                 (12345678901234567B)
        breite  = 25; (18 Text + 7 Zwischenraum)

    BEGIN (visitenkarte)
        writeln (name   : breite, name   :breite, name   : breite);
        writeln (beruf  : breite, beruf  :breite, beruf   : breite);
        writeln (wohnung: breite, wohnung:breite, wohnung: breite);
        writeln (wohnort: breite, wohnort:breite, wohnort: breite);
        writeln;
        writeln;
        writeln (name   : breite, name   :breite, name   : breite);
        writeln (beruf  : breite, beruf  :breite, beruf   : breite);
        writeln (wohnung: breite, wohnung:breite, wohnung: breite);
        writeln (wohnort: breite, wohnort:breite, wohnort: breite)
    END (visitenkarte).
```

2.1 Es heißt "Etwa 1 bis 2 Eiweiß auf eine Schüssel", ist die Schüssel zu klein, wird das Marzipan zu weich, ist sie zu groß, wird es zu hart. Weitere Ungenauigkeiten: Wörter wie "etwa", "etwas": woran erkennt man, daß das Kneten oder das Wälzen fertig ist; wie groß müssen die Kugeln sein?

2.2 Man kommt nach dem Vorbild des Fahrplan-Beispiels ganz schön weit. Manchmal braucht man jedoch eine "Entscheidung", die nicht in das Schema "solange wie ..., wiederhole ..." fällt. Genaueres folgt in Lektion 3.

2.3 Daß die "Schritte" nur einer sind, stört uns gar nicht! Viel schlimmer: der Erfolg ist nicht garantiert. Sägt man nämlich zu viel ab, so wird ein anderes Bein zu lang; die Schleife kommt zu einem unrühmlichen Ende, wenn alle Beine total abgesägt sind. Sägt man dagegen immer kleinere Stücke ab (z.B. immer die Hälfte der überschüssigen Länge), so kommt die Schleife nie zu Ende.

2.4 Die Variable k ist mit falschem Wertebereich deklariert.

2.5 WHILE (0 < n) AND (n < 9) ...

   WHILE (a < b) AND (a < c) ...

   WHILE (x >= y) AND (x < z) ...

Abkürzungsmöglichkeiten der Umgangssprache sind in Pascal meist unzulässig. Klammern links und rechts von AND nicht vergessen!

2.6 Deutlich sichtbar, wenn beispielsweise a = 7 und b = 7; dann ist nämlich die Antwort auf die Frage "a <= b" ja, aber die Antwort auf "a < b" lautet nein!

<u>2.7</u> Zu jeder Schleife gehört eine Initialisierung.

<u>2.8</u> Damit im Schleifenrumpf aktpos den richtigen Wert hat, muß es am Schluß des Schleifenrumpf für den nächsten Durchlauf fortgeschaltet werden. Auch Deklaration, Initialisierung und Prüfung ändern sich entsprechend:

```
            VAR aktpos: 1 .. hintermbrett;
            BEGIN aktpos:= 1;
              WHILE aktpos <= letztepos
              DO BEGIN
                (Rest des Schleifenrumpfs);
                aktpos := aktpos +1
              END (aktpos <= letztepos )
            END
```

Nachteile: für die Bereichsobergrenze muß eine neue Konstante "hintermbrett" eingeführt werden, da der Ausdruck "letztepos+1" hier verboten ist (Pascal-Syntax); nach Verlassen der Schleife ist aktpos weitergeschaltet (Änderung beim folgenden Programmteil).

<u>2.9</u> Konstanten-Deklaration: letztepos=25; write-Anweisungen: überall "Schach" durch "Laska" ersetzen. Das Programm sollte dann drucken:

Wir haben   10000 Tonnen Weizen.

Das sind etwa 40000000000 Körner.

Damit kann man ein Laskabrett bis zum 25ten Feld füllen.

Das ganze Laskabrett hat 25 Felder.

<u>2.10</u>

```
        (Lösung 2.10)
        PROGRAM quersumme (output);

        CONST zahl = 4711;

        VAR   rest, summe: 0..zahl;

        BEGIN (quersumme)
          rest := zahl; summe := 0;
          WHILE rest <> 0
          DO BEGIN
            summe := summe + rest MOD 10;
            rest  :=          rest DIV 10
          END (rest <> 0);
          writeln ('Die Quersumme von', zahl, ' ist', summe)
        END (quersumme).
```

<u>2.12</u> Die Pfennige werden wegen des Trennzeichens getrennt von den DM gedruckt; write wird also führende Nullen bei den Pfennigen weglassen ("**19. 9"). Abhilfe:

```
        writeln (betrag DIV 100          : betragsbreite-2,
                 trennzeichen            : 1,
                 betrag MOD 100 DIV 10 : 1,
                 betrag MOD 10           : 1)
```

(ab Lektion 5.1 geht's einfacher)

<u>3.1</u> Die Konstante "blau" darf nicht in zwei verschiedenen Aufzählungen vor-
kommen. "DO" ist kein Bezeichner, sondern ein Wortsymbol.

<u>3.2</u> Falls ord(lila)=0, ist "pred(lila) verboten; sonst ist "succ(pred(lila))"
dasselbe wie "lila" - egal wie pred(lila) aussieht.

<u>3.3</u> succ und pred dürfen auch auf ganze Zahlen angewandt werden; so lernt die
Pascal-Maschine das Zählen. succ(i) bedeutet in diesem Zusammenhang dasselbe wie
i+1, entsprechend pred(i) dasselbe wie i-1. Demnach: succ(17)=18; pred(0)=-1.

<u>3.4</u> Manche Pascal-Maschinen prüfen die unzulässige Anwendung im Rahmen der
Bereichsüberwachung und entdecken daher nur Verstöße im Zusammenhang mit Wertzuweisungen wie schneevomkilimandscharo := succ(aper). Haben Sie auch an
unzulässige Anwendungen der folgenden Art gedacht:

```
    write (ord(succ(aper)))
    write (ord(pred(pulverschnee)))
    write (ord(pred(succ(aper)))) ?
```

<u>3.5</u>
```
    IF   heute  =  sonntag
    THEN morgen := montag
    ELSE morgen := succ (heute)
```

<u>3.6</u>
```
    write (kalendertag: 2, '. ');
    CASE monat
    OF jan: write ('Januar');
       feb: write ('Februar');     (und so weiter)
    END (monat);
    writeln (Kalenderjahr: 5)
```

<u>4.1</u> Sie testet nur die Jahre 01..99. Das macht aber nichts: im Jahr 00 gibt's
sowieso keinen Fund.

<u>4.2</u> Der 29. Februar würde nur im Jahre 58 einen "Fund" bringen; dieses Jahr ist
aber kein Schaltjahr. Durch solche Überlegungen kann man ein Programm vereinfachen (wir sparen eine eingeschachtelte Zweiseitige Auswahl), aber man muß
darauf in der Programm-Dokumentation, in einem Kommentar oder in einer
Übungsaufgabe deutlich hinweisen!

<u>4.3</u> Da wir die Variable im ganzen Strukturblock "Suche das Rekordjahr ..." nicht
abfragen, ist's für diesen Teil des Algorithmus unschädlich. Im Strukturblock
"Drucke Rekordjahr ..." wird die Variable abgefragt. Entweder müssen wir hier
eine Auswahl einbauen oder wir beweisen, daß die Schleife mindestens ein
Rekordjahr findet und dadurch die Variable initialisiert. Das ist aber schon
durch das Beispiel 9.9.81 in der Aufgabenstellung selbst bewiesen.

<u>4.4</u> Die Struktogramme würden dadurch mehrdeutig: man könnte nicht mehr sehen,

welche Unter-Blöcke zur Auswahl gehören und welche nicht!

<u>4.5</u> Schleifen-Invariante zu Beispiel 2.1: auf dem Zettel steht stets die Zug-verbindung (mit allen Zeiten) vom Startbahnhof zum Abfahrts(!)-Bahnhof. (Die Schritte 2.1 und 3 verlängern diese Verbindung jeweils bis zum Ankunfts-Bahn-hof.)

Schleifen-Invariante zu Beispiel 2.2:

  ("Inhalt der Felder 1..aktpos" + vorrat = "ursprünglicher Vorrat")

  AND (feldinhalt = "geplanter Inhalt des Feldes aktpos+1")

Die "Quersumme des Wertes von x" schreiben wir kurz "quer(x)"; mit dieser Ab-kürzung lautet die Schleifen-Invariante zu Aufgabe 2.10:

  quer(rest) + summe = quer(zahl)

<u>4.7</u> Zwei verschiedene Lösungs-Ideen:

- In einer Schleife alle Zahlen von 0 bis 999 erzeugen, mit DIV und MOD in ihre Ziffern zerlegen und ausdrucken, sofern erlaubt, oder

- in drei geschachtelten Schleifen jeweils alle Ziffern von 0 bis 9 erzeugen, prüfen und gegebenenfalls ohne Zwischenraum nebeneinander drucken.

Die zweite Variante ist wohl schneller, weil die teuren Operationen DIV und MOD wegfällt; außerdem kann man sich die innerste Schleife ganz schenken, wenn die ersten beiden Ziffern schon übereinstimmen.

<u>5.1</u> Wichtig: Laufvariable nicht vom Typ real wählen! Die fortgesetzte Addition von 0.001 würde gegen Ende der Schleife zu viele Rundungfehler anhäufen. Also:

```
{Lösung 5.1}
PROGRAM kugeln (output);
   {Volumen und Masse von Bleikugeln}

CONST rho    = 11.34 {g/cm³};    {Dichte von Blei}
      pi     =  3.14159265359;

VAR   radius, volumen : real;
      aktkugel        : 0..10;

BEGIN {kugeln}
   writeln ('Blei-Kugeln, Dichte=', rho:6:2, ' g/cm³');
   writeln ('Durchmesser': 13, 'Volumen':13, 'Masse':13);
   aktkugel := 0;
   WHILE aktkugel < 10
   DO BEGIN
      aktkugel := succ (aktkugel);
      radius   := 0.1{cm} * aktkugel;
      volumen  := 4 * pi * radius*radius*radius / 3;
      writeln (2*radius    : 10: 1, ' cm' :3,
               volumen     :  9: 3, ' cm³':4,
               rho*volumen : 11: 3, ' g'  :2)
   END {aktkugel}
END {kugeln}.
```

5.2 Real-Division gibt immer ein real-Ergebnis, 1/3 ist also vom Typ real. Damit wird auch 1*(1/3) real, weil ein Operand real ist.

5.3 Zwei real-Zahlen a und b sind "ungefähr gleich" wenn sich ihre Differenz nicht allzusehr unterscheidet (1):

    abs(a-b) <= smallreal

Wenn a und b sehr unterschiedliche Größenordnungen annehmen können, schreibt man besser

    abs(a-b) <= smallreal * abs(a)

Die Konstante smallreal wählt man passend zur Rechengenauigkeit der verwendeten Maschine, etwa smallreal=1E-6.

5.4 "(a<b)<c" ist nur zulässig, wenn c den Typ boolean hat; a und b müssen kompatible Typen haben. "(a<b)<c" bedeutet also "true" wenn a>=b und c=true, sonst "false".

5.5 "0<x<10" ist in Pascal unzulässig (siehe Syntax-Diagramme); Sie erhalten die Fehlermeldung "illegal symbol" oder dergleichen. In Pascal heißt es richtig: "(0<x) AND (x<10)".

5.6 Wir besinnen uns auf die Schulweisheit $(r+h)^2 = r^2 + 2*r*h + h^2$. h^2 können wir vernachlässigen, denn es ist Millionenmal kleiner als 2*r*h. Damit ist $d^2 = (r+h)^2 - r^2 = 2*r*h$. Zwischen see-geistigem Auge, Kimm und Erdmittelpunkt gilt die gleiche Überlegung noch einmal; die beiden Seiten "d" geben dann zusammen die Sichtweite. Schleifen-invariante Faktoren ("s2r") und Terme ("saug") berechnet der Experte nur einmal vor der Schleife. Damit gibt's eigentlich nur noch ein Programm für dieses Problem:

```
{Lösung 5.6}
PROGRAM feuerinkimm (output);
   {Sichtweite von Leuchtfeuern abhängig von deren Höhe}

CONST    augenhoehe  =   1.5 {m}      ;
         minhoehe    =     2 {m}      ;   {des Leuchtfeuers}
         maxhoehe    =    50 {m}      ;   {des Leuchtfeuers}
         faktor      =  1852 {m/sm}   ;   {Maßstabs-Faktor}
         erdradius   =      6.37E6 {m};
         hbreite     =    11;             {Format für Feuer-Höhe}
         sbreite     =    11;             {Format für Sichtweite}

VAR      hoehe       : 0..maxhoehe;       {Laufvariable: integer}
         saug, s2r   : real;
```

---

1) "a-b" alleine reicht nicht, b kann ja viel größer sein als a!

```
BEGIN (feuerinkimm)
    writeln ('Feuer in der Kimm; Augen-Höhe = ',
            augenhoehe: 3: 1, ' m'                  );
    writeln ('=====================================');
    writeln;
    writeln ('Feuer-Höhe': hbreite, 'Sichtweite': sbreite);
    saug := sqrt (augenhoehe);  s2r := sqrt(2*erdradius)/faktor;
    hoehe := 0;
    WHILE hoehe < maxhoehe
    DO BEGIN
        hoehe := hoehe + minhoehe;
        writeln (hoehe: hbreite-2, ' m',
                s2r * (sqrt(hoehe)+saug): sbreite-3: 1, ' sm')
    END (hoehe<maxhoehe)
END (feuerinkimm).
```

6.1 So geht's leichter! Ausgabegeräte schreiben von oben nach unten. Wollten wir die x-Achse nach rechts zeichnen, müßten wir die y-Werte in Bereiche einteilen, die einer Zeilen-Höhe entsprechen, und für jede Druckzeile einmal die ganze Folge nach Werten durchsuchen, die in den zugehörigen y-Wertebereich fallen.

6.2 Der Ausdruck berechnet, wo der Stern hinmuß; er wird als Feldbreite in einem write verwendet und erzielt so den gewünschten Effekt. "round" ist nötig, weil nur integer-Ausdrücke als Feldbreite und Genauigkeit zulässig sind. In Beispiel 6.2 sind alle Schleifen-invarianten Faktoren zu "skalenfaktor" zusammengefaßt; das erspart eine Division und eine Subtraktion pro Schleifendurchlauf. "Skalenfaktor" sagt übrigens, in wieviele Spalten ein Kurs-Unterschied von 1DM/sfr abgebildet wird. In Beispiel 6.3 wird eins addiert, damit die Feldbreite nie Null wird (das wäre sie bei neue = minkurs); dadurch wird die ganze Kurve um eine Spalte nach rechts verschoben.

6.3.1 Sobald eof(input) ist v nicht mehr definiert; write (...,v) ist dann - wie jede andere Verwendung von v - verboten! Deshalb muß read (oder get) an's Ende des Schleifenrumpfs.

6.3.2 Nullfehler-Syndrom! (Sieht man leider oft, sogar in Lehrbüchern.)

6.5

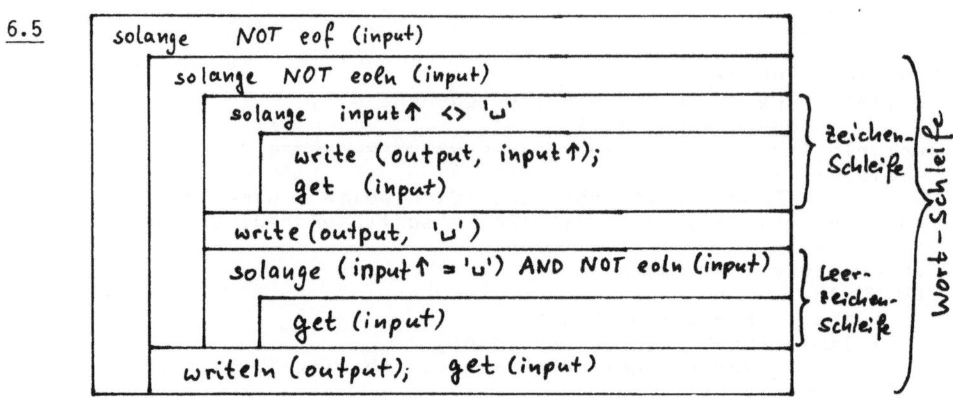

6.6 Die Aufgabenstellung legt die Verwendung eines "FILE OF real" für die eingelesenen Werte nahe: im ersten Durchgang würde man die Werte einlesen, in die Folge übertragen, summieren und zählen, im zweiten Durchgang die Folge wieder anschauen, um die Standardabweichung zu berechnen. Diese Lösung wäre zwar richtig, aber nicht optimal!

Eine bessere Lösung erhält man durch Umformen des Ausdrucks für die Standard-Abweichung. Man weiß aus der Schule:

$$(x-\bar{x})^2 = x^2 - 2*x*\bar{x} + \bar{x}^2$$

Damit:

$$\sigma = \sqrt{\frac{x_1^2 + x_2^2 + \ldots + x_n^2 - 2 \cdot x_1 \cdot \bar{x} - 2 \cdot x_2 \cdot \bar{x} - \ldots - 2 \cdot x_n \cdot \bar{x} + \bar{x}^2 + \bar{x}^2 + \ldots + \bar{x}^2}{(n-1)}} = \sqrt{\frac{x_1^2 + x_2^2 + \ldots + x_n^2 - 2 \cdot \bar{x} \cdot (x_1 + x_2 + \ldots + x_n) + n \cdot \bar{x}^2}{(n-1)}}$$

Also genügt ein Durchlauf durch die Eingabe-Daten:

```
(Lösung 6.6)
PROGRAM mittelwert (und Streuung) (input, output);

VAR x, summex, summexquadrat, xquer: real;
    aktzahl                        : 0..maxint;

BEGIN (mittelwert)
    summex := 0;    summexquadrat := 0;
    read (x);       aktzahl        := 0;
    WHILE NOT eof
    DO BEGIN
       writeln (x);
       aktzahl          := succ (aktzahl);
       summex           := summex           +      x;
       summexquadrat    := summexquadrat + sqr (x);
       read (x)
    END (NOT eof);
```

```
      xquer := summex / aktzahl;
      writeln (xquer, ' = Mittelwert');
      writeln (sqrt ((summexquadrat - 2*xquer*summex
                                    + aktzahl*sqr(xquer))
                     / (aktzahl-1)),
               ' = Standard-Abweichung')
END (mittelwert).
```

7.1 So ist unser Programm robust gegenüber falschen Eingabedaten: es verdaut auch ein 'X', das beim Datentyp 0..4 zum Programm-Abbruch führen würde.

7.2 Die erste Schleife für x=7, 8 und 9; das wird beschlossen, solange b noch den Wert 9 hat. Durch die erste Schleife bekommt b den Wert 9 DIV 2 = 4; also wird die zweite Schleife nicht durchlaufen.

7.3 Erste Schleife: Puffervariable darf nicht Laufvariable sein. Dritte Schleife: i wurde durch die zweite Schleife undefiniert, also darf es nicht in dem Ausdruck "chr(i)" verwendet werden.

7.6
```
      VAR codetabelle : ARRAY [char] OF char;
      (verschlüsseln:)    write (codetabelle[input↑])
```

7.7
```
      VAR zaehler : ARRAY [char] OF 0..maxint;
      (Zählen:)  zaehler[input↑] := zaehler[input↑] + 1
```

8.2
```
      TYPE uhr            = RECORD h: 0..23; min: 0..59 END;
           bankverbindung = RECORD konto: ARRAY [1..15] OF char;
                                   blz  : 00000000..99999999;
                                   bank : ARRAY [1..30] OF char
                            END;
```

9.1 Als Index-Typ sind nur diskrete Skalartypen zugelassen, das setzt unserem Erfinderdrang enge Grenzen.

9.2 tankvorgang.menge <= fassungsvermögen des Tanks; ermittelter Verbrauch zwischen Mindest- und Höchstverbrauch des Wagens (auch wenn nicht vollgetankt wurde, kann man aus Gesamtweg, Gesamtmenge, getankter Menge und Fassungsvermögen des Tanks Grenzen für den Verbrauch berechnen und mit Höchst- und Mindestverbrauch vergleichen).

9.5 Das wäre erstens nicht problemgerecht (was soll ein ARRAY [1..8] OF tordifferenz bedeuten?), zweitens unpraktisch (WITH kann nicht mehr sinnvoll eingesetzt werden).

9.8 Falls der String bis zum Zeilenende gehen soll:

```
z.lng := 0;
WHILE NOT eoln
DO BEGIN z.lng := z.lng + 1;  read (z.txt[z.lng]) END;
readln
```

Man kann auch ein spezielles Zeichen als String-Begrenzer in der Eingabe definieren und bis zu diesem Zeichen lesen.

9.9 Wir kommen nicht darum herum, auch bei Gewinnklasse II Kreuzchen zu zählen und zwar in der Menge "(wunschtip.gewinnzahlen + [wunschtip.zusatzzahl]) * meinzettel.spiele[aktspiel]".

10.1 Bisher bekannt: Konstanten, Typen, Variablen, Prozeduren und Funktionen. In den Syntax-Diagrammen finden Sie außerdem noch Marken, die wir in Lektion 13 abfällig behandeln.

10.2 aufrufzaehler muß global zu der Prozedur deklariert werden, am besten also in dem Block, in dem die Prozedur selbst deklariert wird. Im Anweisungsteil dieses Blocks muß die Variable auch (mit dem Wert 0) initialisiert werden, bevor die Prozedur zum erstenmal aufgerufen wird; die Anzahl muß nach dem letzten Prozeduraufruf ausgedruckt werden und zwar noch innerhalb des Blocks, in dem aufrufzaehler deklariert ist.

11.1 Wörterbuch (aufsteigend sortiert nach den Wörtern selbst); Fernsehprogramm (nach Sender und Sendezeit sortiert); Fußballtabelle (Gewinnpunkte, Verlustpunkte, Tordifferenz).

11.3 Der Mittelteil enthält mindestens ein Objekt, da zum Vergleich ein vorhandenes Objekt aus der Tabelle herangezogen wird (in Beispiel 11.3 dasjenige, das ursprünglich in tab[lwbd] stand). Also sind vom rekursiven Aufruf auch im ungünstigsten Fall kleinere Tabellen zu sortieren.

11.4

```
BEGIN {sortiere}
WHILE lwbd < upbd
DO BEGIN
  poskl := lwbd; aktpos := succ (poskl); posgr := upbd;
  WHILE aktpos <= posgr
  DO BEGIN
    {wie in Beispiel 11.3}
    IF   poskl - lwbd  >  upbd - posgr
    THEN BEGIN sortiere (tab, succ(posgr), upbd);
               upbd := pred (poskl)             END
    ELSE BEGIN sortiere (tab, lwbd, pred (poskl));
               lwbd := succ (posgr)             END
  END {aktpos <= posgr}
END {sortiere}
```

<u>11.6</u> Ausgabe: direkter Zugriff in Monatstabelle.

Eingabe: Die ganze Komponente ist Schlüsselfeld, ausnahmsweise ist das Resultat
im Index versteckt - es gibt also kein Resultatfeld in der Tabellen-Komponente.
Da die Indizes festgelegt sind, scheidet gestreute Ablage aus.

```
12.1  {Lösung 12.1}
      {Deklarationen}
         TYPE wtzeiger  = ↑wochentag;
              wochentag = RECORD name        : wort;
                                 pred, succ: wtzeiger
                          END {wochentag};
         VAR  son, mon, die, mit, don, fre, sam,
              gestern, heute, morgen             : wtzeiger;

      {Initialisierungen}
         new (son); son↑.name := 'Sonntag    ';
         new (mon); mon↑.name := 'Montag     ';   {usw.}
         son↑.succ := mon;   mon↑.pred := son;
         mon↑.succ := die;   die↑.pred := mon;   {usw.}

      {Anwendung}
         heute := fre;
         FOR i := 1 TO 10
         DO BEGIN writeln (heute↑.name); heute := heute↑.succ END {i}
```

Notizen

Kurz und knapp das Wichtigste

Reservierte Wörter

```
AND       DIV       FILE      IN        OF         RECORD    TYPE
ARRAY     DO        FOR       LABEL     OR         REPEAT    UNTIL
BEGIN     DOWNTO    FUNCTION  MOD       PACKED     SET       VAR
CASE      ELSE      GOTO      NIL       PROCEDURE  THEN      WHILE
CONST     END       IF        NOT       PROGRAM    TO        WITH
```

Vordefinierte Bezeichner

```
abs     (Funktion)     ln      (Funktion)     rewrite(Prozedur)
arctan  (Funktion)     maxint  (Konstante)    round   (Funktion)
boolean(Typ)           new     (Prozedur)     sin     (Funktion)
char    (Typ)          odd     (Funktion)     sqr     (Funktion)
chr     (Funktion)     ord     (Funktion)     sqrt    (Funktion)
cos     (Funktion)     output  (Variable)     succ    (Funktion)
dispose(Prozedur)      pack    (Prozedur)     text    (Typ)
eof     (Funktion)     page    (Prozedur)     true    (Konstante)
eoln    (Funktion)     pred    (Funktion)     trunc   (Funktion)
exp     (Funktion)     put     (Prozedur)     unpack  (Prozedur)
false   (Konstante)    read    (Prozedur)     write   (Prozedur)
get     (Prozedur)     readln  (Prozedur)     writeln(Prozedur)
input   (Variable)     real    (Typ)
integer(Typ)           reset   (Prozedur)
```

Direktive

```
forward
```

Ersatz-Darstellungen

```
{   (*                 [   (.                     ↑   ^   @
}   *)                 ]   .)
```

Syntaxdiagramme

Programm

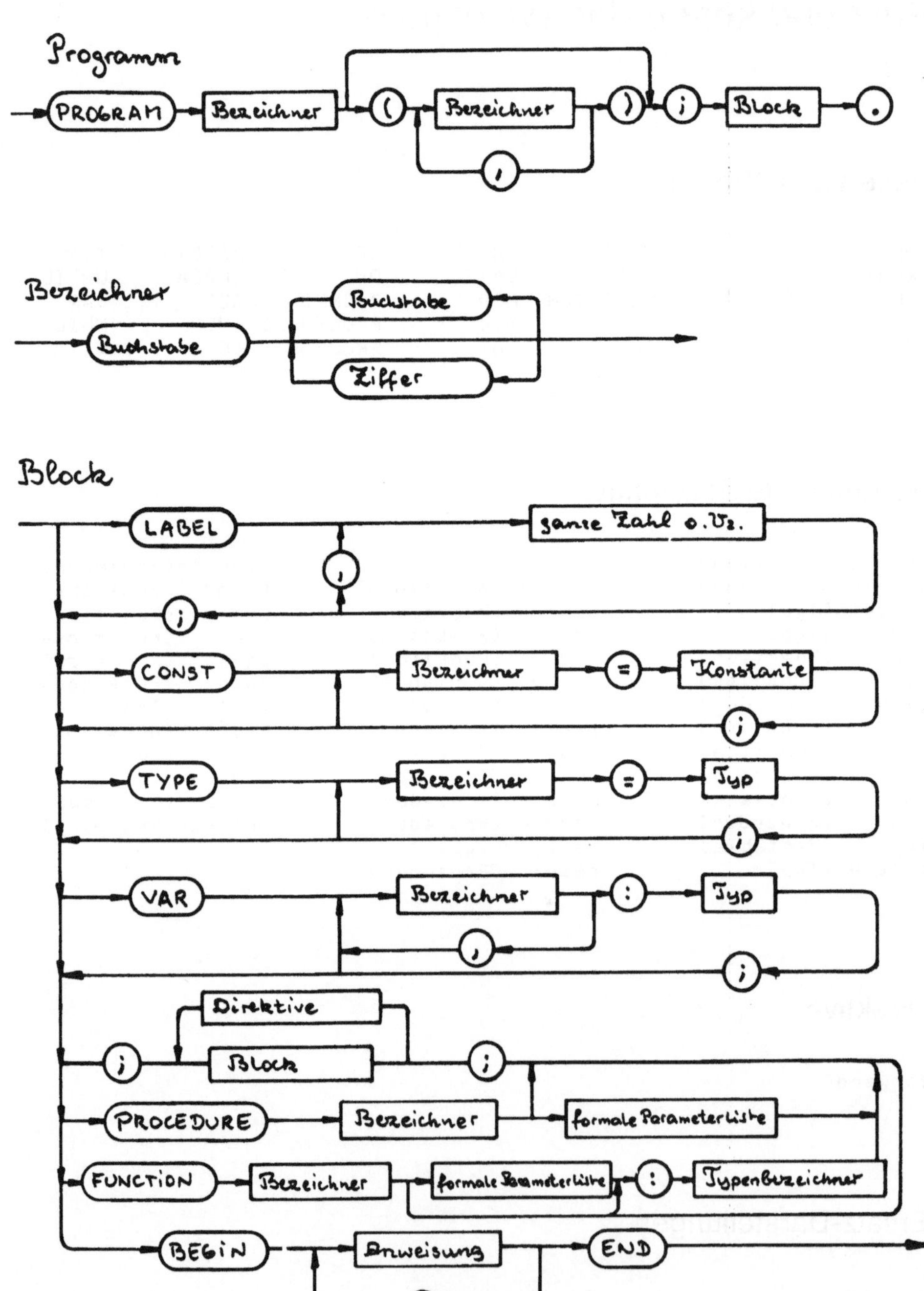

Bezeichner

Block

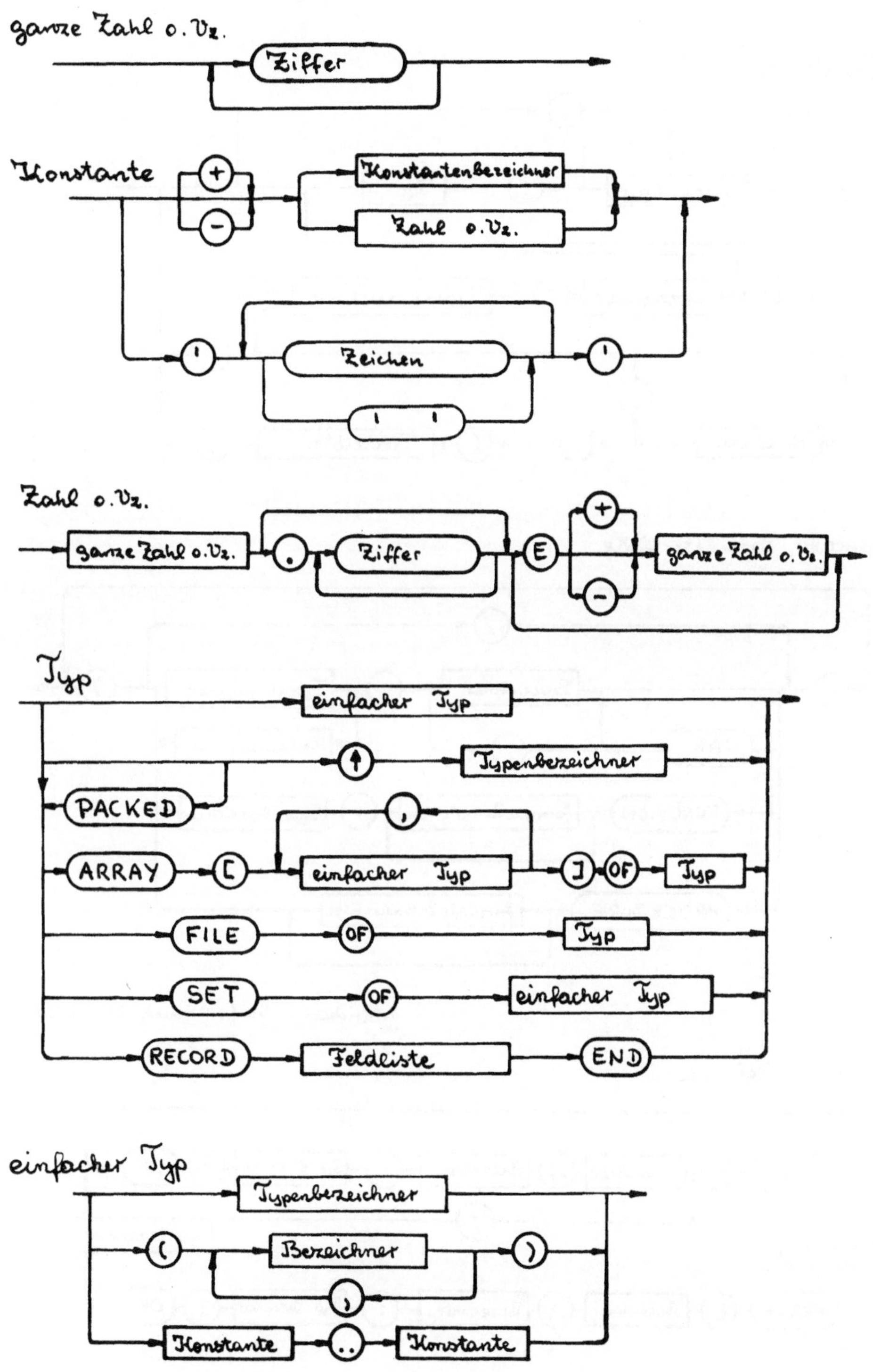

ganze Zahl o.Vz.
Ziffer
Konstante
+
−
Konstantenbezeichner
Zahl o.Vz.
'
Zeichen
'
'
'
Zahl o.Vz.
ganze Zahl o.Vz.
.
Ziffer
E
+
−
ganze Zahl o.Vz.
Typ
einfacher Typ
↑
Typenbezeichner
PACKED
ARRAY
[
,
einfacher Typ
]
OF
Typ
FILE
OF
Typ
SET
OF
einfacher Typ
RECORD
Feldliste
END
einfacher Typ
Typenbezeichner
(
Bezeichner
)
,
Konstante
..
Konstante

Feldliste.

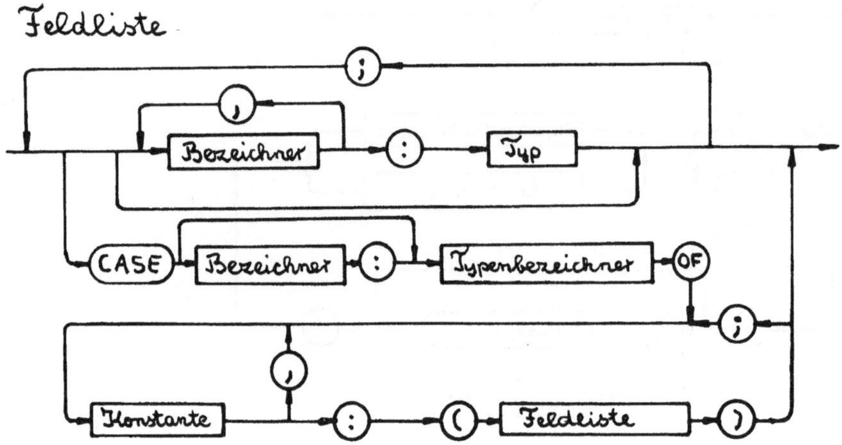

formale Parameterliste

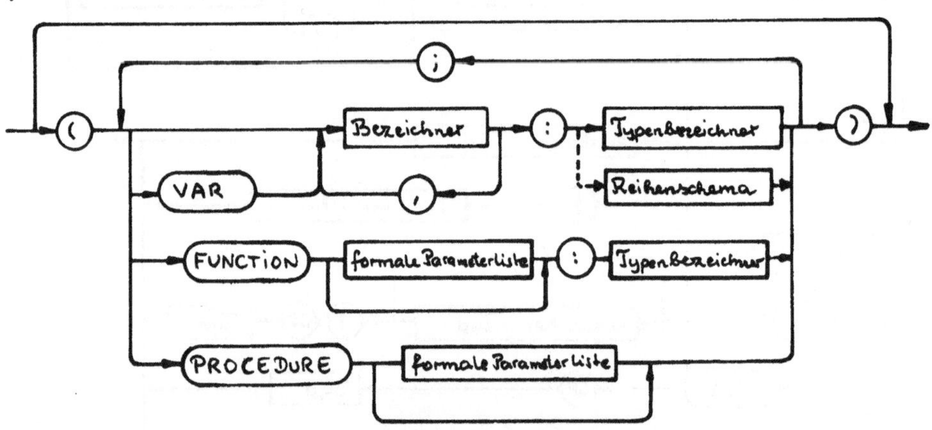

gestrichelt: Stufe 1 nach DIN 66256

Reihen - Schema

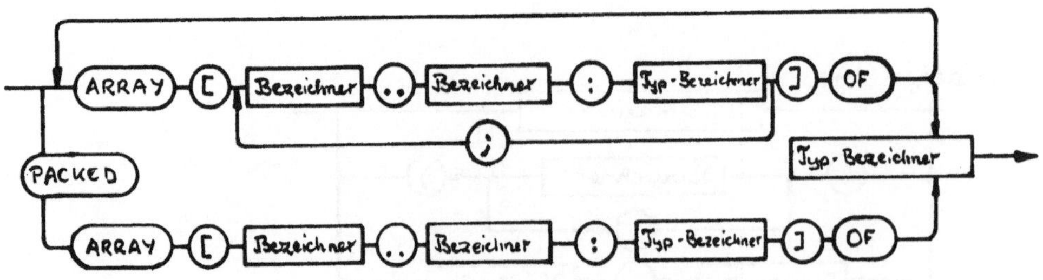

Anweisung

ganze Zahl o. Vz.
:
Variable
:=
Ausdruck
Funktionsbezeichner
Prozedurbezeichner
aktuelle Parameterliste
BEGIN
Anweisung
;
END
IF
Ausdruck
THEN
Anweisung
ELSE
Anweisung
CASE
Ausdruck
OF
Konstante
:
Anweisung
;
;
END
WHILE
Ausdruck
DO
Anweisung
REPEAT
Anweisung
;
UNTIL
Ausdruck
FOR
Variablenbezeichner
:=
Ausdruck
DOWNTO
TO
Ausdruck
DO
Anweisung
WITH
;
Variable
DO
Anweisung
GOTO
ganze Zahl o. Vz.

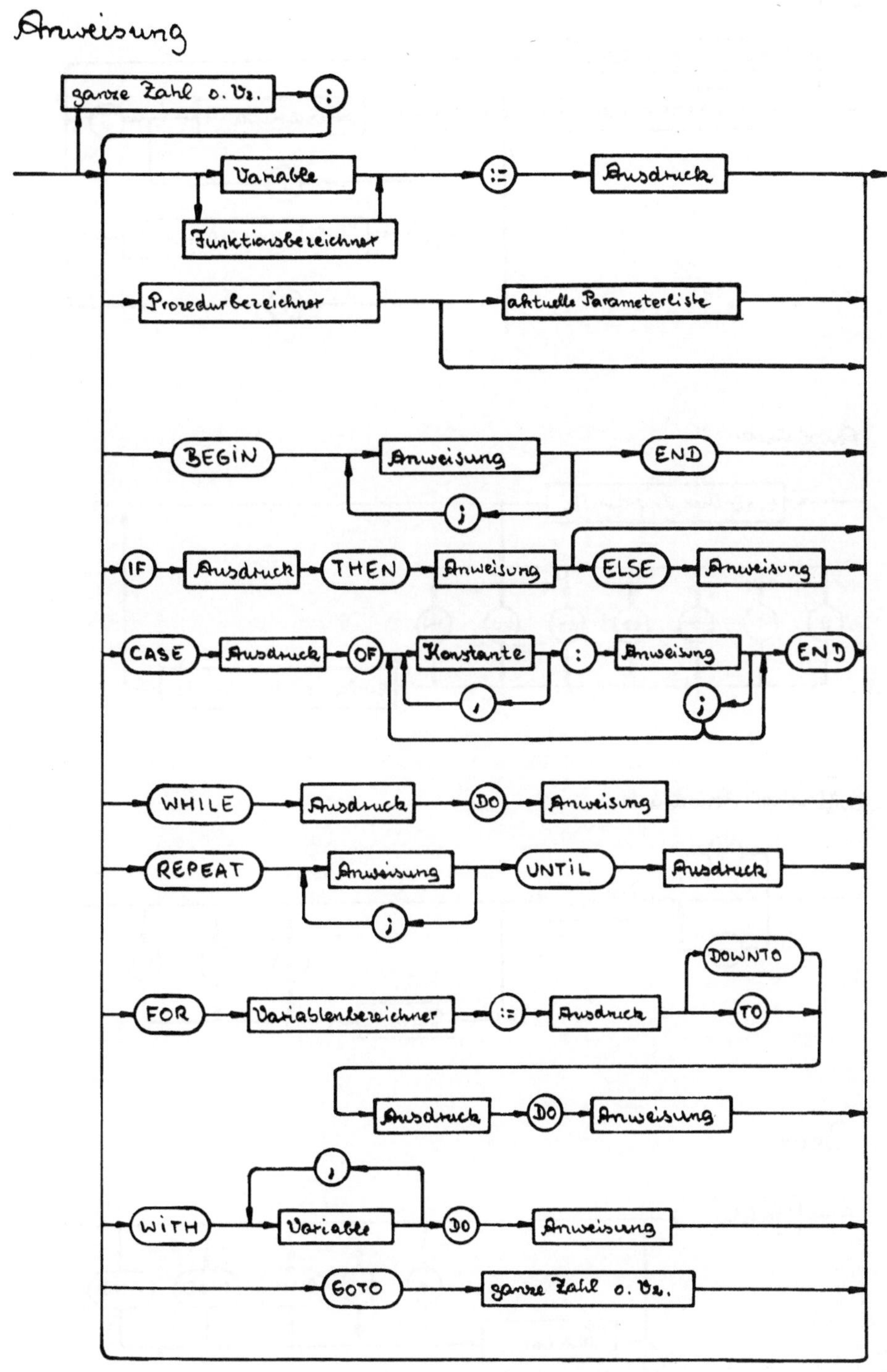

Variable

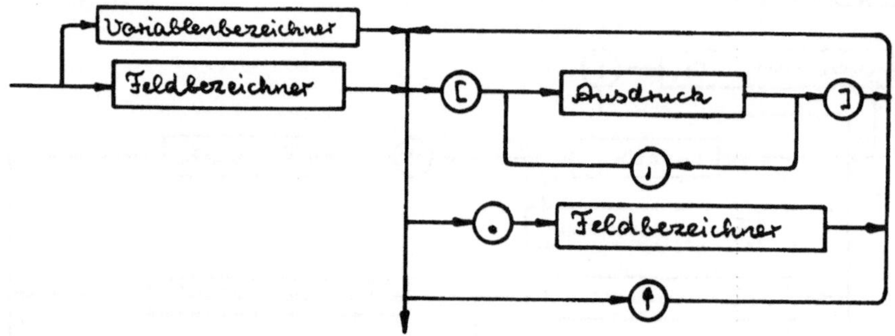

Ausdruck

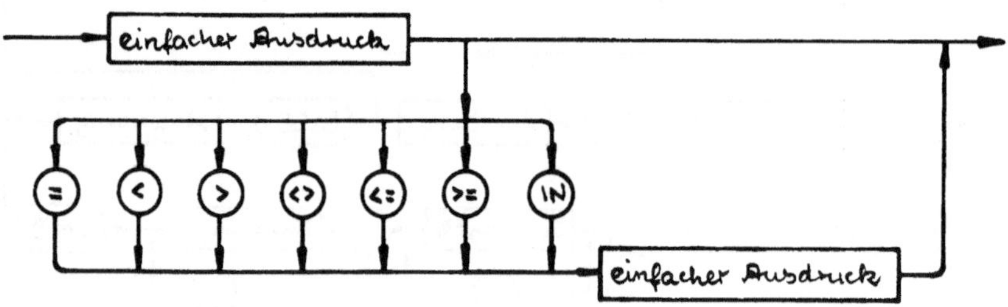

einfacher Ausdruck

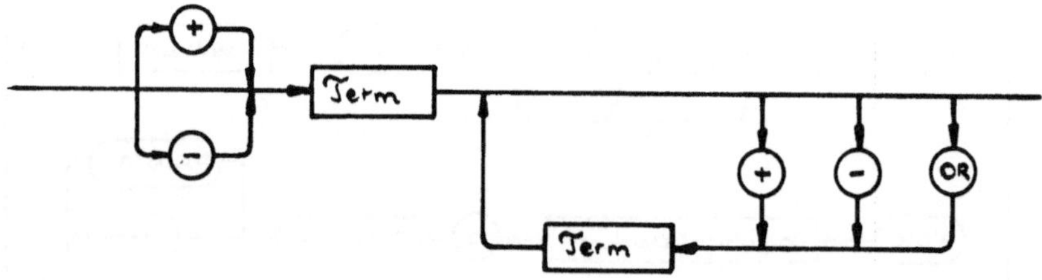

Term

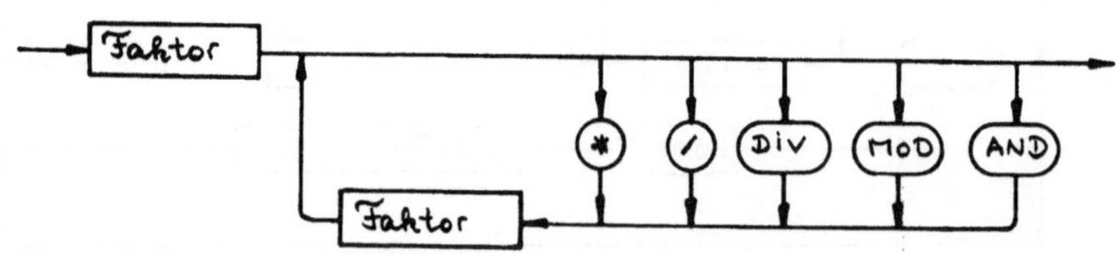

Faktor

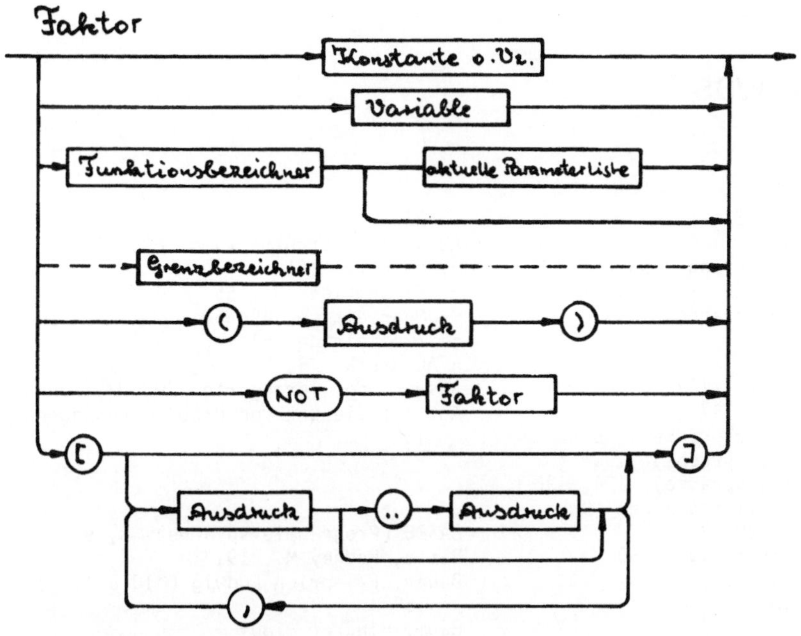

aktuelle Parameterliste

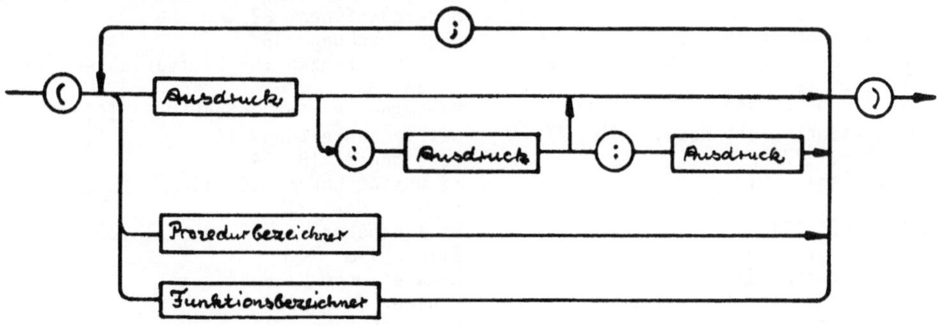

Konstante o.Vz.

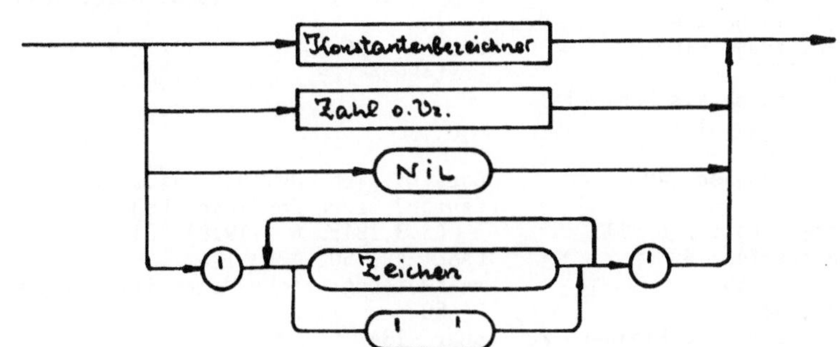

Wo steht was?